“国家示范性高等职业院校建设计划项目”中央财政支持重点建设专业
杨凌职业技术学院水利水电建筑工程专业课程改革系列教材

水利水电工程地基处理技术

《水利水电工程地基处理技术》课程建设团队 主编

内 容 提 要

本书结合工程案例，介绍了在水利水电工程中经常用到的几种地基处理技术，以不同的地基处理技术作为工作项目单元来编排全书内容。全书共包括10个项目单元：地基处理基本知识，垫层处理地基，强夯处理地基，深层搅拌处理地基，高喷灌浆处理地基，振冲碎石桩加固地基，灌注桩处理地基，锚固技术处理地基，土工合成材料处理地基，特殊土地基处理。

本书为高等职业院校土建类专业的教学用书，同时也可作为培训教材或土建工程技术人员的参考用书。

图书在版编目（CIP）数据

水利水电工程地基处理技术 / 《水利水电工程地基处理技术》课程建设团队主编. -- 北京 : 中国水利水电出版社, 2011.8
“国家示范性高等职业院校建设计划项目”中央财政支持重点建设专业、杨凌职业技术学院水利水电建筑工程专业课程改革系列教材
ISBN 978-7-5084-8788-5

Ⅰ. ①水… Ⅱ. ①水… Ⅲ. ①水利水电工程－地基处理－高的职业教育－教材 Ⅳ. ①TV223

中国版本图书馆CIP数据核字(2011)第168521号

书 名	“国家示范性高等职业院校建设计划项目”中央财政支持重点建设专业 杨凌职业技术学院水利水电建筑工程专业课程改革系列教材 **水利水电工程地基处理技术**
作 者	《水利水电工程地基处理技术》课程建设团队 主编
出版发行	中国水利水电出版社 （北京市海淀区玉渊潭南路1号D座 100038） 网址：www.waterpub.com.cn E-mail：sales@waterpub.com.cn 电话：(010) 68367658（营销中心）
经 售	北京科水图书销售中心（零售） 电话：(010) 88383994、63202643 全国各地新华书店和相关出版物销售网点
排 版	中国水利水电出版社微机排版中心
印 刷	北京市兴怀印刷厂
规 格	184mm×260mm 16开本 10.75印张 255千字
版 次	2011年8月第1版 2011年8月第1次印刷
印 数	0001—4000册
定 价	**25.00**元

“国家示范性高等职业院校建设计划项目”教材编写委员会

主　任：张朝晖

副主任：陈登文

委　员：刘永亮　祝战斌　拜存有　张　迪　史康立
解建军　段智毅　张宗民　邹　剑　张宏辉
赵建民　刘玉凤　张　周

《水利水电工程地基处理技术》教材编写团队

主　编：杨凌职业技术学院　朱显鸽

参　编：杨凌职业技术学院　严爱军
杨凌职业技术学院　田　佳
青岛多元建设集团有限公司　朱西庆
中国水利水电第十五工程局有限公司　姚玉广

主　审：中南勘察设计院　张占午

序言

2006年11月，教育部、财政部联合启动了“国家示范性高等职业院校建设计划项目”，杨凌职业技术学院是国家首批批准立项建设的28所国家示范性高等职业院校之一。在示范院校建设过程中，学院坚持以人为本、以服务为宗旨，以就业为导向，紧密围绕行业和地方经济发展的实际需求，致力于积极探索和构建行业、企业和学院共同参与的高职教育运行机制，在此基础上，以“工学结合”的人才培养模式创新为改革的切入点，推动专业建设，引导课程改革。

课程改革是专业教学改革的主要落脚点，课程体系和教学内容的改革是教学改革的重点和难点，教材是实施人才培养方案的有效载体，也是专业建设和课程改革成果的具体体现。在课程建设与改革中，我们坚持以职业岗位（群）核心能力（典型工作任务）为基础，以课程教学内容和教学方法改革为切入点，坚持将行业标准和职业岗位要求融入到课程教学之中，使课程教学内容与职业岗位能力融通、与生产实际融通、与行业标准融通、与职业资格证书融通，同时，强化课程教学内容的系统化设计，协调基础知识培养与实践动手能力培养的关系，增强学生的可持续发展能力。

通过示范院校建设与实践，我院重点建设专业初步形成了“工学结合”特色较为明显的人才培养模式和较为科学合理的课程体系，制订了课程标准，进行了课程总体教学设计和单元教学设计，并在教学中予以实施，收到了良好的效果。为了进一步巩固扩大教学改革成果，发挥示范、辐射、带动作用，我们在课程实施的基础上，组织由专业课教师及合作企业的专业技术人员组成的课程改革团队编写了这套工学结合特色教材。本套教材突出体现了以下几个特点：一是在整体内容构架上，以实际工作任务为引领，以项目为基础，以实际工作流程为依据，打破了传统的学科知识体系，形成了特色鲜明的项目化教材内容体系；二是按照有关行业标准、国家职业资格证书要求以及毕业生面向职业岗位的具体要求编排教学内容，充分体现教材内容与生产实际相融通，与岗位技术标准相对接，增强了实用性；三是以技术应用能力（操作技能）为核心，以基本理论知识为支撑，以拓展性知识为延伸，将理论知识学习与能力培养置于实际情景之中，突出工作过程技术能力的培养和经验性知识的积累。

本套特色教材的出版，既是我院国家示范性高等职业院校建设成果的集中反映，也是带动高等职业院校课程改革、发挥示范辐射带动作用的有效途径。我们希望本套教材能对我院人才培养质量的提高发挥积极作用，同时，为相关兄弟院校提供良好借鉴。

杨凌职业技术学院院长：张纲甫

2010年2月5日于杨凌

前言

目前，我国水利水电工程建设正处于高速发展时期。随着国家对水利水电行业的重视和提供相关政策及资金的支持，水利水电建设事业正面临着许多良好的发展机遇。

我国地域辽阔，软土及其他不良地基土分布范围非常广，加上上部结构物对地基的变形要求也越来越高，因此地基处理技术在水利水电工程建设中的应用越来越广。

目前国内外地基处理的方法很多，其中相当多的方法尚在不断发展之中。每一种地基处理方法都有它的适用范围和局限性，没有哪一种地基处理方法是万能的。工程设计中只能根据工程的具体特点，从几种可行的地基处理方法中，通过技术与经济的综合比选，确定最优的地基处理方案。

本书结合高等职业技术教育教学特点，为培养水利水电工程施工一线的高素质、实用型建设施工人才而编写。本书以水利水电工程地基处理中常用的地基处理方法作为地基处理工程项目来组织教材内容，对各种地基处理技术阐明加固机理、设计内容、施工方法以及质量检验方法，结合工程案例，使读者对目前水利水电地基处理技术有一个较为全面的了解，增加地基处理的专门知识，提高解决地基处理工程实际问题的能力。本书内容包括：地基处理基本知识，垫层处理地基，强夯处理地基，深层搅拌处理地基，高喷灌浆处理地基，振冲碎石桩加固地基，灌注桩处理地基，锚固技术处理地基，土工合成材料处理地基，特殊土地基处理等。

参加本书编写的有杨凌职业技术学院朱显鸽、严爱军、田佳，中国水利水电第十五工程局有限公司姚玉广，青岛多元建设集团有限公司朱西庆，中南勘测设计院张战午。其中项目 3、项目 5、项目 8 由朱显鸽编写，项目 2、项目 4 由田佳编写，项目 6、项目 7 由严爱军编写，项目 1、项目 10 由朱西庆编写，项目 9 由姚玉广编写。全书由朱显鸽主编，张占午主审。

在编写过程中，本书引用了许多相关专业的文献和资料，在书中未能一一注明出处，在此，谨向这些文献的作者表示衷心的感谢。由于编者水平有限，加之时间仓促，书中难免存在错误和不足之处，恳请读者批评指正。

编者

2011 年 6 月

前言

目录

项目1 地基处理基本知识

教学目标：（1）能深入了解地基处理的目的和重要性。

（2）能对原始地基资料分析，明确地基处理的对象。

（3）能根据具体的需要、地基特点和施工条件，选择合适的地基处理方法。

1.1 地基处理的重要性和目的

任何建筑物都是建造在一定的地层上的，承受建筑物荷载的地层称为地基，建筑物向地基传递荷载的下部结构称为基础。

1978年的改革开放促进了我国国民经济的飞速发展，自20世纪90年代以来，我国土木工程建设发展很快。土木工程功能化、城市建设立体化、交通运输高速化，以及改善综合居住条件已成为我国现代土木工程建设的特征。各类土木工程建设项目对地基提出了更高的要求。

各种建筑物和构筑物对地基的要求主要包括下述三个方面。

1. 稳定问题

稳定问题是指在建（构）筑物荷载（包括静、动荷载的各种组合）作用下，地基土体能否保持稳定。地基稳定问题有时也称为承载力问题，但两者并不完全相同。地基承载力概念在建筑领域用得较多，有时也根据变形控制。若地基稳定性不能满足要求，地基在建（构）筑物荷载作用下将会产生局部或整体剪切破坏，将影响建（构）筑物的安全与正常使用，严重的可能引起建（构）筑物的破坏。地基的稳定性或地基承载力大小，主要与地基土体的抗剪强度有关，也与基础型式、大小和埋深等影响因素有关。

2. 变形问题

变形问题是指在建（构）筑物的荷载（包括静、动荷载的各种组合）作用下，地基土体产生的变形（包括沉降，或水平位移，或不均匀沉降）是否超过相应的允许值。若地基变形超过允许值，将会影响建（构）筑物的安全与正常使用，严重的可能引起建（构）筑物的破坏。地基变形主要与荷载大小和地基土体的变形特性有关，也与基础型式、基础尺寸大小等影响因素有关。

3. 渗透问题

渗透问题主要有两类：一类是蓄水构筑物地基渗流量是否超过其允许值。如：水库坝基础渗流量超过其允许值的后果是造成较大水量损失，甚至导致蓄水失败。另一类是地基中水力比降是否超过其允许值。地基中水力比降超过其允许值时，地基土会因潜蚀和管涌产生稳定性破坏，进而导致建（构）筑物破坏。地基渗透问题主要与地基中水力比降大小和土体的渗透性高低有关。

当天然地基不能满足建（构）筑物在上述三个方面的要求时，需要对天然地基进行地基处理。天然地基通过地基处理形成人工地基，从而满足建（构）筑物对地基的各种要求。

随着土木工程建设规模的扩大和要求的提高，需要对天然地基进行地基处理的工程日益增多。实践表明，大部分水工建筑物的破坏或失事是由于地基缺陷或基础设计不妥而造成的。建在软弱地基上的水闸、泵房或渡槽等建筑物，如果不采取适当的地基处理措施，可能产生较大的地基沉陷和不均匀沉陷，轻则混凝土结构产生裂缝、闸门不能正常开启、水泵不能正常运用，重则建筑物滑移、倾倒。建在砂砾石地基或粉细砂地基上的水闸、泵房、堤坝建筑物，如果不采取适当的防渗排水措施，就可能发生渗透变形，使地基淘空而引起建筑物倾覆或堤坝塌陷、滑坡。因此在建筑物设计中，对地基与基础的设计应给予足够的重视，要结合建筑物的上部结构情况、运用条件及地基土的特点，选择适当的基础设计方案和地基处理措施。

天然地基是自然、历史的产物。形成年代、形成环境和形成条件等地基性状有较大影响，天然地基不仅区域性强，而且个体之间差异性大。土是多相体，一般由固相、液相和气相三相组成，土中水的存在形态很复杂。以黏性土中的水为例，土中有自由水、弱结合水、强结合水、结晶水等不同形态。黏性土中这些不同形态的水很难定量测定和区分，而且随着条件的变化土中不同形态的水相互之间可以产生转化。土中固相一般为无机物，但有的还含有有机质。土中有机质的种类、成分和含量对土的工程性质也有较大影响。

土体的强度特性、变形特性和渗透特性需要通过试验测定。在室内试验中，原状土样的代表性、取样和制作试样过程中对土样的扰动、室内试验边界条件与现场边界条件的不同等客观原因，使通过土工室内试验测定的土性指标与地基中土体实际性状产生差异，且这种差异难以定量估计。在原位测试中，现场测点的代表性、埋设测试元件过程中对土体的扰动，以及测试方法的可靠性等所带来的误差也难以定量估计。各类土体的应力应变关系都很复杂，而且相互之间差异也很大。同一土体的应力应变关系与土体中的应力水平、边界排水条件、应力路径等都有关系。

上述分析说明天然地基性状的复杂性决定了地基处理方法很多，根据具体工程条件，合理选用地基处理方法非常重要。这不仅影响地基处理效果，而且影响工程投资的大小。

在土木工程建设领域中，与上部结构比较，地基领域中不确定的因素多、问题复杂、难度大。地基问题处理不好，后果严重。据调查统计，在世界各国发生的土木工程建设中的工程事故，源自地基问题的工程事故占多数。因此，处理好地基问题，不仅关系所建工程是否安全可靠，而且关系所建工程投资大小。处理好地基问题具有较好的社会效益和经济效益。

需求促进发展、实践发展理论。在工程建设的推动下，近些年来我国地基处理技术发展很快，地基处理水平不断提高，地基处理已成为活跃的土木工程领域中的一个热点。学习、总结国内外地基处理方面的经验教训，掌握各种地基处理技术，对于土木工程师，特别是对从事岩土工程的土木工程师特别重要。提高地基处理水平对保证工程质量、加快工程建设速度、节省工程建设投资具有特别重要的意义。

1.2 地基处理的对象

根据水工建筑物因地基缺陷而导致破坏或失事的情况来看，地基处理的对象包括软弱地基、高压缩性地基及强透水地基。水工建筑物不良地基有以下几种常见类型。

1. 软黏土

软黏土是软弱黏性土的简称。它是第四纪后期形成的海相、泻湖相、三角洲相、溺谷相和湖泊相的黏性土沉积物或河流冲积物。有的软黏土属于新近淤积物。软黏土大部分处于饱和状态，其天然含水量大于液限，孔隙比大于1.0。当天然孔隙比大于1.5时，称为淤泥；当天然孔隙比大于1.0而小于1.5时，称为淤泥质土。软黏土的特点是天然含水量高，天然孔隙比大，抗剪强度低，压缩系数高，渗透系数小。在荷载作用下，软黏土地基承载力低，地基沉降变形大，可能产生的不均匀沉降也大，而且沉降稳定历时比较长，一般需要几年，甚至几十年。软黏土地基是在工程建设中遇到最多需要进行地基处理的软弱地基，它广泛地分布在我国沿海以及内地河流两岸和湖泊地区。例如：天津、连云港、上海、杭州、宁波、台州、温州、福州、厦门、湛江、广州、深圳、珠海等沿海地区，以及昆明、武汉、南京、马鞍山等内陆地区。

2. 冲填土

冲填土是指在整治和疏浚河道或湖塘时，用挖泥船通过泥浆泵将泥沙或淤泥吸取并输送到岸边而形成的沉积土，亦称吹填土。以黏性土为主的冲填土往往是欠固结的，其强度低且压缩性高，一般需经过人工处理才能作为建筑物基础；以砂性土或其他颗粒为主的冲填土，其性质与砂性土相类似，是否进行地基处理要视具体情况而定。

3. 杂填土

杂填土是指由人类活动所形成的建筑垃圾、生活垃圾和工业废料等无规则堆填物。杂填土成分复杂、结构松散、分布极不均匀，因而均匀性差、压缩性大、强度低。未经人工处理的杂填土不得作为建筑物基础的持力层。

4. 松散粉细砂及粉质砂土地基

这类地基若浸水饱和，在地震及机械振动等动力荷载作用下，容易产生液化流砂，从而使地基承载力骤然降低。另外，在渗透力作用下这类地基容易发生流土变形。

5. 砂卵石地基

对于中小型水闸、泵房等建筑物及一般的堤防、土坝工程而言，砂卵石地基的承载力通常能满足要求。但是，砂卵石地基有着极强的透水性，当挡水建筑物存在上下游水头差时，地基极易产生管涌。所谓管涌是指在渗流动水压力作用下，砂卵石地基中粉砂等微小颗粒首先被渗流带走，接着稍大的颗粒也发生流失，以致地基中的渗流通道越来越大，最后不能承受上部荷载而产生塌陷，造成严重事故。因此水利工程中的砂卵石地基包括粉细砂地基必须采取适当的防渗排水措施。

6. 湿陷性黄土

湿陷性黄土的主要特点是受水浸润后土的结构迅速破坏，在自重应力和上部荷载产生的附加应力的共同作用下产生显著的附加沉陷，从而引起建筑物的不均匀沉降。

7. 膨胀土

膨胀土是指黏粒成分主要由亲水性黏土矿物组成的黏性土。膨胀土在环境的温度和湿度变化时会产生强烈的胀缩变形。利用膨胀土作为建（构）筑物地基时，如果没有采取必要的地基处理措施，膨胀土饱水膨胀、失水收缩常会给建（构）筑物造成危害。膨胀土在我国分布范围很广，根据现有的资料，广西、云南、湖北、河南、安徽、四川、河北、山东、陕西、江苏、内蒙古、贵州和广东等地均有不同范围的分布。

8. 盐渍土

土中含盐量超过一定数量的土称为盐渍土。盐渍土地基浸水后，土中盐溶解可能产生地基溶陷，某些盐渍土（如含硫酸钠的土）在环境温度和湿度变化时，可能产生土体体积膨胀。除此外，盐渍土中的盐溶液还会导致建筑物材料和市政设施材料的腐蚀，造成建筑物或市政设施的破坏。

盐渍土主要分布在西北干旱地区的地势低洼的盆地和平原中，盐渍土在我国滨海地区也有分布。

9. 多年冻土

多年冻土是指温度连续3年或3年以上保持在0℃或0℃以下，并含有冰的土层。多年冻土的强度和变形有许多特殊性。例如，冻土中因有冰和未冰水存在，故在长期荷载作用下有强烈的流变性。多年冻土在人类活动影响下，可能产生融化。因此多年冻土作为建筑物地基需慎重考虑，需要采取必要的地基处理措施。

10. 岩溶、土洞和山区地基

岩溶或称“喀斯特”，它是石灰岩、白云岩、泥灰岩、大理石、岩盐、石膏等可溶性岩层受水的化学和机械作用而形成的溶洞、溶沟、裂隙，以及由于溶洞的顶板塌落使地表产生陷穴、洼地等现象和作用的总称。

土洞是岩溶地区上覆土层被地下水冲蚀或被地下水潜蚀所形成的洞穴。

岩溶和土洞对建（构）筑物的影响很大，可能造成地面变形、地基陷落，发生水的渗漏和涌水现象。在岩溶地区修建建筑物时要特别重视岩溶和土洞的影响。

山区地基地质条件比较复杂，主要表现在地基的不均匀性和场地的稳定性两方面。山区基岩表面起伏大，且可能有大块孤石，这些因素常会导致建筑物基础产生不均匀沉降。另外，在山区常有可能遇到滑坡、崩塌和泥石流等不良地质现象，给建（构）筑物造成直接的或潜在的威胁。在山区修建建（构）筑物时要重视地基的稳定性和避免过大的不均匀沉降，必要时需进行地基处理。

总之，不同性质土基的缺陷会给建筑物造成不同形式的破坏，地基处理的目的就是加强地基承载力，控制地基沉陷和不均匀沉陷，防止地基发生渗透变形。

1.3　地基处理的方法和类型

地基处理技术近年来得到飞速发展，人们可以根据具体的需要、地基特点和施工条件选择合适的地基处理方法。目前水利工程中常用的地基处理方法及适用范围见表1.1。

表 1.1　水工地基处理方法类型、适用范围及加固原理

分类	方　法	适　用　范　围	加　固　原　理
换土垫层法	碾压法	适用于处理浅层软土地基、湿陷性黄土地基、膨胀土地基、季节性冻土地基、素填土和杂填土地基	挖除浅层软弱土或不良土，回填砂、碎石、粉煤灰、干渣、灰土或素土等作为垫层，分层碾压或夯实，从而增加抗剪强度、承载力，减小压缩性，防止冻胀作用，消除湿陷性或胀缩性，防止液化
	重锤夯实法	适用于地下水位以上稍湿的黏性土、砂土、湿陷性黄土、杂填土及分层填土地基	
	平板振动法	适用于处理无黏性土和透水性强的杂填土地基	
深层密实法	挤密法	砂桩挤密法和振动水冲法一般适用于松散砂土和杂填土；土桩和灰土桩挤密法一般适用于地下水位以上深度小于 10m 的湿陷性黄土或人工填土；石灰桩适用于软弱黏土和杂填土	挤土成孔，从侧向将土挤密，回填碎石、砾石、砂、石灰、土、灰土等材料，形成碎石桩、砂桩、石灰桩、土桩、灰土桩等，与桩间土组成复合地基，提高地基承载力，减少沉降量，消除土的湿陷性或液化性
	强夯法	适用于碎石土、砂土、素填土、杂填土和低饱和度的粉土、黏土、湿陷性黄土	利用夯击能，使深层土液化和动力固结，从而使土体密实
排水固结法	堆载预压法真空预压法降水预压法	适用于处理厚度较大的饱和软土和冲填土地基	通过布置垂直排水井，改善地基排水条件，并采取加压、抽气、抽水等措施，加速地基的固结和强度增长
加筋法	加筋土	加筋土适用于堤坝、水闸、泵房等建筑物软基加固，常配合换土回填垫层使用	在人工填土的堤坝、挡墙结构及其基础和其他建筑物地基铺设钢带、钢条、尼龙绳、玻璃纤维或土工聚合物，使这种人工复合的土体具有抗拉、抗压、抗弯、抗剪作用，提高承载力，增加稳定性，减少沉降
	土工织物	适用于砂土、黏土和软土	
化学加固法	灌浆法	适用于处理岩基、砂土、粉土、淤泥质黏土、粉质黏土、黏土和一般填土	通过注入水泥浆液或将水泥浆液进行喷射或机械搅拌，使土粒胶结，从而提高地基承载力，减少沉降，防止砂土液化，防止地基或人工填土（堤防、土坝等）渗漏
	高压喷射注浆法	适用于处理淤泥质土、黏性土、粉土、砂土、人工填土等地基及砂卵石地基	
	水泥土搅拌	适用于处理淤泥质土、粉土和含水率较高且承载力较低的黏性土	

1.4　地基处理方法的选用原则和规划程序

地基处理工程要做到确保工程质量、经济合理和技术先进。我国地域辽阔，工程地质条件千变万化，各地施工机械条件、技术水平、经验积累，以及建筑材料品种、价格差异很大。在选用地基处理方法时一定要因地制宜，具体工程具体分析，要充分发挥地方优势，利用地方资源。地基处理方法很多，每种处理方法都有一定的适用范围、局限性和优缺点。没有一种地基处理方法是万能的。要根据具体工程情况，因地制宜确定合适的地基处理方法。在引用外地或外单位某一方法时应该克服盲目性，注意地区特点。因地制宜是

选用地基处理方法的一项重要的选用原则。

地基处理规划程序建议按图1.1所示的程序进行。在介绍地基处理规划程序时，进一步说明地基处理方法的选用原则。

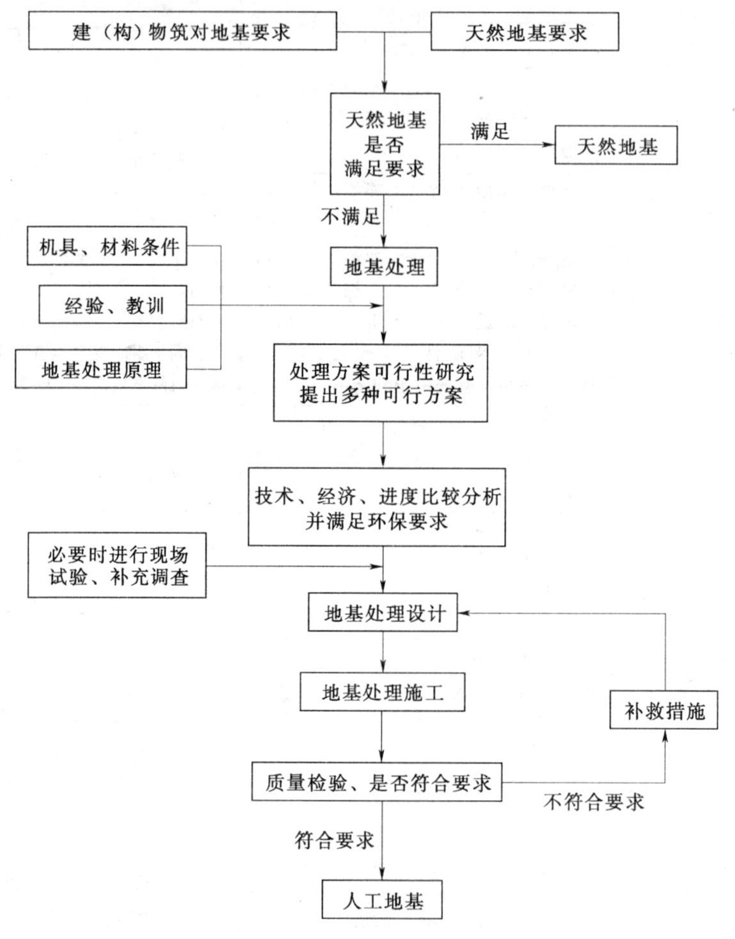

图1.1 地基处理规划程序

首先，根据建（构）筑物对地基的各种要求和天然地基条件确定地基是否需要处理。若天然地基能够满足建（构）筑物对地基的要求时，应尽量采用天然地基。若天然地基不能满足建（构）筑物对地基的要求，则需要确定进行地基处理的天然地层的范围以及地基处理的要求。

当天然地基不能满足建（构）筑物对地基要求时，应将上部结构、基础和地基统一考虑。在考虑地基处理方案时，应重视上部结构、基础和地基的共同作用。不能只考虑加固地基，应同时考虑上部结构体型是否合理，整体刚度是否足够等。在确定地基处理方案时，应同时考虑只对地基进行处理的方案，或选用加强上部结构刚度和地基处理相结合的方案。否则不仅会造成不必要的浪费且可能带来不良后果。

在具体确定地基处理方案前，应根据天然地层的条件、地基处理方法的原理、过去应用的经验和机具设备、材料条件，进行地基处理方案的可行性研究，提出多种技术上可行

的方案。

然后，对提出的多种方案进行技术、经济、进度等方面的比较分析，并重视考虑环境保护要求，确定采用一种或几种地基处理方法。这也是地基处理方案的优化过程。

最后，可根据初步确定的地基处理方案，根据需要决定是否进行小型现场试验或进行补充调查。然后进行施工设计，再进行地基处理施工。施工过程中要进行监测、检测，如果需要还要进行反分析，根据情况可对设计进行修改、补充。

实践表明，这是比较恰当的地基处理规划程序。

这里需要强调的是要重视对天然地基工程地质条件的详细了解。许多由地基问题造成的工程事故，或地基处理达不到预期目的，往往是由于对工程地质条件了解不够全面造成的。详细的工程地质勘察是判断天然地基能否满足建（构）筑物对地基要求的重要依据之一。如果需要进行地基处理，详细的工程地质勘察资料也是确定合理的地基处理方法的主要基本资料之一。通过工程地质勘察，调查建筑物场地的地形地貌，查明地质条件，包括岩土的性质、成因类型、地质年代、厚度和分布范围。对地基中是否存在明浜、暗浜、古河道、古井、古墓要了解清楚。对于岩层，还应查明风化程度及地层的接触关系，调查天然地层的地质构造，查明水文及工程地质条件，确定有无不良地质现象，如滑坡、崩塌、岩溶、土洞、冲沟、泥石流、岸边冲刷及地震等。测定地基土的物理力学性质指标，包括天然重度、相对密度、颗粒分析、塑性指数、渗透系数、压缩系数、压缩模量、抗剪强度等。最后按照要求，对场地的稳定性和适宜性，地基的均匀性、承载力和变形特性等进行评价。

另外，需要强调进行地基处理多方案比较。对某一具体工程，技术上可行的地基处理方案往往有几个，应通过技术、经济、进度等方面综合分析，以及对环境的影响，进行地基处理方案优化，以得到较好的地基处理方案。

1.5　地基处理工程的施工管理

1. 地基处理工程的特点

(1) 大部分地基处理方法的加固效果不是在施工结束后就能全部发挥。

(2) 每一项地基处理工程都有它的特殊性。

(3) 地基处理是隐蔽工程，很难直接检验其加固效果。

2. 地基处理工程的施工管理

对于选定的地基处理方案，在设计完成之后，必须严格施工管理，否则会丧失良好处理方案的优越性。施工的各个环节的质量标准要严格掌握，施工时间要合理安排，因为地基加固后的强度提高往往需要有一定的时间。随着时间的延长，强度还会增加，模量也必然会提高，可通过调整施工速度，确保地基的稳定性和安全性。

在地基处理施工过程中，只让现场人员了解如何施工是不够的，还必须使他们很好地了解所采用的地基处理方法的加固原理、技术标准和质量要求；经常进行处理效果的检验，使施工符合规范要求，以保证施工质量。一般在地基处理施工前、施工中和施工后，都要对被加固的地基进行现场测试，以便及时了解地基土加固效果，修正设计方案，调整施工进度。有时为了获得某些施工参数，还必须于施工前在现场进行地基处理的原位试验。有时在地基加固前，为了保证邻近建（构）筑物的安全，还要对邻近建（构）筑物或地下设施进行沉降和裂缝等监测。

1.6 地基处理的监测方法

监测工作是地基处理的一个重要环节，需要予以足够重视。通过现场监测指导施工，检验设计参数和处理效果。如达不到设计要求，应检查原因，采取必要措施，或修改设计。只有做好地基处理施工中和施工后的监测工作，才能保证地基处理工程质量。也可通过监测积累资料，为理论研究服务。

现场监测主要测试内容通常为地面沉降和深层沉降，地面水平位移和深层土体侧向位移，地基土强度，地基土中孔隙水压力等。对某一具体工程，需要周密计划，根据监测目的，合理确定测试项目和监测点的数量，满足信息化施工的要求。表 1.2 所示常用现场测试方法的适用范围可作参考。

表 1.2 常用现场测试方法的适用范围

现场测试方法 地基处理方法	平板载荷试验	沉降观测	水平位移观测	十字板剪切试验	静力触探	动力触探	标准贯入试验	孔隙水压力测试	桩载荷试验	旁压试验	桩基动力测试	波速法	螺旋压板试验
换填法	○	○	×	×	○	○	○	×	×	△	×	○	△
振冲碎石桩法	○	○	×	×	○	△	○	○	△	△	×	○	×
强夯置换法	○	○	△	×	×	○	○	△	×	×	×	×	×
砂石桩（置换）法	○	○	×	△	○	△	△	○	×	△	×	○	×
石灰桩法	○	○	△	△	○	△	△	×	△	△	×	○	△
堆载预压法	○	○	△	△	○	△	○	△	×	△	×	○	○
超载预压法	○	○	△	△	○	△	○	△	×	△	×	○	○
真空预压法	○	○	△	○	○	△	○	○	×	○	×	○	○
深层搅拌法	○	○	×	○	×	×	×	×	△	△	△	○	△
高压喷射注浆法	○	○	×	×	×	×	×	×	×	△	△	△	×
灌浆法	○	○	×	×	×	×	×	×	×	△	×	△	×
强夯法	○	○	○	×	○	△	○	○	×	○	×	○	△
表层夯实法	○	○	△	×	○	△	○	×	×	×	×	○	○
振冲密实法	○	○	△	×	○	△	○	○	△	△	×	○	×
挤密砂石桩法	○	○	△	△	○	△	○	○	△	△	×	○	×
土桩、灰土桩法	○	○	△	×	△	△	△	×	×	△	×	×	×
加筋土法	○	○	○	△	△	×	△	×	×	△	×	△	△
冻结法		○	○		△	△						○	

注 ○—一般适用；△—有时适用；×—不适用。

1.7 地基处理与环境保护

随着工业的发展，环境污染问题日益严重，公民的环境保护意识也逐渐提高，在进行地基处理设计和施工中一定要注意环境保护，处理好地基处理与环境保护的关系。

与某些地基处理方法有关的环境污染问题主要是噪声、地下水质污染、地面位移、振动、大气污染以及施工场地泥浆污水排放等。几种主要地基处理方法可能产生的环境影响问题如表 1.3 所示。事实上，一种地基处理方法对环境的影响还受施工工艺的影响，改进施工工艺可以减少甚至消除对周围环境的不良影响。因此，表 1.3 只能反映一般情况，仅供参考。在确定地基处理方案时，尚需结合具体情况，进一步研究分析。环保问题政策性地区性很强，一定要了解、研究、熟悉施工现场所在地环境保护的有关法令和规定，施工现场周围条件，以及了解施工工艺才能正确选用合适的地基处理方法。

表 1.3　几种主要的地基处理方法可能对环境产生的影响

可能的环境污染 / 地基处理方法	噪声	水质污染	振动	大气污染	地面水泥污染	地面位移	备注
换填法							
振冲碎石桩法	△		△		○		
强夯置换法	○		○			△	
砂石桩（置换）法	△		△				
石灰桩法	△		△	△			
堆载预压法							
超载预压法							
真空预压法							
喷浆深层搅拌法							
喷粉深层搅拌法				△			
高压喷射注浆法					△		
灌浆法							
强夯法	○		○			△	
表层夯实法	△		△				
振冲密实法	△		△				
挤密砂石桩法	△		△				
土桩、灰土桩法	○		△				
加筋土法							
冻结法					○		

注　○—影响较大；△—影响较小；空格表示没有影响。

1.8 地基处理发展展望

近20多年来，我国地基处理技术和复合地基理论发展很快，表现在各种地基处理方法得到应用和普及，地基处理队伍的不断扩大，我国地基处理理论发展也很快。在探讨加固机理、改进施工机械和施工工艺、发展检验手段、提高处理效果、改进设计方法等方面，每一种地基处理方法都取得不少进展。

随着地基处理技术的发展，复合地基技术在我国各地得到广泛应用，发展也很快。复合地基概念从狭义复合地基发展到广义复合地基，形成了较系统的广义复合地基理论。

如何展望地基处理和复合地基技术的发展，笔者认为应重视普及基础上的进一步提高，重视下述几个方面工作。

(1) 研制和引进地基处理新机械，提高各种工法的施工能力。

在土木工程建设中，与国外差距较大的是施工机械能力。在地基处理领域情况也是如此。深层搅拌法、高压喷射注浆法、振冲法等工法的施工机械能力上都有较大差距。随着综合国力提高，地基处理施工机械将会有较大的发展。不仅要重视引进国外先进施工机械，也要重视研制国产先进施工机械。只有各种工法的施工机械能力有了较大提高，地基处理水平才能有较大提高。

(2) 加强理论研究，提高设计水平。

加强地基处理和复合地基理论研究，如复合地基计算理论、优化设计理论、按沉降控制设计理论等，也要加强各种工法加固地基的机理以及设计计算理论研究。

这里特别要强调优化设计理论研究。地基处理优化设计包括两个层面：一是地基处理方法的合理选用；二是某一方法的优化设计。目前在这两个层面都存在较大的差距，发展空间很大。

(3) 开发研究新技术。

开发研究地基处理的新方法和复合地基的新技术，还包括开发地基处理的新材料，如深层搅拌专用固化剂等。

(4) 大力发展测试技术。

测试技术包括各种地基处理工法本身的质量检验，以及采用地基处理加固效果的评价。

地基处理和复合地基领域是土木工程中非常活跃的领域，也是非常有挑战性的领域。挑战与机遇并存，可以相信在不远的将来，地基处理和复合地基技术会在普及的基础上得到较大的提高，发展到一个新的水平。

项目2　垫层处理地基

教学目标：（1）能确定垫层的适用条件。

（2）能了解垫层的设计。

（3）能根据工程的特点合理选择进行垫层施工。

（4）能进行垫层施工质量控制。

项目案例1　砂垫层在泵房地基处理中的应用

某泵房为砖混结构，承重墙下采用钢筋混凝土条形基础，基础宽 $b=1.2\text{m}$，埋深 $d=1.1\text{m}$，上部结构作用于基础的荷载为116kN/m。勘探资料显示，有一条深度为2.4m的废弃河道（已淤积填满）从泵房基础下穿过，地下水位埋深为0.9m。地基第一层土为洪积土，层厚2.4m，容重 18.8kN/m^3；第二层为淤泥质粉质黏土，层厚6.3m，容重 18.0kN/m^3，地基承载力标准值为68kPa；第三层为淤泥质黏土，层厚8.6m，容重 17.3kN/m^3；第四层为粉质黏土。

设计步骤如下：

由于泵房基础将坐落在河沟故道，有必要对地基进行处理。经多方案技术经济综合比较分析，决定采用砂垫层处理方案。

1. *砂垫层厚度确定*

河沟故道的洪积土层厚2.4m，其中基础埋深占据1.1m，故砂垫层厚度可先设定为 $h_s=1.3\text{m}$，其干密度要求大于 1.6t/m^3。

（1）基础底面的平均压力 p 为

$$p=\frac{F+G}{A}=\frac{F+\gamma_G bd}{b}=\frac{116}{1.2}+20\times0.9+(20-9.8)\times0.2=116.7\ (\text{kPa})$$

上式中的 γ_G 为基础及回填土的平均容重，可取为 20kN/m^3，地下水位以下部分应扣除浮力。

（2）基础底面处土的自重压力 p_c 为

$p_c=18.8\times0.9+(18.8-9.8)\times0.2=18.7\ (\text{kPa})$

（3）垫层底面处土的自重压力 p_{cz} 为

$p_{cz}=18.8\times0.9+(18.8-9.8)\times1.5=30.4\ (\text{kPa})$

（4）垫层底面处的附加压力 p_z 为

由于是条形基础，p_z 按下式计算，其中垫层的压力扩散角 θ 由 $h_s/b=1.3/1.2=1.08>0.5$ 查表得 $\theta=30°$，于是

$$p_z=\frac{b(p-p_c)}{b+2h_s\tan\theta}=\frac{1.2(116.7-18.7)}{1.2+2\times1.3\tan30°}=43.5\ (\text{kPa})$$

（5）下卧层地基承载力设计值 f

砂垫层底面处淤泥质粉质黏土的地基承载力标准值以 $f_k=68\text{kPa}$，再经深度修正可得

到下卧层地基承载力设计值为（修正系数 η_d 取1.0）

$$\begin{aligned} f &= f_k + \eta_d \gamma_0 (d + h_s - 0.5) \\ &= 68 + 1.0 \times \frac{18.8 \times 0.9 + (18.8 - 9.8) \times 1.5}{2.4} \times (1.1 + 1.3 - 0.5) \\ &= 92.1\ (\text{kPa}) \end{aligned}$$

(6) 下卧层承载力验算。砂垫层的厚度，应保证垫层底面处的自重压力与附加压力之和不大于下卧层地基承载力设计值，即

$p_z + p_{cz} = 43.5 + 30.4 = 73.9\text{kPa} < f = 92.1\ (\text{kPa})$

满足设计要求，故砂垫层厚度确定为1.3m。

2. 确定砂垫层宽度

垫层的宽度按压力扩散角的方法确定，即

$b' = b + 2h_s \tan\theta = 1.2 + 2 \times 1.3 \tan 30° = 2.7\ (\text{m})$

取垫层宽为2.7m。

3. 沉降计算（略）

项目案例2　加筋砂石垫层在房屋地基处理中的应用

某住宅楼为6层砖混结构，总高18.2m，东西长71.06m，南北宽13.6m，基础为钢筋混凝土筏式基础，Ⅶ度抗震设防。由工程地质勘察报告知，拟建工程场地地层条件较复杂，人工填土层厚度分布不均，填土以下地层属洪积、冲积地层，粗砂、粉土、粉细砂层交错分布，厚度不一，且有地下渗流通过。

综合考虑本工程的基础形式、上部荷载及地基条件，拟采用加筋碎石垫层进行地基处理。碎石垫层厚1.0m，每边超出基底范围1m，在垫层顶面以下70cm处设置1层TG复合加筋带，加筋带纵横向间距均为30cm（图2.1）。

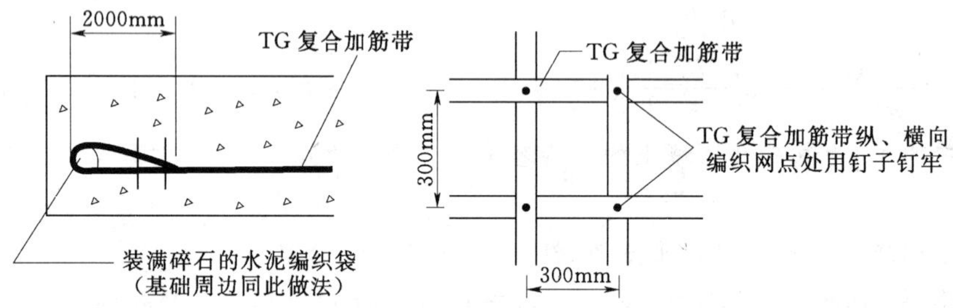

图2.1　筏式基础加筋砂石垫层示意图

碎石垫层材料采用2～4cm粒径碎石，含泥量不得超过5%，石料不得含有草根、垃圾等杂物。本工程所用TG复合加筋带的断裂荷载>15kN，断裂伸长<2%，1%应变荷载>8kN，公斤延伸长9±0.5m。施工时挖到碎石垫层的底部的设计高程后，把基坑底部的土碾压加密，然后分层填筑碎石，逐层用10～12t压路机碾压3次。第一次铺筑厚度为30cm，待其被压之后，按图2.1所示的方法铺设TG复合加筋带，之后，再在TG加筋带之上铺设碎石垫层。

项目案例 3 加筋砂石垫层在涵闸地基处理中的应用

湖北黄石市拟在长江干堤某废弃涵闸旁重新建一座钢筋混凝土箱形穿堤涵闸。涵闸全长 109m，每节 12m，箱涵内孔尺寸为 2m×2m，外轮廓尺寸为 3.2m×3.2m（图 2.2）。闸址位于淤泥质粉质黏土地基，闸底以下软弱土层厚 10～18m，地基承载力［R］＝100kPa。

考虑到地基承载力不足，经方案比较和设计计算，决定采用加筋砂垫层作地基处理。垫层厚 1.6m，由垫层底面开始每隔 50cm 厚度铺设一层土工格栅（图 2.3）。

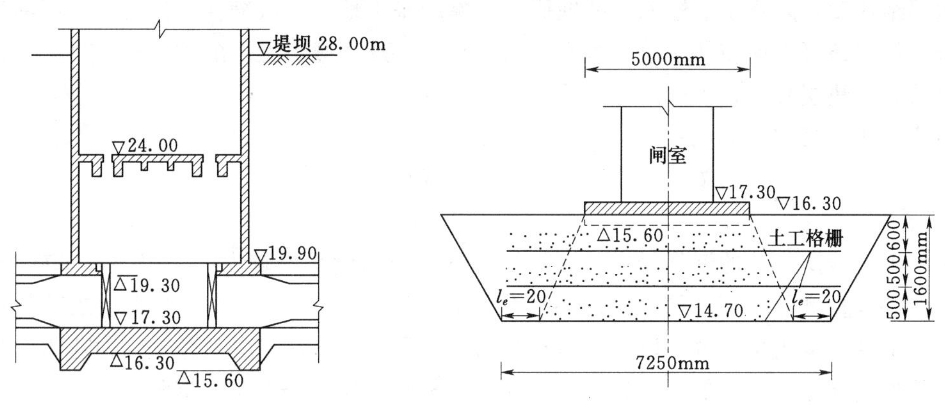

图 2.2 涵闸纵剖面

图 2.3 闸底加筋砂石垫层

项目案例 4 加筋砂石垫层在涵闸地基处理中的应用

浙江舟山东港海堤全长 2235m，堤高 6.0m，地基分为 4 个土层，即淤泥质黏土（ω＝44.3%），淤泥（ω＝54.3%），淤泥质亚黏土（ω＝35.6%）和亚黏土（ω＝26.4%），总厚度达 20m。为使工程顺利进行，在大规模施工前做了一段试验堤。堤身材料为堆石，在与软基接触部位有一层砂石垫层。选用的筋材为织造型土工织物，抗拉强度为 60kN/m。第一层织物在横断面上的长度为 55m，其上抛填 0.7m 的砂石垫层；再在垫层上铺第二层织物，长度 40m，见图 2.4。试验堤工程于 1994 年底完成，并进行了观测，效果良好。

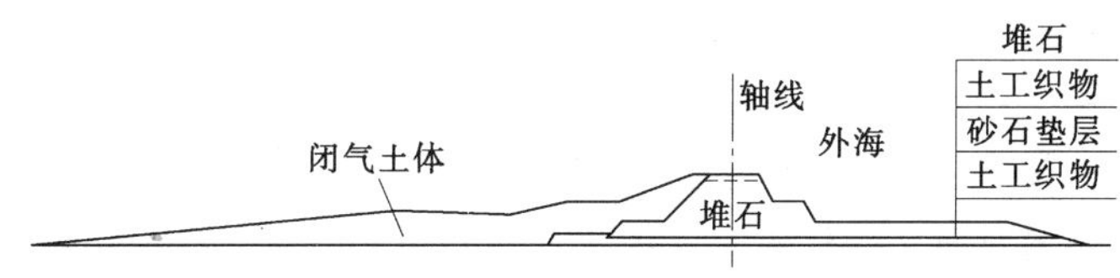

图 2.4 浙江舟山东港海堤断面

任务 2.1 垫层的作用及适用范围

垫层处理技术又称换填技术，它是将建筑物基础下的软弱土层或缺陷土层的一部分或全部挖去，然后换填密度大、压缩性低、强度高、水稳性好的天然或人工材料，并分层夯（振、压）实至要求的密实度，达到改善地基应力分布、提高地基稳定性和减少地基沉降的目的。

换填技术的加固原理是根据土中附加应力分布规律，让垫层承受上部较大的应力，软弱层承担较小的应力，以满足设计对地基的要求。

换填法的处理对象主要是：淤泥、淤泥质土、湿陷性土、膨胀土、冻胀土、杂填土地基。水利工程中常用的垫层材料有：砂砾土、碎（卵）石土、灰土、素土（主要指壤土）、中砂、粗砂、矿渣等，近年来，土工合成材料加筋垫层因其良好的处理效果而受到重视和广泛应用。

换土垫层与原土相比，具有承载力高、刚度大、变形小的优点。砂石垫层还可提高地基排水固结速度，防止季节性冻土的冻胀，清除膨胀土地基的胀缩性及湿陷性土层的湿陷性。灰土垫层还可以促使其下土层含水量均衡转移，从而减小土层的差异性。

总结起来垫层具有以下作用。

1. 提高持力层的承载力

通过扩散作用使传到垫层下软弱土层的应力减小。

2. 减小沉降量

一般地基浅层部分的沉降量在总沉降量中所占的比例是比较大的，以条形基础为例，在相当于基础宽度的深度范围内的沉降量约占总沉降量的50%，如以密实砂或其他填筑材料代替上部软弱土层，就可以减少这部分的沉降量。砂垫层或者其他垫层对应力的扩散作用，使作用在下卧土层的压力较小，这样也会相应减少下卧土层的沉降量。

3. 加速软弱土层的排水固结

不透水基础直接与软弱土层直接接触时，在荷载作用下，软弱土地基中的水被迫绕基础两侧排出，因而使基底下的软弱土不易固结，形成较大的孔隙水压力，还可能导致由于地基强度降低而产生塑性破坏的危险。砂垫层和砂石垫层等垫层材料透水性大，软弱土层受压后，垫层可作为良好的排水面，使基础下面的孔隙水压力迅速消散，加速垫层下软弱土层的固结和提高其强度，避免地基土塑性破坏。

4. 防止冻胀

因为粗颗粒的垫层材料孔隙大，不易产生毛细现象，因此可以防止寒冷地区土中的冰造成的冻胀，这时，砂垫层的底面应满足当地冻结深度的要求。

5. 消除膨胀土的胀缩作用

在不同的工程中，垫层所起的作用也不同。如：换土垫层和排水垫层。一般水闸、泵房基础下的砂垫层主要起换土作用，而在路堤和土坝等工程中，砂垫层主要起排水固结作用。换土垫层视工程具体情况而异，软弱土层较薄时，采用全部换土；若软弱土层较厚，可采用部分换土。根据换填材料的不同，将垫层分为砂石（砂砾、碎卵石）垫层、土垫层（素土、灰土、二灰土垫层）、粉煤灰垫层、矿渣垫层、加筋砂石垫层等，其适用范围见表2.1。

表2.1　垫层的适用范围

垫　层　种　类	适　用　范　围
砂（砂砾、碎石）垫层	多用于中小型工程的暗河、塘、沟等的局部处理。适用于一般饱和、非饱和的软弱土和水下黄土地基处理，不宜用于湿陷性黄土地基，也不适宜用于大面积堆载、密集基础和动力基础的软土地基处理，可有条件地用于膨胀土基，砂垫层不宜用于有地下水，且流速快、流量大的地基处理。不宜采用粉细砂做垫层

续表

垫层种类		适用范围
土垫层	素土垫层	适用于中小型工程及大面积回填、湿陷性黄土地基的处理
	灰土或二灰土垫层	适用于中小型工程，尤其适用于湿陷性黄土地基的处理，也可用于膨胀土地基处理
粉煤灰垫层		多用于大面积地基工程的填筑。粉煤灰垫层在地下水位以下时，其强度降低幅度在 30%左右
干渣垫层		用于中小型工程，尤其适用于地坪、堆场等工程大面积的地基处理和场地平整等。对于受酸性或碱性废水影响的地基不得用干渣做垫层

换填法是一种施工最简单、应用最广泛的地基处理方法。在水利工程中，换填法多用于上部荷载不大、基础埋深较浅的水闸、泵房、涵闸、渡槽及堤坝工程。换填开挖厚度一般为 1.5～3.0m，垫层厚度过小，往往起不到作用；垫层厚度过大，基坑开挖有一定困难。对于上部荷载较大的建筑物地基处理，换填法必须结合其他地基加固措施（如桩基等）方能满足工程要求。

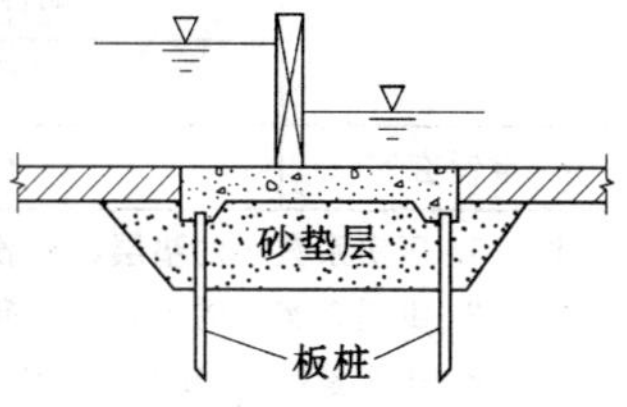

图 2.5 垫层示意图

任务 2.2 垫 层 设 计

2.2.1 垫层的设计

对于起换土作用的垫层，既要求垫层有足够的厚度以置换可能被剪切破坏的软弱土层，又要求垫层有足够的宽度以防止垫层向两侧挤出；而对于排水垫层，除要求有一定的厚度和宽度满足上述要求外，还要形成一个排水面，以促进土层的固结，提高其强度。

2.2.1.1 垫层厚度设计

垫层的厚度一般根据垫层底面处软弱土层的承载力而确定，要求作用在垫层底面软弱土层顶部的自重应力与附加应力之和不大于该高程处软弱土层的承载力标准值。

2.2.1.2 垫层宽度设计

垫层的宽度一方面要满足应力扩散的要求，另一方面应根据垫层侧面的容许承载力来确定。当其侧面土质较好时，垫层宽度略大于基底宽度即可，当其侧面土质较差时，如果垫层宽度不足，垫层就有可能被挤入四周软弱土层中，促使侧面软土的变形和地基沉降的增大。目前常用的方法有应力扩散角法及根据侧面土的承载力计算。

2.2.1.3 垫层承载力确定

垫层的承载力宜通过现场试验确定。如直接用静载荷试验确定或用取土分析法、标准贯入、动力触探等多种测试方法综合确定。对于一般不太重要的、小型的、轻型的或对沉降要求不高的工程，可根据表 2.2 确定。

当采用按压实系数确定垫层的承载力时，根据地区经验，当粗砂垫层的干密度达16～17kN/m^3 时，砂垫层本身的承载力可达到 200～300kPa。但是，当砂垫层下有软弱下卧层时，压实条件较差，砂垫层本身的承载力标准值不宜大于 200kPa。当下卧软弱土承载力标准值为60～80kPa，压缩模量约为3MPa左右时，而换土厚度又为基础宽度的0.5～1.0倍时，砂垫层的地基承载力标准值约为100～200kPa。

表2.2　各种垫层的承载力

施工方法	换填材料类别	压实系数 λ_c	承载力标准值（kPa）
碾压或振密	碎石、卵石	0.94～0.97	200～300
	砂夹石（其中碎石、卵石占全重的30%～50%）		200～250
	土夹石（其中碎石、卵石占全重的30%～50%）		150～200
	中砂、粗砂、砾砂		150～200
	黏性土和粉土（$8<I_p<14$）		130～180
	灰土	0.93～0.95	200～250
重锤夯实	土或灰土	0.93～0.95	150～200

注　1. 压实系数小的垫层，承载力标准值取低值，反之取高值。
2. 重锤夯实土的承载力标准值取低值，灰土取高值。
3. 压实系数 λ_c 为土的控制干密度 γ_d 与最大干密度 $\gamma_{d\max}$ 比值，土的最大干密度宜采用击实试验确定，碎石或卵石的最大干密度可取20～22kN/m³。

2.2.1.4　垫层及基础沉降量计算

垫层的断面确定以后，对于比较重要的建筑物或垫层下存在软弱下卧层的建筑物，还应验算基础的沉降量，以便使建筑物基础的最终沉降量小于容许沉降量。

2.2.1.5　垫层材料选用

砂石垫层材料，宜采用级配良好、质地坚硬的中砂、粗砂、砾砂、圆砾、卵石、碎石等材料，要求其颗粒的不均匀系数 $d_{60}/d_{10}\geqslant 5$，最好为 $d_{60}/d_{10}\geqslant 10$，不含植物残体、垃圾等杂质，且含泥量不应超过5%。若用做排水固结的垫层，其含泥量不应超过3%。若用粉细砂作为换填材料时，不容易压实，而且强度也不高，使用时应掺入25%～30%的碎石或卵石，使其分布均匀，最大粒径不得超过5cm。碾压或夯、振功能较大时，最大粒径不得超过8cm。对于湿陷性黄土地基的垫层，不得选用砂石等渗水材料作为换填材料。

2.2.2　粉煤灰垫层设计

粉煤灰是燃煤发电厂的工业废料，其排放量与日俱增，其堆放不仅占用了大量的土地资源，而且还会对周围环境构成不同程度的污染。建造储灰场地又要耗费大量的基本建设投资费用。因此，如能合理利用粉煤灰，是一举两得的好事。

由于粉煤灰和天然土中的化学成分具有很大的相似性，主要成分有硅、铝、铁等氧化物其中，硅、铝氧化物含量超过70%以上。并据有关资料表明：粉煤灰具有火山灰的特点，在潮湿条件下呈凝硬性。

粉煤灰的压实曲线与黏性土相似，但其曲线峰区范围比黏性土平缓，亦即，有相对较宽的最优含水量范围。因此，粉煤灰在填土工程中达到最大干密度状态时，所对应的最优含水量易于控制。施工前应根据现行的《土工试验方法标准》（GB/T 50123—1999）击实试验法确定粉煤灰的最大干密度和最优含水量。

粉煤灰垫层厚度的计算法可参照垫层厚度的计算。粉煤灰的压力扩散角 $\theta=22°$。

粉煤灰的强度指标和压缩性指标如：内摩擦角 φ、黏聚力 c、压缩模量 E_s、渗透系数 k 是随粉煤灰的材质和压实密度而变化，应通过室内土工试验确定。当无实测资料时，可参阅上海地区提出的数值：$\lambda_c=0.90\sim0.95$ 时，$\varphi=23°\sim30°$，$c=5\sim30\text{kPa}$，$E_s=8\sim20\text{MPa}$，$k=2\times10^{-4}\sim9\times10^{-5}\text{cm/s}$。

粉煤灰垫层具有遇水后强度降低的特点，应通过现场试验确定，无试验资料时，经人工夯实的粉煤灰垫层，当压实系数控制为0.9，干密度控制为 9kN/m^3 时，其承载力可达到120～150kPa；当压实系数控制在0.95及干密度 9.5kN/m^3 时，其承载力可达200～300kPa。上海地区数值为：对压实系数 $\lambda_c=0.90\sim0.95$ 的浸水粉煤灰垫层，其承载力标准值为120～200kPa，但仍应进行下卧层强度和变形验算，使其满足要求；当 $\lambda_c>0.90$ 时，可按7度地震验算。

2.2.3　加筋碎石垫层设计

所谓加筋碎石垫层就是在碎石垫层中水平铺设一层或多层由土工织物所构成的复合垫层。在建筑物荷载作用下，加筋碎石垫层中的土工织物与碎石颗粒接触面的摩擦力将限制碎石颗粒的侧向移动，颗粒之间的联络得到加强，从而使复合垫层具有了“黏聚力”，因而砂石垫层的整体性得到加强，通过垫层向下卧软弱层传递的应力将扩散到更大的范围，结果是减小了地基的沉陷量和沉陷差，而且抗剪强度的增加将提高基础的抗滑稳定性。此外，土工织物将砂石料与下卧淤泥质软土隔离开来，或防止砂石料沉入淤泥中。土工织物对砂石料侧向移动的限制作用，还可防止砂石料从侧向挤入软弱地基。

对于大板基础（筏片基础、箱形基础或宽大的独立基础），基底设计压力介于200～300kPa之间的重型建筑物，加筋垫层本身的强度可满足设计荷载要求，地基强度计算主要考虑应力扩散后下卧层的承载力问题，即满足强度验算公式（2.1）：

$$p_z+p_{cz}\leqslant f_{kz} \tag{2.1}$$

式中　p_z——垫层底面处的附加压力，kPa；

p_{cz}——垫层底面处的垫层自重压力，kPa；

f_{kz}——垫层底面处土层的承载力设计值，kPa。

垫层底面处的附加压力 p_z。可根据拱膜理论按地区经验公式（2.2）计算：

$$p_z=2\gamma b\left(1-e^{0.5\frac{z}{b}}\right)k+pe^{-0.5\frac{z}{b}} \tag{2.2}$$

式中　γ——加筋碎石垫层重度，kN/m^3；

b——大板（筏片）基础的宽度，m；

z——加筋垫层的厚度，m；

k——拱膜作用系数；

p——基础底面设计压力，kPa。

拱膜作用系数 k 值可根据土工织物综合影响系数 m 按图2.6确定，m 按式（2.3）计算，即

$$m=\left(\sum_{i=1}^{n}l_id_i+\sum_{j=1}^{n}l_jd_j\right)\frac{N}{F} \tag{2.3}$$

式中　l_i、d_i——基础宽度方向上土工织物的长度与宽度，m；

l_j、d_j——基础长度方向上土工织物的长度与宽度，m；

n、N——垫层中土工织物的层数；

F——基础底面积，m^2。

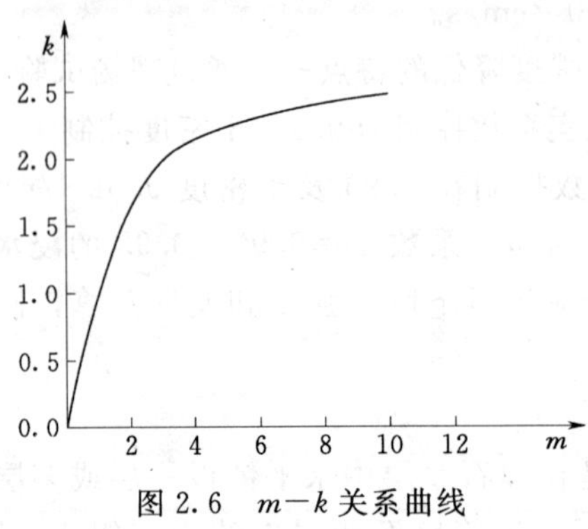

图 2.6　$m-k$ 关系曲线

任务2.3　垫　层　施　工

2.3.1　砂石垫层的施工

2.3.1.1　施工参数、机具及方法选择

砂石垫层选用的砂石料应进行室内击实试验，根据 $\gamma_d-\omega_{op}$ 曲线确定最大干密度 $\gamma_{d\max}$ 和最优含水量 ω_{op}，然后根据设计要求的压实系数 λ_c 确定设计要求的 γ_d、λ_c，依次作为检验砂石垫层质量控制的技术指标。在无击实试验数据时，砂石垫层的中密状态可作为设计要求的干密度：中砂 1600kg/m^3，粗砂 1700kg/m^3，碎石、卵石 2000～2200kg/m^3 即可。

砂和砂石垫层采用的施工机具和方法对垫层的施工质量至关重要。下卧层是高灵敏度的软土时，在铺设第一层时要注意不能采用振动能量大的机具振动下卧层，除此之外，一般情况下，砂及砂石垫层首先用振动法。因为，振动法更能有效地使砂和砂石密实。

2.3.1.2　施工要点

(1) 砂石垫层首先要选择振动碾和振动压实机，其施工技术参数应根据具体的施工方法及施工机械现场试验确定。如无试验资料，可参照表 2.3。

(2) 砂及砂石料可根据施工方法不同控制最优含水量，最优含水量由工地试验确定，也可据表 2.4 选择。

(3) 开挖基坑铺设垫层时应避免扰动下卧的软弱土层，防止被践踏、浸泡或暴晒过久。

(4) 一般不宜采用细砂、粉砂作为垫层填料。

表 2.3　　垫层的每层铺填厚度及压实遍数

碾压设备	每层虚铺厚度（mm）	每层压实遍数	土　质　环　境
平碾（8～12t）	200～300	6～8	软弱土、素填土
羊足碾（5～6t）	200～350	8～16	软弱土

续表

碾压设备	每层虚铺厚度（mm）	每层压实遍数	土 质 环 境
蛙式夯（碾）（200kg）	200～250	3～4	狭窄场地
振动碾（8～15t）	600～1500	6～8	砂土、湿陷性黄土、碎石土等
振动压实机	1200～1500	10	
插入式振动器	200～500		
平板振动器	150～250		

表 2.4 砂和砂石垫层的每层铺筑厚度及最优含水量

振捣方法	平振法	插振法	水撼法	夯实法	碾压法
铺筑层厚（mm）	200～250	振捣器插入深度	250	150～200	250～350
施工时最优含水量（%）	15～20	饱和	饱和	8～12	8～12

注 水撼法即每铺一层料后即注水，并用四齿钢叉插入摇撼捣实。

2.3.2 素土和灰土垫层的施工

2.3.2.1 材料要求

素土垫层的土料应采用基坑开挖出的土，并予以过筛，粒径不大于15mm，有机质含量不大于5%，当含有碎石时，其粒径不宜大于50mm。

灰土垫层中的灰料宜用新鲜的消石灰，应予以过筛，其粒径不得大于5mm。灰土垫层中的土料中，黏粒含量越高其灰土强度也越高，土料粒径不得大于15mm，宜用不含松软杂质的黏土，若采用粉土则其塑性指数 I_P 必须大于4。

2.3.2.2 施工参数及施工要点

（1）素土和灰土垫层应选用平碾和羊足碾或轻型夯实机及6～10t的压路机。灰土的最大虚铺厚度为200～250mm。素土的铺土厚度及压实遍数可参照表2.5采用。

（2）灰土料的施工含水量一般控制在16%左右；素土的施工含水量控制在最优含水量附近（允许±2%的偏差）。最优含水量可按式（2.4）确定，也可参考表2.6确定。

$$\left.\begin{array}{ll}\text{粉质黏土} & \omega_{op}=0.4\omega_L+6 \\ \text{粉土} & \omega_{op}=0.6\omega_L-3\end{array}\right\} \quad (2.4)$$

式中 ω_L——液限含水量。

（3）分段施工时，不得在墙角、柱基等地基压力突变处接缝。上下两层的接缝距离不得小于500mm。接缝处应夯压密实。灰土拌和后须在当日铺垫压实，压实后3d内不能受水浸泡。

表 2.5 各种压实机械铺土厚度及压实遍数

压 实 机 械	黏 土		粉 质 黏 土	
	铺土厚度（cm）	压实次数	铺土厚度（cm）	压实次数
重型平碾（12t）	25～30	4～6	30～40	4～6
中型平碾（8～12t）	20～25	8～10	20～30	4～6
轻型平碾（8t）	15	8～12	20	6～10

续表

压实机械	黏土		粉质黏土	
	铺土厚度（cm）	压实次数	铺土厚度（cm）	压实次数
铲运机			30～50	8～16
轻型羊足碾（5t）	25～30	12～22		
双联羊足碾（12t）	30～35	8～12		
羊足碾（13～16t）	30～40	18～24		
蛙式夯（200kg）	25	3～4	30～40	8～10
人工夯（50～60kg，落距50cm）	18～22	4～5		
重锤夯（1000kg，落距3～4m）	120～150	7～12		

注 一般控制最后一击下沉1～2cm（重锤夯实）。

表2.6　　土的最优含水量和最大干密度参考值

土的种类	变形范围	
	最优含水量（%）	最大干密度（kN/m^3）
砂土	8～12	18.0～18.8
黏土	19～23	15.8～17.0
粉质黏土	12～15	18.5～19.5
粉土	16～22	16.1～18.0

2.3.3 粉煤灰垫层的施工

粉煤灰不得含垃圾、有机质等杂物。粉煤灰运输时含水量要适中，既要避免含水量过大造成途中滴水，又要避免含水量过小造成扬尘。

粉煤灰施工时的含水量应为 $\omega_{op}\pm4$。

在软弱地基上填筑粉煤灰垫层时，应先铺约20cm厚的中砂、粗砂或高炉干渣，以免下卧软土层表面受到扰动，同时有利于下卧软土层的排水固结。

其他施工要点可参照砂石垫层的相关内容。

项目3　强夯处理地基

教学目标：（1）掌握强夯法的加固机理。
（2）能了解强夯法的加固设计。
（3）能掌握强夯法的施工特点、施工程序。
（4）能绘制强夯法施工的流程图。
（5）能进行强夯施工的质量检验。

项目案例　强夯法处理地基工程实例

山东省莱城电厂拟建储灰场，一期工程灰坝的最大坝高40m，二期工程灰坝加高47m，相应最大坝高87m，该灰场可满足电厂储灰22年。由地质勘测知，在黑山沟谷底上覆盖第四系全新统和上更新统坡积洪积地层，系黄土状粉质黏土，黄棕—棕黄色，可塑—硬塑状态，夹黄土状黏土及粉土团块，混碎石，约10%～20%，粒径一般为2～5cm；并夹有厚度不等的碎石透镜体，碎石层厚度为0.3～3.5m，碎石粒径一般为2～5cm，最大为10～30cm，混黏性土30%～45%，稍密。黄土状粉质黏土承载力标准值147kPa，碎石混黏土层承载力标准值250kPa。，其中4个钻孔（2号、4号、11号与13号孔）的6个土样湿陷性系数为0.018～0.027，说明黄土状粉质黏土局部有湿陷性。经研究分析，设计单位提出用强夯法加固坝基，并建议进行强夯试验，试验方案如下。

1. 试夯选定及布置

试夯区选在黄土状粉质黏土层厚度最大的8号钻孔附近，试夯面积20m×20m，夯点间距5.0m，呈等边三角形布置，见图3.1。

2. 夯击能

6250kN·m，即夯锤重284kN，夯锤落距22m。

3. 强夯机具

50t履带式吊车、龙门架与定高度自动脱钩器，圆柱形组合式铸钢锤，夯锤重284kN，夯锤直径2.5m，锤底面积4.9m^2，有4个排气孔，孔径20cm。

4. 试夯施工参数

试夯采用最大夯击能强夯三遍与满夯两遍，具体安排如下：

（1）最大夯击能强夯三遍：夯击能6250kN·m，夯点间距5m。第一、第二遍为隔点跳打，即第二遍后才将试夯区23个夯点各夯一遍，原拟夯击数为18击，试夯时通过最佳夯击能测试，改为12击。第三遍在场地平整后复打主夯点，原拟夯击数为8击，后改为14击。即各主夯点总的夯击能不变，仍为6250kN·m/击（26击）。

（2）满夯两遍：第四遍夯击能2000kN·m，夯击数为8击，夯点间距2.5m，即各夯点之间相切满夯。第五遍夯击能1000kN·m，夯击数为4击，夯点间距1.9m，即各击之间搭击1/4夯锤直径（0.6m）。

5. 夯前坝基土特性测定

在试夯区布置原状土样取土钻孔 4 个、标准贯入试验孔 4 个和动力触探试验孔 4 个，钻孔与试验孔位置如图 3.1 所示。

6. 试夯情况检测

在试夯过程中用水准仪、经纬仪观测每夯点每击的夯沉量、累计夯实量（坑深）、夯坑体积、地面隆起量与夯后地面沉降量。

在夯 4 个测点不同深度埋设了 8 个孔隙水压力计，观测在强夯时，距夯点不同距离、不同深度土层孔隙水压力增长与消散情况。孔隙水压力测点位置也如图 3.1 所示。

7. 试夯效果检测

在试夯区布置原状土样取土钻孔 4 个、标准贯入试验孔 4 个、动力触探试验孔 4 个和静载荷试验点 2 个。夯后钻孔与试验孔位置均布设在夯前坝基土特性测点附近，以便进行夯前、夯后对比。一个静载荷试验点在主夯点，另一个静载荷试验点在主夯点之间。夯后效果检测点布置如图 3.2 所示。

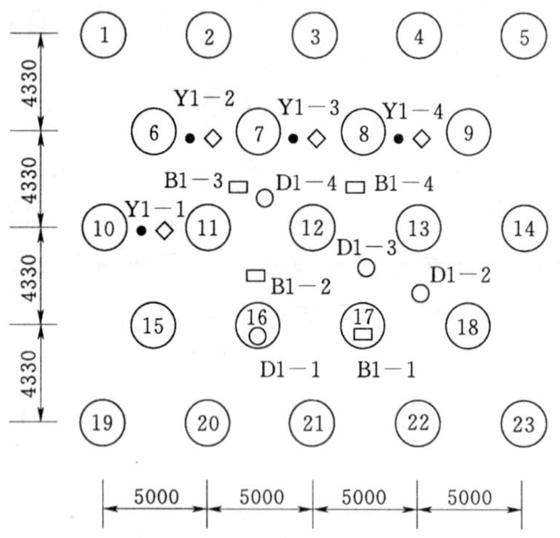

图 3.1 试夯区夯点与原位测试点布置图

●—原状土样钻孔；▭—标准贯入试验点；

○—动力触探试验点；◇—孔隙水压测点

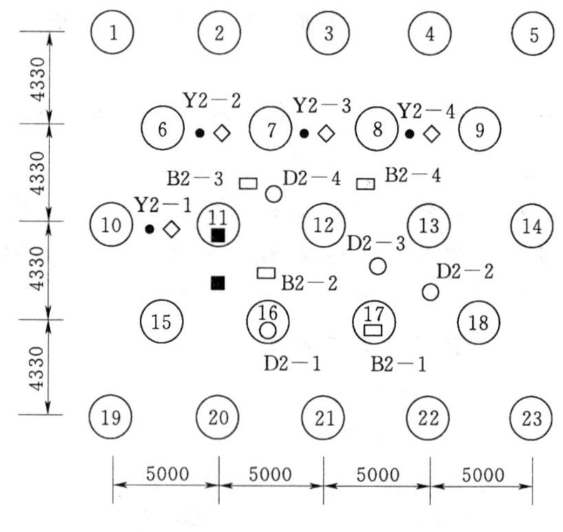

图 3.2 夯后效果检测点布置图

●—原状土样钻孔；▭—标准贯入试验点；

○—动力触探试验点；◇—孔隙水压测点；

■—静载荷试验点

试夯时首先进行最佳夯击能试验，第一遍最大夯击能强夯试验点为 S11、S17 和 S22 三个主夯点，夯击数分别为 12 击、15 击和 18 击。用水准仪测出每击夯沉量与累计夯沉量及地面隆起量，根据《火力发电厂地基处理技术规范》(DL/T 5024—93)，应采用夯击数 N 与单点累计夯沉量 S 曲线趋于平缓来确定最佳夯击能。

绘制累计夯沉量与夯击数的关系曲线可知，夯击数 16 击以后，累计夯沉量增加得相当缓慢，而且夯击仅超过 16 击时，夯坑深度已达 4m 以上，夯锤下落时碰撞坑壁，夯锤陷入土层过深，起吊相当困难，增加施工难度，影响强夯加固效果，因而第一遍最大夯击能强夯的夯击数宜为 16 击，即第一遍单点最佳夯击能为 1 万 kJ。

任务 3.1　概　　述

强夯处理法又称动力固结法或动力加密法，是由法国 Louis. Ménard 技术公司在 1969 年首创的。这种方法是使用吊升设备将重锤（一般为 10～25t，最重达 45t）起吊至较大高度（一般为 10～20m，最高达 26.6m）后，让其自由落下，产生巨大的冲击能量（一般为 1100～4000kJ，最大可达 8000kJ），对地基产生强大的冲击和振动，通过加密（使空气或气体排出）、固结（使水或流体排出）和预加变形（使各种颗粒成分在结构上重新排列）的作用，从而改善地基土的工程性质，使地基土的渗透性、压缩性降低，密实度、承载力和稳定性得到提高，湿陷性和液化可能性得以消除。

强夯法应用初期仅适用于加固砂土、碎石土地基。随着施工方法的改进和排水条件的改善，强夯法已发展到用于处理碎石土、砂土及低饱和度的粉土、黏性土、杂填土、湿陷性黄土等各类地基。此外还发展了夯扩桩加填渣强夯法、强夯填渣挤淤法、碎石桩强夯法等。

强夯法具有设备简单、施工速度快、不添加特殊材料、造价低、适应处理的土质类别多等特点，自 1978 年引入我国后得到了很大的发展和广泛的应用。1991 年强夯法纳入国家现行的《建筑地基处理技术规范》（JGJ 79—91），从而使强夯法的设计和施工有章可循，目前强夯法已成为我国最常用的地基处理方法之一。

强夯法也存在一些缺陷或负面影响。比如，强夯施工时产生强烈的噪音公害和振动，有时强烈的振动导致周围已有建筑物和在建工程发生损伤和毁坏。此外，对于饱和软黏土，如淤泥和淤泥质地基，强夯处理效果不显著，目前一般谨慎采用。

任务 3.2　强夯加固的一般机理

由于各类地基的性质差别很大，强夯影响的因素也很多，很难建立适用于各类土的强夯加固理论，到目前为止尚未有一套成熟的理论和设计计算方法。

根据工程实践和试验成果，随地基类型和加固特点的不同，其加固机理也有所不同，目前有人试图对强夯加固的机理从宏观和微观上分别加以分析，对饱和土和非饱和土加以区别。以下将对强夯加固的一般机理作介绍。

3.2.1　夯击能传递机理

由强夯产生的冲击波按其在土中传播和对土作用的特性可分为体波和面波。体波包括纵波（*P* 波）和横波（*S* 波），从夯击点沿着一个半球波阵面径向向地基深入传播，对地基土可起压缩和剪切作用，可能引起地基土的压密固结。面波（*R* 波）从夯击点沿地表传播，其随距离的增加衰减比体波慢得多，对地基土不起加固作用，其竖向分量反而对表层土起松动作用。因此，强夯在地基中沿深度常形成性质不同的三个区：地基表层形成松动区；松动区下面某一深度，受到体波的作用，使土层产生沉降和土体的压密，形成加固区；加固区下面冲击波逐渐衰减，不足以使土产生塑性变形，对地基不起加固作用，故称之为弹性区。

3.2.2 强夯法的加固机理

目前，强夯法加固地基的机理，从加固原理与作用来看，可分为动力夯实、动力固结、动力转换三种情况，其共同特点是：破坏土的天然结构，达到新的稳定状态。

3.2.2.1 振动压实和重锤夯实

在非饱和土，特别是孔隙多、颗粒粗大的土中，高能量的夯击对土的作用不同于机械碾压、振动压实和重锤夯实。由于巨大夯击能量所产生的冲击波和动应力在土中传播，使颗粒破碎或使颗粒产生瞬间的相对运动，从而使孔隙中气体迅速排出或压缩，孔隙体积减小，形成较密实的结构。实际工程表明，在冲击动能作用下，地面会立即产生沉降，一般夯击一遍后，其夯坑深度可达0.6～1.3m，夯坑底部可形成一层超压密硬壳层，承载力可比夯前提高2～3倍以上，在中等夯击能量1000～3000kJ的作用下，主要产生冲切变形。在加固范围内的气体体积将大大减小，从而可使非饱和土变成饱和土，至少使土的饱和度提高。对湿陷性黄土这样的特殊性土，其湿陷是由于其内部架空孔隙多，胶结强度差，遇水微结构强度迅速降低而突变失稳，造成孔隙崩塌，因而引起附加的沉降，所以强夯法处理湿陷性黄土就应该着眼于破坏其结构，使微结构在遇水前崩塌，减少其孔隙。从这个角度看，此时强夯法应是动力夯实。

3.2.2.2 动力固结

强夯法处理饱和黏性土时，巨大的冲击能量在土中产生很大的应力波，破坏了土体原有的结构，使土体局部发生液化，产生许多裂隙，使孔隙水顺利逸出，待超孔隙水压力消散后，土体发生固结。由于软土的触变性，强度得到提高，这就是动力固结。在强夯过程中，根据土体中的孔隙水压力、动应力和应变的关系，加固区内冲击波对土体的作用可分为三个阶段。

1. 加载阶段

在夯击的瞬间，巨大的冲击波使地基土产生强烈振动和动应力。在波动的影响带内，动应力和超孔隙水压力往往大于孔隙水压力，有效动应力使土产生塑性变形，破坏土的结构，对砂土，迫使土的颗粒重新排列而密实，因而对饱和土应是动力夯实；对于细颗粒土，Ménard教授认为大约1%～4%的以气泡形式出现的气体体积压缩，同时，由于土体中的水和土颗粒的两种介质引起不同的振动效应，两者的动应力差大于土颗粒的吸附能时，土颗粒周围的部分结合水从颗粒间析出，产生动力水聚结，形成排水通道，制造动力排水条件。

2. 卸荷阶段

夯击能卸去后，总的动应力瞬间即逝，然而土中孔隙水压力仍保持较高水平，此时孔隙水压力大于有效应力，因而将引起砂土、粉土的液化。在黏性土中，当孔隙水压力大于小主应力、静止侧压及土的抗拉强度之和时，即土中存在较大的负有效应力，土体开裂，渗透系数骤增，形成良好的排水通道。宏观上看，在夯击点周围产生了垂直破裂面，夯坑周围出现冒气、冒水现象，这样孔隙水压力迅速下降。

3. 动力固结阶段

在卸荷之后，土体中保持一定的孔隙水压力，土体在此压力下排水固结。砂土中，孔隙水压力可在大约3～5min内消散，使砂土进一步密实。在黏性土中孔隙水压力的消散

则可能要延续2～4周，如果有条件排水，土颗粒进一步靠近，重新形成新的结合水膜和结构连接，土的强度恢复和提高，从而达到加固地基的目的。但是如果在加荷和卸载阶段所形成的最大孔隙水压力不能使土体开裂，也不能使土颗粒的水膜和毛细水析出，动荷载卸去后，孔隙水未能迅速排出，则孔隙水压力很大，土的结构被扰动破坏，又没有条件排水固结，土颗粒间的触变恢复又较慢，在这种条件下，不但不能使黏性土加固，反而使土扰动，降低了地基土的抗剪强度，增大土的压缩性，形成橡皮土。这样的教训也不乏其例，如河南省焦作热电厂地基加固由于工期紧迫，在雨天实行强夯，表层土由于雨水而接近饱和，夯击能量为3000kN·m，结果形成橡皮土，未达到预期目的，地基承载力仅70kPa。因此对饱和黏性土进行强夯，应根据波在土中传播的特性，按照地基土的性质，选择适当的强夯能量，同时又要注意设置排水条件和触变恢复条件，才能使强夯法获得良好的加固效果。

3.2.2.3　动力置换

对于透水性极低的饱和软土，强夯使土的结构破坏，但难以使孔隙水压力迅速消散，夯坑周围土体隆起，土的体积没有明显减小，因而这种土的强夯效果不佳，甚至会形成橡皮土。单击能量大小和土的透水性高低，可能是影响饱和软土强夯加固效果的主要因素。有人认为可在土中设置袋装砂井等来改善土的透水性，然后进行强夯，此时机理应类似于动力固结，也可以采用动力置换，它分为整式转换和桩式置换。前者是采用强夯法将碎石整体挤淤，其作用机理类似于换土垫层；后者则是通过强夯将碎石填筑土体中，形成桩式（或墩式）的碎石墩（或桩），其作用机理类似于碎石桩，主要靠碎石内摩擦角和墩间土的侧限来维持桩体的平衡，并与墩间土共同作用，见图3.3。

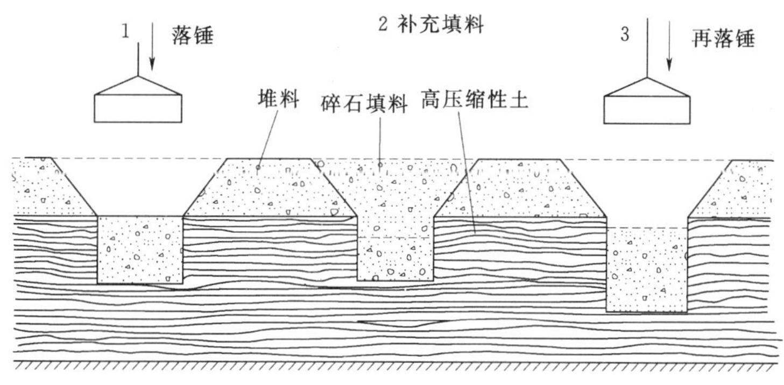

图3.3　动力置换碎石桩

任务3.3　强夯加固设计

强夯法加固设计的任务就是确定下述参数：加固深度和加固范围，单位面积夯击能，夯击次数，夯点间距及布置，夯击遍数和间隙时间等。

3.3.1　加固深度及范围的估算

加固深度是指从起夯面算起的强夯有效影响地基深度，在该深度范围内，土的物理力学特性指标已达到或超过设计值。

3.3.2　夯击能量的确定

夯击能量可分为单击夯击能、最佳夯击能、平均夯击能（或单位夯击能）。

1. 单击夯击能

单击夯击能是表征每击能量大小的参数，其值等于锤重和落距的乘积。单击夯击能一般应根据加固土层的厚度、地基状况和土质成分综合确定。

2. 最佳夯击能

最佳夯击能，从理论上讲能使地基中出现的孔隙水压力达到土的覆盖压力时的夯击能为最佳夯击能。

对于黏性土地基，由于孔隙水压力消散慢，随着夯击能的增加，孔隙水压力可以叠加。因而可根据有效加固深度孔隙水压力的叠加值来选定最佳夯击能。对于砂性土地基，由于孔隙水压力的增加和消散过程很快，孔隙水压力不能随夯击能增加而叠加，当孔隙水压力增量随夯击次数的增加而趋于稳定时，可认为砂土能够接受的能量已达到饱和状态。为此，可用最大孔隙水压力增量与夯击次数的关系曲线或有效压缩率与夯击能的关系曲线来确定最佳夯击能，见图3.4和图3.5。

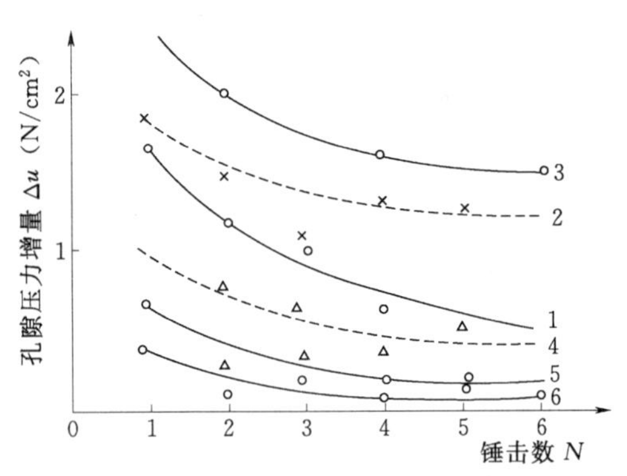

图3.4　砂性土的孔隙水压力增量与夯击次数的关系曲线

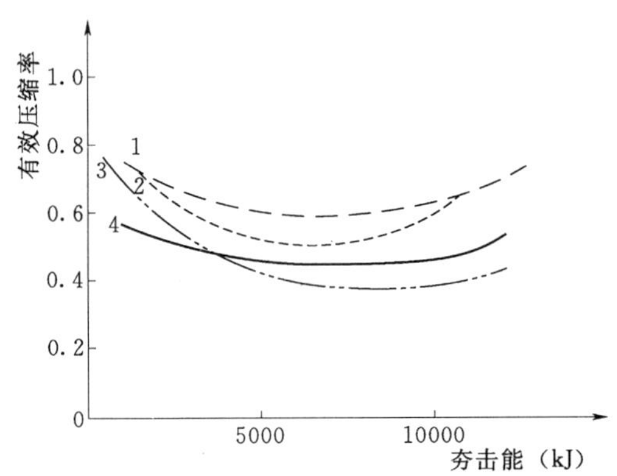

图3.5　有效压缩率与夯击能的关系曲线

图3.5中曲线1、2、3、4分别为不同锤重和落距组合时所测得的有效压缩率与夯击能关系曲线。显然，曲线1最好，曲线最低处的有效压缩率最高，此时的夯击能即为最佳夯击能，超过最低点，曲线回升，说明地基土侧向变形增大，土体开始破坏。

3. 平均夯击能（即单位面积夯击能）

平均夯击能也称单位面积夯击能，等于加固面积范围内单位面积上所施加的总夯击能（单击夯击能乘总夯击次数）。单位面积夯击能的大小与地基土的类别有关，在相同的条件下，细颗粒土的单位面积夯击能比粗颗粒土适当大一些。此外，结构类型、荷载大小和要求处理的深度，也是选择单位面积夯击能的重要因素。单位面积夯击能过小，难以达到预期的加固效果，单位面积夯击能过大，不仅浪费能源，而且对饱和黏性土来说，强度反而会降低。

3.3.3　夯点布置

夯点的平面布置应根据建筑物的结构类型、地基土情况和要求的加固深度确定。夯点

平面布置的合理与否与夯实效果和施工费用有直接关系。

3.3.4　夯点间距

夯点间距的选择宜根据建筑物结构类型、加固土层厚度及土质条件通过试夯确定。对细颗粒土来说，为便于超静孔隙水压力的消散，夯击点间距不宜过小。当加固深度要求较大时，第一遍的夯点间距更不宜过小，以免在夯击时在浅层形成密实层而影响夯击能往下传递。另外，还必须指出，若各夯点间距太小，在夯击时上部土体易向旁侧已夯成的夯坑内挤出，从而造成坑壁坍塌，夯锤歪斜或倾倒，而影响夯实效果。反之，如间距过大，也会影响压实效果。

3.3.5　夯击次数

夯击次数是强夯设计中的一个重要参数。夯击次数一般通过现场试夯得到的夯击次数和夯沉量关系曲线确定。常以夯坑的压缩量最大，夯坑周围隆起量最小为确定夯击次数的原则，除按上述两种方法确定夯击次数外，还应满足下列条件：

（1）最后两击的平均沉降量不大于 50mm，当单击夯击能量较大时，不大于 100mm。

（2）夯坑周围地面不应发生过大的隆起。

（3）不因夯坑过深发生起锤困难。

对于粗颗粒土，如碎石、砂土、低饱和度的湿陷性黄土和填土地基，夯击时夯坑周围往往没有隆起或虽有隆起但其量很小，在这种情况下，应尽量增加夯击次数，以减少夯击遍数。但对于饱和度较高的黏性土地基，随着夯击次数的增多，土的孔隙体积因压缩而逐渐减小，但因这类土的渗透性较差，故孔隙水压力将逐渐增加，并使夯坑下的地基土产生较大的侧向挤出，而引起夯坑周围地面的明显隆起，此时如继续夯击，则不能使地基土得到有效的夯实，反而造成能量的浪费。另外，夯击次数也可通过上述的最佳夯击能和单击夯击能的比值来确定。

3.3.6　夯击遍数

夯点需要有一定的间距，使夯击时夯坑产生冲剪，在夯坑底形成一个挤压加固区，为使所产生的挤压力受周围土约束，侧面应不隆起，因此，侧面应有一定间距的不扰动土。不能像重锤夯实一样，一夯挨一夯，夯击时侧面为扰动土，易隆起，减小锤底土的挤密作用。由于夯点间距大，夯点间需增设夯点以加固未挤密土，故需增加夯击遍数。

根据有关实验资料，第二、第三批夯点，特别是梅花点的夯击遍数可比第一批夯点遍数减少，这时可增大或不增大其每遍的击数。

3.3.7　加固范围

由于建筑物基础的应力扩散作用，强夯处理的范围应大于建筑物基础范围，具体扩大范围可根据建筑结构类型和重要性等因素综合考虑确定。一般情况下，每边超出基础外缘的宽度宜为设计处理深度的 1/2～2/3，并不宜小于 3m。

3.3.8　间歇时间

两遍夯击之间应有一定的间歇时间，以利于强夯时土中超静孔隙水压力的消散。所以间歇时间取决于超静孔隙水压力的消散时间。土中超静孔隙水压力的消散速率与土的类别、夯点间距等因素有关。

3.3.9 起夯面

起夯面可高于或低于基底。高于基底是预留压实高度，使夯实后表面与基底为同一标高；低于基底是当要求加固深度加大，能量级达不到所需加固深度时，降低起夯面，在满夯时再回填至基底以上，使满夯后与基底标高一致，这时满夯的加固深度加大，需增大满夯的单击夯击能量。

3.3.10 垫层

对软弱饱和土或地下水位浅时，常在地面预铺设一碎石垫层或砂砾石垫层，厚度一般为 50～150cm。预铺垫层可形成覆盖压力，减小坑侧土隆起，使坑侧土得到加固。预铺垫层的另一作用就是在夯击后形成坑底透水土塞，一方面使较深的土层得到挤压密实，另一方面便于坑底孔隙水压力的消散，并防坑底涌土。此外，垫层还有利于施工机械的行走。

任务3.4　强夯的施工

3.4.1 强夯的施工机具和设备

1. 夯锤

夯锤的设计或选用应考虑夯锤质量、夯锤材料、夯锤形状、锤底面积及夯锤气孔等因素。

国内常用的夯锤质量有 8t、10t、12t、16t、20t、25t、30t、40t 等多挡，国外大都采用大吨位起重机，夯锤质量一般大于 15t。

夯锤材料可用铸钢（铁），也可用钢板壳内填混凝土。混凝土锤重心高，冲击后晃动大，夯坑易坍土，但夯坑开口较大，起锤容易，而且可就地制作，成本较低。铸钢（铁）锤则相反，它的稳定性好，且可按需要拼装成不同质量的夯锤，故夯击效果优于混凝土锤。夯锤形状分圆形、方形两类，但方锤落地方位易改变，与夯坑形状不一致，影响夯击效果，故近年来工程中多用圆形锤，具体有锥底圆柱形、球底圆台形、平底圆柱形三种结构形状。加固深层土体多采用锥底锤和球底锤，以便较好地发挥夯击能的作用，增加对夯坑侧向的挤压。加固浅层和表层土体时，多采用平底锤，以求充分夯实且不破坏地基表层。

锤底面积一般根据锤重和土质而定，锤重为 100～250kN 时，可取锤底静压力 25～40kPa。对砂质和碎石土、黄土，所需单击能较高时，锤底面积宜取较大值，一般则只取 2～4m^2。对黏性土，一般取 3～4m^2，淤泥质土取 4～6m^2。对饱和细粒土，单击能低，宜取静压力的下限。

锤底面积对加固深度有一定影响，加固土层小于 5m 时，锤底面积为 2～5m^2；加固土层厚度大于 5m 时，锤底面积在 4.5m^2 以上。

强夯作业时，由于夯坑对夯锤有气垫作用，消耗的功约为夯击能的 30%左右，并对夯锤有拔起吸着作用（起拔阻力常大于夯锤自重，而发生起锤困难），因此，夯锤上需设排气孔，排气孔数量为 4～6 个，对称均匀分布，孔的中心线与锤的铅直轴线平行，直径为 250～300mm，孔径不易堵塞。

2. 起重设备

作为起吊夯锤设备，国内外大都采用自行式、全回转履带式起重机。目前国内主要采用吨位较小（15～50t）的起重机。

3. 脱钩装置

我国缺少大吨位的起重机，另外也考虑到大吨位的起重机用于强夯，会大大增加施工台班费，因此，常采用小吨位起重机配上滑轮组来吊重锤，并用脱钩装置来起落夯锤。施工时将夯锤挂在脱钩装置上，为了便于夯锤脱钩，将系在脱钩装置手柄上的钢丝绳的另一端，直接固定在起重机臂杆根部的横轴上，当夯锤起吊至预定高度时，钢丝绳随即拉紧而使脱钩装置开启，这样既保证了每次夯击的落距相同，又做到了自动脱钩。

3.4.2　正式强夯前的试夯

强夯法的许多设计参数还是经验性的，为了验证这些参数的拟定是否符合预定加固目标，常在正式施工前作强夯的试验即试夯，以校正各设计、施工参数，考核施工机具的能力，为正式施工提供依据。

试夯时要选取一个或几个有代表性的区段作为试夯区，试夯面积不能小于 10m×10m，每层的虚铺厚度应通过试验确定，试夯层数不能少于 2 层。试夯前要在试夯区内进行详细原位测试，采用原状土样进行室内试验，测定土的动力性能指标。试夯时应有不同单击夯击能的对比，以提供合理的选择，记录每击夯沉量，测定夯坑深度及口径体积，记录每遍夯击的夯击次数、时间间隔、夯沉量、夯点间距等。在夯击结束一周至数周后（即孔隙水压力消散后），对试夯场地进行测试，测试项目与夯前相同。如取土试验（抗剪强度指标 c、ϕ，压缩模量 E_S，密度 γ，含水量 ω，孔隙比 e，渗透系数 k 等），十字板剪切试验、动力触探、标准贯入试验、静力触探试验、旁压试验、波速试验、载荷试验等。试验孔布置应包括坑心、坑侧。

根据夯前、夯后的测试资料，经对比分析，修改或调整夯击参数，然后编制正式施工方案。

项目4　深层搅拌处理地基

教学目标：(1) 能掌握深层搅拌法的加固机理。

(2) 能了解深层搅拌法的设计。

(3) 能掌握深层搅拌法的施工流程。

(4) 能掌握深层搅拌法的质量检验。

项目案例1　水泥土搅拌桩用于堤防地基加固

九江市长江干堤于1969年开始建设，20世纪70年代初期建成，1980年进行了加固和改造。由于投入不足以及当时技术条件的限制，堤防基础未进行妥善处理。1998年汛期许多堤段渗水，甚至发生管涌，4～5号闸口于1998年8月7日溃口。1998年汛后，中央政府立即决定对九江市城市防洪工程长江干堤进行加固建设。

设计单位决定将溃口处及其附近共6km堤段全部改造成钢筋混凝土防洪墙。该段基础表层为人工填土，成分复杂，有些堤段的下卧天然土层为淤泥质土，标准承载力一般为90kPa，防洪墙基础最大应力一般为135kPa。防洪墙基础持力层承载力不足，必须通过地基处理提高承载力。另外，地基在沉积过程中夹带泥砂，往往存在粉细砂夹层，一旦贯通，便形成有害的管涌层。因此，设计单位决定提出采用水泥土搅拌桩进行地基处理。

1. 水泥土搅拌桩的设计

水泥土搅拌桩的布置根据复合地基原理设计，呈格形布置，在垂直防洪墙轴线方向布置两排。背水侧的一排水泥土搅拌桩采用平接，主要起承载作用；迎水侧的一排水泥土搅拌桩为搭接形式，搭接长度20cm，该排水泥土搅拌桩除用于提高地基承载力，还兼起防渗墙的作用；垂直轴线方向搅拌桩也采用平接。

根据地质勘探资料和国内有关工程的相关试验成果分析，取水泥土搅拌桩的无侧限抗压强度 $f_{cu,k}=1000$kPa，桩侧平均摩擦力 $\overline{q}_s=8$kPa，桩端天然地基土的承载力标准值 $q_p=100$kPa；单桩设计直径0.7m，采用双搅头施工，桩的横截面积 $A_p=0.71\text{m}^2$，桩周长 $U_p=3.35$m；根据地基处理设计规范，搅拌桩强度折减系数 η 可取0.35～0.50，本工程取为0.4，桩端天然地基土的承载力折减系数 α 取0.4；根据本工程地质资料，并考虑施工工期紧等因素，桩长 l 取12m。将这些参数代入公式计算，并取其中较小值，得到单桩承载力标准值为 $R_k^d=284$kN。

取桩间天然地基土的承载力标准值 $f_{s,k}=90$kPa，桩间土承载力折减系数 $\beta=0.2$，$R_k^d=284$kPa，并取复合地基承载 $f_{sp,k}$ 等于防洪墙基础最大应力，即 $f_{sp,k}=135$kPa，复合地基的面积置换率 $m=30.63\%$。为使搅拌桩达到设计强度1MPa，根据天然土体强度，提出搅拌桩水泥设计参考掺入比为15%。

2. 水泥土搅拌桩施工与质量控制

水泥土搅拌桩采用SJB—Ⅱ型搅拌机施工。该型搅拌机为中心管喷浆、双搅头，单头

直径0.7m。施工时首先利用机械自重将搅头空搅至设计高程，然后上提，边提边搅边注浆。为使掺入的水泥浆与天然土体均匀掺和，确保桩体连续性和均匀性，一般要求再复搅一遍，对承载桩尤其应该这样做。搅拌桩的注浆量采用SJC浆液自动记录仪控制。施工前首先进行试验，确定满足强度要求的合适水泥掺入比。施工过程中，水泥掺入比按注浆量控制，注浆量Q（L）按下式确定，即

$$Q=\gamma A_p H\ (1+B)\ \alpha_\omega/\gamma_j \tag{4.1}$$

式中　γ——土体湿容重，kg/m^3；

A_p——搅拌桩横截面积，m^2；

H——分段长度，m；

B——浆液水灰比；

α_ω——水泥掺入比；

γ_j——浆液容重，kg/L，与水灰比有关，其与水灰比的关系见表4.1。

表4.1　水灰比与浆液比重关系

水　灰　比	0.4	0.5	0.55	0.6	0.65	0.7	0.8	0.9	1.0
浆液容重（kg/L）	1.909	1.800	1.755	1.714	1.678	1.645	1.588	1.541	1.500

例如，取$\gamma=1900kg/m^3$，$A_p=0.7m^2$，$H=1.0m$，$B=0.5m$，查表4.1得$\gamma_j=1.8kg/L$，则$\alpha_\omega=15\%$，每米搅拌桩应注入的水灰比为0.5的水泥浆量为166.25L。施工时，将确定的控制段长度和相应的注浆量在SJC自动记录仪中设定，进浆量即可自动控制，并可打印出整个搅拌桩的各段注浆量分布图形。设计、监理和施工技术人员可根据此图形初步判断搅拌桩的施工质量，对施工进行过程控制。注浆量分布图也可作为搅拌桩隐蔽工程单元工程和分部工程质量评定的重要依据之一。因为SJC自动记录仪记录的实际上是注入土体的液体体积，因此，在施工过程中应加强对水灰比的监测，经常测定水泥浆的比重。

除上述施工过程控制外，还要对搅拌桩的成桩质量进行检查，检查的方法主要有：截取桩段、钻孔取芯（室内养护90d）试验检查强度、开挖检查搅拌桩连续性、轻便动力触探检查强度，钻孔作注水试验检查渗透性等。

九江市城防堤招标文件对搅拌桩的施工质量检测规定：钻孔取芯抽查数量为工程桩总数的2%，当检验桩数的不合格率大于10%时，应倍增抽检桩体的数量。对不合格的进行补压成桩，所取芯样必须描述，其中50%的孔需取上、中、下三个部位的样品进行抗压试验，与室内制作的试块进行强度比较。合格标准为：芯样连续完整，为水泥土结构。取样室内试验成果需满足桩体的力学强度要求，具体指标为：7d龄期无侧限抗压强度达到0.3MPa；28d达到0.6～0.75MPa，90d在1.0MPa以上。开挖检查：每500m一处，每处长10m、深2m。合格标准：桩体的外观质量好，无蜂窝、孔洞；桩与桩间搭接，搭接及搭接厚度满足设计要求；桩整体性强，若开槽检查发现水泥土强度不足，应将软弱部分挖除，回填混凝土或砂浆。轻便动力触探检查：重点检查桩的上部（3m范围内），检查数量占桩总数的3%，在成桩7d内使用轻便触探器钻取桩身土样，观察搅拌桩均匀程度。同时根据触探击数，对比判断各桩段水泥土的强度，击数与强度对比关系见表4.2。合格标准为：桩身7d龄期的击数N_{10}大于原天然地基的击数N_{10}的1倍以上，或桩身1d龄期

的击数 N_{10} 大于15击；搅拌桩的渗透系数 $k \leqslant n \times 10^{-6}$ cm/s（$1<n<10$）。

表4.2　　　　　　　　　触探击数与强度的关系

N_{10}（击）	10	20～25	30～35	>40
强度（MPa）	200	300	400	>500

九江市长江干堤溃口复堤段基础水泥土搅拌桩检测采用了轻便触探和钻孔取芯检查，检测结果表明，桩身7d轻便触探击数大于原天然地基击数5～10倍。由于搅拌桩本身强度低，加之施工工期限制，不可能在90d钻孔取芯。一般在30d以内就必须钻孔，对水泥土芯样扰动很大。芯样取出后在室内养护到90d。室内试验芯样强度一般在0.5MPa。由于芯样强度为现场取样强度，而非实验室养护的立方体强度，强度不予折减，即取 $\eta=1.0$。经验算可以满足复合地基对搅拌桩强度的要求。

对于防洪墙工程，工期受到严格限制，防洪墙建成后，对基础缺陷进行补强也十分困难，故对搅拌桩的早期强度进行检测以判断成桩质量是十分重要的。一些地方标准提出的7d强度与90d龄期设计强度的关系为

$$f_{cu,k}=f_{cu,7}/0.3 \tag{4.2}$$

式中　$f_{cu,k}$——标准室内水泥土试块90d龄期无侧阻抗压强度平均值；

$f_{cu,7}$——7d龄期强度。

需指出的是，因水泥土为塑性材料，参照混凝土防渗墙施工规范，对搅拌桩不宜以钻孔芯样强度作为判断施工质量的唯一依据。当评价搅拌桩强度时，可以根据地基处理技术规范，以轻便触探结果评定施工质量。但轻便触探仅能评价桩头部或浅部质量，对探部强度不易检测。国内一些单位有采用工程超声波透射CT检测，如采用RS—UT01C数字化声波检测仪等，取得较好检测效果。采用此法检测时，根据弹性波速CT剖面图，可以很直观判断检测区域墙体各部位强度，从而判断墙体的连续性和是否存在缺陷部位。

3. 水泥土搅拌桩的加固效果观测

九江市长江干堤溃口复堤工程于1999年汛前完成。1999年汛期九江市洪水位达到有历史记录以来第2高水位（仅次于1998年），汛期对基础渗流进行了观测（基础设置了渗压计）。观测结果表明，第1排（迎水侧）水泥土搅拌桩前后的水头差为1～2m，外江水位越高，水头差值越大，说明水泥土搅拌桩防渗体起到了良好的防渗作用。1999年九江市高水位持续时间达一个多月，整个复堤段未出现过去存在的基础渗漏和管涌现象。另外，防洪墙建成后，未观测到有害沉降和位移，水泥土搅拌桩提高地基承载力和减少基础沉降的效果明显。

项目案例2　水泥土搅拌桩用于输水管地基加固

1. 工程概况

珠海市西区输水管道干线沿珠海快速干道铺设（该工程分两期：一期工程设计规模每天供水12万 m^3，二期工程设计规模每天供水28万 m^3。本例只介绍一期工程），东起珠海白藤头，途经小林、平沙和南水3个管理区，跨越泥湾门、鸡啼门、南水沥等大小桥梁10余座，西至高栏岛，工程全长25.4km，工程总平面如图4.1所示。输水管道管径1.0～1.6m，工作压力6MPa，大部管道通常采用一阶段预应力钢筋混凝土管。高栏岛连岛大堤段、过桥管和软硬地交界处等采用钢管，钢管壁厚10～14mm。预应力混凝土管道

共长约 21km，钢管共长约 4.4km。本工程滩涂地带淤泥深厚，采用水泥搅拌桩处理地基。搅拌桩桩径 0.5m，桩长 8～12m，共施工搅拌桩 30000 根，总桩长 255000m。

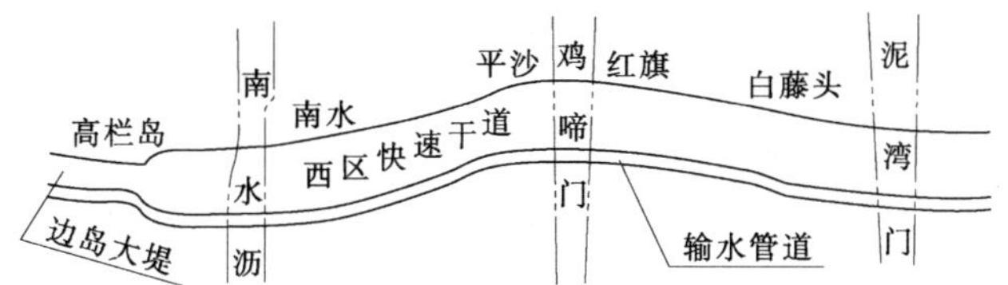

图 4.1 珠海市西区输水管道干线平面示意图

2. 场地地质状况

本工程跨越滩涂地带及山地，滩涂地带长约 20km，山地长约 2km。山地为坚硬的亚黏土层，滩涂地带地貌属河口三角洲至平原，水系发育，河沟纵横交错，软硬地基交错，填土厚薄不均，淤泥深厚，压缩性大，地层自上而下依次为：

（1）素填土。素填土为花岗岩或砂岩风化土，岩性以亚黏土为主，填土时间约两年，松散，湿至饱和，欠固结，厚 0.5～4.5m，桥台部位 6～7m。

（2）淤泥：层厚 1.4～18m，土的重度 $\gamma=16.0\text{kN/m}^3$，天然含水量 $\omega=52.5\%\sim72.6\%$，孔隙比 $e=1.54\sim1.92$，塑性指数 $I_p=16.7\sim28.6$，液性指数 $I_L=1.50\sim2.50$，固结系数 $C_v=0.6496\times10^5\text{cm}^2/\text{s}$，压缩模量 $E_s=1.40\sim1.80\text{MPa}$，黏聚力 $c=4.00\sim12.60\text{kPa}$，内摩擦角 $\theta=2°\sim5°$，容许承载力 50～67kPa，呈流塑状。

（3）亚黏土层：层厚 2～9m，土的重度 $\gamma=17.0\sim22.2\text{kN/m}^3$，天然含水量 $\omega=10.5\%\sim36.6\%$，孔隙比 $e=0.2\sim0.37$，塑性指数 $I_P=9.2\sim16.6$，液性指数 $I_L<0\sim0.86$，压缩模量 $E_s=4.1\sim13.8\text{MPa}$，黏聚力 $c=16.6\sim42.60\text{kPa}$，内摩擦角 $\theta=15°\sim38°$，容许承载力 150～450kPa，可塑状。

3. 场地滩涂地带沉降分析

本工程输水管道铺设在珠海快速干道南侧，根据规划的要求，路面标高 3.5～5.00m，路面宽度 50m，道路两侧为甘蔗地，路基填土厚 2～5m，桥台和原地面水沟等部位填土厚 5～7m，填土下面为厚 1.4～18.0m 的淤泥，其横断面如图 4.2 所示。从图 4.2 中可知，地基的沉降主要由填土荷载引起。取填土厚 4m，淤泥厚度 12m，压缩模量 $E_s=1.59\text{MPa}$，填土荷载 $P_0=ph=17\times4=68\text{kPa}$，沉降 $S=0.59\text{m}$。

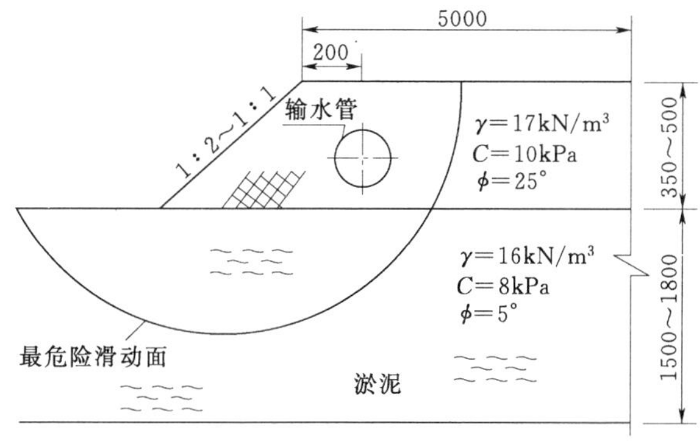

图 4.2 滩涂地带输水管道横断面（长度单位：cm）

由于场地填土已有两年时间，按单向固结，取 $C_v=9.65\times10^5\text{cm}^2/\text{s}$，经计算其固结度为 $U=15\%$，本工程施工之前场地已经发生的固结变形 $SU=0.59\times15\%=0.09\text{m}$，因此本工程施工之后的地基沉降为 $S\ (1-U)\ =0.50\text{cm}$。

由于考虑填土完成有一段时间，本工程沉降计算中未考虑淤泥层以下亚黏土的沉降。考虑固结的影响，计算得最终沉降 $S=0.63\text{m}$。

按以上方法，可计算填土厚度为4m时，不同淤泥厚度产生的沉降值如表4.3所示。

表4.3　　沉降计算值

淤泥厚度（m）	8	12	16
不考虑甘蔗地填土的沉降（m）	0.35	0.51	0.64
考虑甘蔗地填土的沉降（m）	0.45	0.63	0.84

由于本工程大部分场地淤泥深10～14m，填土厚度3.0～4.5m，从以上计算和分析可知即使不考虑道路两侧甘蔗地开发填土，工程场地沉降已很大，若考虑该因素，场地沉降更大，将在以下部位产生不均匀沉降：

（1）软、硬土的交接处（如滩涂地带与山地交接处）。

（2）滩涂地带淤泥厚度的变化处。

（3）填土厚度的变化处。一是小河沟填平，河沟处的填土厚度大于两岸；二是大小桥台填土厚度（5～7m）远大于路基填土厚度（2～4m）。

本工程管道若采用预应力钢筋混凝土管，其每段长度为5m，其接头处容许转角为1°，过大的沉陷将引起接头处开裂漏水，因此地基需进行处理；若采用钢管，其抵抗不均匀沉降性能及抗裂性能强于预应力钢筋混凝土管，但其造价较高。因此，采用合适的地基处理方案和管材，以降低工程造价，而又保证输水管道安全，是本工程的主要问题。

4. 设计方案比较

根据本工程地质情况及工程特点，工程设计人员提出了两个方案：

方案一：山地不处理地基，滩涂地带采用水泥搅拌桩处理地基，上部主要采用预应力钢筋混凝土管，过桥处等局部地段采用钢管。该方案的优点是：由于本工程规模大，采用预应力钢筋混凝土管可就近取材；管道无需进行防腐处理，供水水质有保障；造价较低，直径1m管，每公里造价207.56万元，为钢管方案的70%。其缺点是：为节省工程造价，本方案设计的搅拌桩长度为8m，未进入硬土层，沉降问题没有完全解决，国内无可借鉴的类似工程，技术上有一定风险和难度；管理时修复困难。

方案二：山地和滩涂地带均不处理地基，全部采用钢管，其优点是：抵抗地基不均匀沉降能力强；爆管时修复容易。其缺点是：造价较高，直径1m管，每公里造价293.58万元；管道需进行防腐处理，供水水质不如预应力混凝土管。

经综合比较，本着节省工程造价的目的，本工程采用了方案一。

5. 滩涂地带水泥搅拌桩复合地基设计与计算

本工程搅拌桩采用梅花形布置，桩径0.5m，桩长8m，置换率 $m=18\%$，设计桩身无侧限抗压强度 $q_v=1.35\text{MPa}$，如图4.3所示。

从图4.3可看出，本工程有以下特点：由于输水管比其置换的土轻，当路基边坡稳定

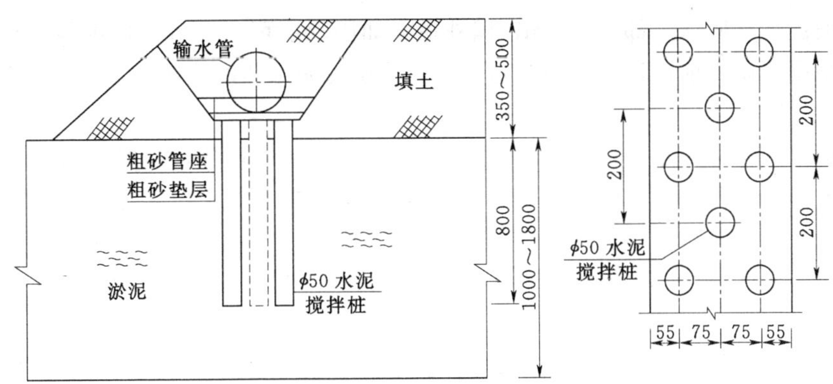

图 4.3 搅拌桩布置图（长度单位：cm）

时，复合地基不存在承载力不足的问题；管道产生的荷载小于周边填土产生的荷载，而复合地基压缩模量大于周边软土，复合地基产生负摩擦力。因此，本工程复合地基主要起减少沉降的作用，沉降计算需考虑负摩擦力的影响。

取搅拌桩压缩模量 $E_p=120q=162\text{MPa}$，桩间土压缩模量 $E_s=1.59\text{MPa}$，复合地基压缩模量 $E_o=mE_p-(1-m)E_S=30.46\text{MPa}$。淤泥厚度 14m，填土厚度 4m 时，考虑负摩擦力影响及甘蔗地填土开发，可算得地基沉降为 0.31m，远小于不处理地基时的沉降 0.63m。

任务 4.1 概 述

4.1.1 发展概况

深层搅拌法是用于加固饱和软土地基的一种较新的方法。它是利用水泥、石灰等材料作为固化剂，通过特制的深层搅拌机械边钻进边往软土中喷射浆液或雾状粉体，在地基深处就地将软土和固化剂（浆液或粉体）强制搅拌，使喷入软土中的固化剂与软土充分拌和在一起，由固化剂和软土之间所产生的一系列物理—化学作用，形成抗压强度比天然土强度高得多，并具有整体性、水稳性的水泥加固土桩柱体，由若干根这类加固土桩柱体和桩间土构成复合地基。另外根据需要，也可将深层搅拌桩柱体逐根紧密排列构成地下连续墙或作为防水帷幕。

所谓“深层”搅拌法是相对“浅层”搅拌法而言的。20 世纪 20 年代，美国及西欧国家在软土地区修建公路和堤坝时，经常采用一种“水泥土”（或石灰土）作为路基或坝基。这种水泥土（或石灰土）是按照地基加固所需的范围，从地表挖取 0.6～1.0m 深的软土，在附近用机械或人工拌入水泥或石灰，然后放回原处压实，这就是最初的软土的浅层搅拌加固法。这种加固软土的方法深度一般小于 1～3m。后来随着加固技术的发展，浅层搅拌法逐步发展成在含水量高的软土地基中原位进行加固处理，搅拌翼做成复轴，喷嘴一边喷出水泥乳状物等固化材料，一边向下移动，并缓慢向前推进。处理深度一般为 3～4m，对于处理深度小于 2m 的就称为表层处理，是从路基稳定方法中发展而来的，即先在软土中散布石灰或水泥等粉体固结材料，再将其卷入土中混合搅拌，而深层搅拌法用特制的搅拌机械，一般能使加固深度都大于5m，国外最大加固深度可达60m，国内最大加固深度已达30m。根据我国目前搅拌桩机械制造水平，为确保防渗体的连续性，作为防渗用的搅拌桩深度不宜大于15m。

深层搅拌技术最初是美国在第二次世界大战后研制成功的，当时的水泥土桩桩径为0.3～0.4m，桩长达10～12m。20世纪50年代，该项技术传入日本后得到了较快的发展，既有喷水泥浆搅拌法（湿喷法），又有喷石灰粉搅拌法（干喷法）。既有单轴搅拌机，又有多轴搅拌机。到20世纪70年代的时候，日本的深层搅拌加固深度已达到32m，单柱直径1.25m。

20世纪70年代末，我国开始深层搅拌技术的引进、消化和开发工作。多家科研、设计及制造单位根据我国国情，开发出价格低、机型轻便的成套深层搅拌施工设备。近10年来深层搅拌加固技术在我国迅速发展，公路、铁路的路基加固，水利、市政、港航建筑物地基加固和房屋建筑地基及深基坑开挖中的支挡防渗工程都广泛采用深层搅拌技术。1998年发生特大洪水后，全国范围内开展堤防、水库除险加固。深层搅拌法费用低、施工快，因而大规模用于建造堤防、土坝工程防渗墙，深层搅拌技术因此得到了空前的普及。

国内水利工程中多采用双轴搅拌机（图4.4）和单轴搅拌机（图4.5）建造水泥土搅拌桩。图4.4中的SJB—1型搅拌机加固的水泥土搅拌桩的截面呈“8”字形，其面积为0.71m^2，周长为3.35m。图4.5中的GZB－600型搅拌机的成桩直径为600mm。

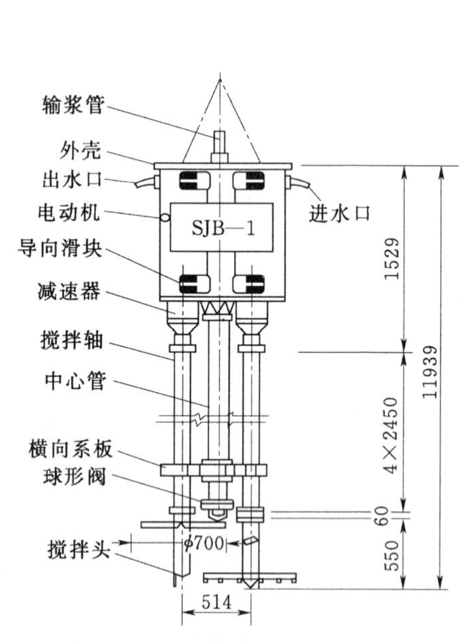

图4.4　SJB－1型深层搅拌机（单位：mm）

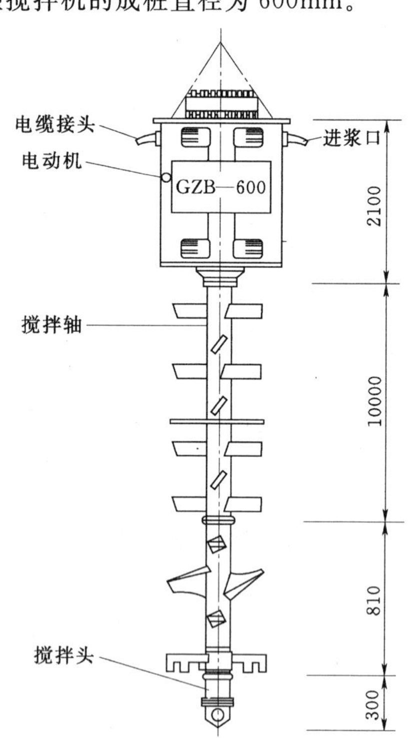

图4.5　GZB－600型深层搅拌机（单位：mm）

4.1.2　深层搅拌处理的特点及适用性

深层搅拌法用于地基处理，具有以下特点：

(1) 既可用于形成复合地基，提高承载力，减小地基变形；也可用于形成防渗帷幕，减小渗透变形。

(2) 既可采用湿喷法（即喷水泥浆）施工，也可采用干喷法（即喷水泥粉或石灰粉）施工。

(3) 深层搅拌法由于将固化剂和原地基软土就地搅拌混合，因而最大限度地利用了原土，无需开采原材料，大量节约资源。

(4) 可以自由选择加固材料的喷入量，能适用于多种土质。

(5) 除机械挤土的夯实水泥土桩外，其施工工艺震动和噪音很小，减少了对环境和原有建筑物的影响，可在市内密集建筑群中施工。

(6) 土体加固后重度基本不变，对软弱下卧层不致产生附加沉降。

(7) 与钢筋混凝土桩基相比，节省了大量的钢材，并降低了造价。

(8) 按上部结构的需要，可灵活地采用桩状、壁状、格栅状和块状等加固形式。

(9) 施工速度快，国产的深层搅拌桩机每台班（8h）可成柱 100～150m。人工成孔夯实水泥土桩速度更快。日本的深层搅拌机每小时可加固土 90m^3 以上。

深层搅拌法最适用于加固各种成因的饱和软黏土。

国外使用深层搅拌法加固的土质有新吹填的超软土、泥炭土和淤泥质土等饱和软黏土。国内目前采用深层搅拌法加固的土质有淤泥、淤泥质土、地基承载力标准值不大于120kPa 的黏性土和粉性土等地基（限于当前搅拌机搅拌能力的限制）。当用于处理泥炭土或地下水有侵蚀性的土时，应通过试验确定其适用性。

大块石（漂石）对深层搅拌的施工速度有很大影响。某工程实测表明，深层搅拌穿过1m 厚的含大块石的人工回填土层需要 40～60min，而穿过同厚的一般软土需 2～3min，所以应探明大块石，并清除大块石后再行施工。

地基天然含水量对水泥土加固强度有影响。试验证明，当土样含水量在 50%～85%范围内发生变化时，含水量每降低 10%，强度可提高 30%～50%。

对于有机质含量较高的软土，用水泥加固后的强度一般较低，因为有机质使土层具有较大的水容量和塑性，较大的膨胀性和低渗透性，并使土层具有了一定的酸性，这些都阻止水泥的水化反应，故影响水泥土的强度增长。对于由生活垃圾组成的填土，不应采用深层搅拌法加固。一般当地基土中有机质含量大于 1%时，单纯采用水泥加固效果较差，宜采用固化材料或特种水泥，以提高加固效果。

粉体喷射搅拌（即干喷法）由水泥浆喷射搅拌改进而来。干喷法不仅使水泥土硬化时间短，而且由于干粉的吸水固结作用，降低了桩间土的含水量，在一定范围内提高了桩间土的强度。但是当加固深度较大时，干喷钻进困难，干喷的喷嘴也易堵塞，造成粉喷不均匀或不连续，进而影响成桩质量。例如湖北省嘉鱼县的余码头闸和广东省珠海市的广昌水闸，都建在淤泥及淤泥质黏土层上，开始都采用干喷法加固地基，但施工完后的质量检测表明，喷粉（水泥粉）均匀性差，成桩质量不满足要求，故该两闸后来都采用湿喷法重新进行地基处理。因此干喷法和湿喷法各有所长，各有其适用范围。一般认为，对于早期强度要求较高、深度不太大的工程，譬如桩底为硬土层，建筑物荷载施加较快的工程，比较适合采用干喷法。而对于加固深度大或难以钻进的地基，较适合采用湿喷法。另外，当深层搅拌法用于造地下防渗墙时，多采用湿喷法，避免采用干喷法，尤其不能采用以石灰为固化剂的干喷法。

任务4.2　深层搅拌处理加固机理

深层搅拌法是用固化剂（水泥或石灰）和外加剂（石膏或木质素磺酸钙）通过深层搅拌机输入到软土中并加以拌和，固化剂和软土之间产生一系列的物理、化学反应，改变了原状土的结构，使之硬结成具有整体性、水稳性和一定强度的水泥土和石灰土。施工方法不同，采用的固化剂不同，其加固机理也就有所差异。

1. 水泥的水解和水化反应

普通硅酸盐水泥的主要成分有氧化钙（CaO）、二氧化硅（SiO_2）、三氧化二铝（Al_2O_3）和三氧化二铁（Fe_2O_3），通常占95%以上，由这些不同的氧化物分别组成了不同的水泥矿物，硅酸二钙、硅酸三钙、铝酸三钙、铁铝酸四钙等。用水泥加固软土时，水泥颗粒表面矿物很快与土中的水发生水化反应，各自反应过程如下：

a）硅酸三钙（$3CaO \cdot SiO_2$）：在水泥中含量最高（约占全重的50%），是决定强度的主要因素。

$$2(3CaO \cdot SiO_2)+6H_2O \longrightarrow 3CaO \cdot 2SiO_2 \cdot 3H_2O+3Ca(OH)_2$$

b）硅酸二钙（$2CaO \cdot SiO_2$）：在水泥中的含量较高（占25%左右），它主要产生后期强度。

$$2(2CaO \cdot SiO_2)+4H_2O \longrightarrow 3CaO \cdot 2SiO_2 \cdot 3H_2O+Ca(OH)_2$$

c）铝酸三钙（$3CaO \cdot Al_2O_3$）：占水泥重量的10%左右，水化速度最快，能促进早凝。

$$3CaO \cdot Al_2O_3+6H_2O \longrightarrow 3CaO \cdot Al_2O_3 \cdot 6H_2O$$

d）铁铝酸四钙（$4CaO \cdot Al_2O_3 \cdot Fe_2O_3$）：占水泥重量的10%左右，能促进早期强度。

$$4CaO \cdot Al_2O_3 \cdot Fe_2O_3+2Ca(OH)_2+10H_2O \longrightarrow 3CaO \cdot Al_2O_3 \cdot 6H_2O+3CaO \cdot Fe_2O_3 \cdot 6H_2O$$

所生成的氢氧化钙、含水硅酸钙能迅速溶于水中，使水泥颗粒表面重新暴露出来，再与水发生反应，这样周围的水溶液就逐渐达到饱和。当溶液达到饱和后，水分子虽然继续深入颗粒内部，但新生成物已不能再溶解，只能以细分散状态的胶体析出，悬浮于溶液中，形成胶体。

2. 黏土颗粒与水泥水化物的作用

当水泥的各种水化物生成后，有的自身继续硬化，形成水泥石骨架；也有的则与其周围具有一定的活性的黏土颗粒发生反应。

a）离子交换和团粒化作用。

黏土中含量最多的二氧化硅（SiO_2）遇水后，形成硅酸胶体微粒，其表面带有钠离子（N^+a）或钾离子（K^+），它们形成的扩散层较厚，土颗粒距离也较大。它们能和水泥水化生成的氢氧化钙［$Ca(OH)_2$］中的钙离子（Ca^{+2}）进行当量吸附交换，这种离子当量交换，使土颗粒表面吸附的钙离子所形成的扩散层减薄，大量较小的土颗粒形成较大的团

粒，从而使土体强度提高。

b）水泥的凝结与硬化。

水泥的凝结与硬化是同一过程的不同阶段。凝结标志着水泥浆失去流动性而具有一定的塑性强度；硬化则表示水泥浆固化，使结构建立起一定机械强度的过程。

水泥的水化反应生成了不溶于水的稳定的铝酸钙、硅酸钙及钙黄长石的结晶水化物。这化水化物在水和空气中逐渐硬化，增大了水泥土的强度，而且由于其结构比较致密，水分不易浸入，从而使水泥土有足够的水稳定性。

c）碳酸化作用。

水泥水化物及其游离的氢氧化钙吸收土体中的二氧化碳，反应生成不溶于水的$CaCO_3$，使地基土的分散度降低，而强度及防渗性能增强。

4.2.1　水泥粉喷体喷射深层搅拌加固机理

水泥粉体喷射深层搅拌常用的固化剂有水泥粉体、生石灰和消石灰，粉体固化剂与原状土搅拌混合后，使地基土和固化剂发生一系列物理化学反应，生成稳定的水泥土或石灰土。用水泥粉体做固化剂加固软土地基与水泥浆做固化剂加固原理基本相同，只是用水泥粉体做固化剂水化反应热直接在地基土中，使水分蒸发和吸收水分的能力提高。

4.2.2　石灰粉体喷射深层加固机理

1. 石灰的吸水作用

在软弱地基中加入生石灰，它与土中的水分发生化学反应，生成熟石灰：

$$CaO + H_2O = Ca(OH)_2 + 15.6\ (kcal/mol)$$

在这一反应中，有相当于生石灰重量的32%的水分被吸收，吸水量越大，桩间土的改善也越好。

2. 石灰的发热

从上面生石灰吸水生成熟石灰的反应式可看出，伴随该化学反应的是释放大量的反应热，每摩尔产生15.6kcal的热量。这种热量又促进了水分的蒸发，从而使相当于生石灰重量47%的水蒸发掉。换言之，由生石灰形成熟石灰时，土中总共减少了相当于生石灰重量79%的水分，这有利于降低桩间土的含水量，提高土的强度。

3. 石灰的吸水膨胀

在生石灰水化消解反应生成熟石灰的过程中，CaO变成$Ca(OH)_2$，在理论上石灰体积增加1～2倍。石灰的膨胀压力使非饱和土挤密，使饱和土排水固结，从而改善土的承载力。

4. 离子交换作用与土粒的凝聚作用

石灰桩形成后，土中增加了大量的二价阳离子Ca^{+2}，它将与黏土颗粒表面吸附着的一价金属阳离子（Na^+、K^+）发生离子交换作用，使土粒表面双电层中的扩散层减薄，降低了土的塑性，增强了地基强度。

5. 石灰的胶凝作用

由于土的次生矿物质中含有胶质二氧化硅（SiO_2）或氧化铝（Al_2O_3），它们与石灰发生反应后生成凝胶状的硅酸盐，如硅酸钙水化物（$nCaO \cdot SiO_2 \cdot H_2O$）、铝酸钙水化物（$4CaO \cdot Al_2O_3 \cdot 13H_2O$）和硅铝酸钙水化物（$2CaO \cdot Al_2O_3 \cdot SiO_2 \cdot 6H_2O$）等。这些胶

结物均具有较高的强度，可以大大提高桩周土的强度。

任务4.3　深层搅拌法的桩身材料及物理力学性质

4.3.1　桩身材料

如前所述，桩体加固材料主要为固化剂、外加剂和水组成的混合料，固化剂主要为水泥、水泥系固化材料以及石灰。

1. 水泥

一般情况下可采用普通硅酸盐水泥。但是，对于地下水中存在大量硫酸盐的黏土地区，应采用大坝水泥或抗硫酸盐水泥。

选用水泥时，除了考虑其抗侵蚀性选用水泥品种以外，还需考虑水泥标号、种类能否满足适应水泥土桩体强度的要求，是否适用于场地的土质。

一般情况下，当水泥土搅拌桩的桩体强度要求大于1.5MPa时，应选用标号在425号以上的水泥；桩体强度要求小于1.5MPa时，可选用325号水泥；当需要水泥土搅拌桩体有较高的早期强度时，宜选用普通硅酸盐水泥和波特兰水泥。

不同种类和标号的水泥用于同一类土中，效果不同；同一种类和标号的水泥用于不同种类的地基土中，加固效果也不相同。

一般情况下，无论何种土质、何种水泥，水泥土强度均随水泥标号的提高而增大，只是增大的规律有差别。通常水泥标号每提高100号，在同一掺入比时，水泥土强度增大20%～30%。

水泥种类需与被加固土质相适应，在沙类土中不同种类同一标号的水泥其混合体强度变化不大。黏性土中，情况则较为复杂。

核工业部第四勘察院与同济大学在同一种淤泥质粒土（$\omega=36.4\%$，$e=1.03$）中选用同一水泥掺入比（21%），对325号矿渣水泥、325号钢渣水泥、425号普通硅酸盐水泥、525号波特兰水泥作对比试验。结果是325号矿渣水泥和325号钢渣水泥的水泥土无侧限抗压强度f_{cu}。要大于后两者。其原因可能是水泥中的矿渣、钢渣和黏粒水化反应的缘故。

有机质含量较多的土如淤泥等，用上述水泥加固效果不佳；选特种水泥，可以改善加固效果。当使用特种水泥时，因受有机质对土的物理化学性质的影响，其强度发展不同，所以应进行配合比试验以决定采用何种特种水泥及其掺入量。

2. 水泥系固化材料

水泥系固化材料主要用于采用水泥加固效果不佳的特殊环境下使用，例如腐殖土，孔隙水中CaO、OH^-浓度较小的土，需要抵抗硫酸盐的工程等；有时也为了满足工程使用或施工需要的情况，如促凝、缓凝、早强、提高混合体强度等情况。外加剂的种类繁多，适用的条件也各不相同，必须结合工程实际条件进行室内和现场试验，以确定其各种外加剂的掺入量及其对加固效果的影响。

掺加粉煤灰是公认的措施，粉煤灰可以提高混合体的强度。一般情况下，当掺入与水泥等量的粉煤灰后，强度均比不掺入粉煤灰的提高10%左右，同时也消耗了工业废料，

社会效果良好。

在水泥中掺入磷石膏也是很好的措施。水泥磷石膏除了有与水泥相同的胶凝作用外，还能与水泥水化物反应产生大量钙矾石，这些钙矾石一方面因固相体积膨胀填充水泥土部分空隙降低了混合体的孔隙量；另一方面由于其针状或柱状晶体在孔隙中相互交叉，和水泥硅酸钙等一起形成空间结构，因而提高了加固土的强度。试验表明，水泥磷石膏对于大部分软黏土来说是一种经济有效的固化剂，尤其对于单纯用水泥加固效果不好的泥炭土、软黏土效果更佳。它一般可以节省水泥 11%～37%。

4.3.2　水泥土的物理力学特征

水泥土的许多物理力学特性都与水泥的品种、水泥掺入比（掺入量）和养护龄期有关。其中的水泥掺入比（掺入量）是深层搅拌法中的重要技术参数。

水泥掺入比 α_ω（%）为

$$\alpha_\omega=\frac{\text{掺加的水泥重量}}{\text{被加固的软土湿重量}}\times 100\% \tag{4.3}$$

水泥掺入量 α_ω 为

$$\alpha_\omega=\frac{\text{掺加的水泥重量}}{\text{被加固土的体积}}\ (\text{kg/m}^3) \tag{4.4}$$

4.3.2.1　水泥土的物理性质

1. 容重

由于拌入软土中的水泥浆的容重与软土的容重相近，所以水泥土的容重与天然软土的容重相近，仅比天然软土的容重提高 0.5%～3.0%。但在非饱和的大孔隙土中，水泥固化体的容重要比天然土的容重增加许多。

2. 含水量

水泥土在凝结与硬化过程中，由于水泥水化等反应，使部分自由水以结晶水的形式固定下来，使水泥土的含水量略低于原土样的含水量。试验结果表明，水泥土含水量比原土样含水量减少 0.5%～7%，与水泥的掺入比有关。

3. 渗透系数

水泥土的渗透系数随水泥掺入比 α_ω 的增大和养护龄期的增长而减小，水泥土的渗透系数小于原状土，因而可利用它作为防渗帷幕以阻渗隔水。表 4.4 为水泥加固软黏土时取水泥土桩中的芯样进行渗透试验测出的渗透系数。

表 4.4　水泥土的渗透系数试验值

试件原土质	原状土渗透系数（cm/s）	不同水泥掺入比试件渗透系数（cm/s）			
		7%	10%	15%	20%
淤泥质粉质黏土 $\omega=38.5\%$	5.16×10^{-5}	1.01×10^{-5}	7.25×10^{-6}	3.97×10^{-6}	8.92×10^{-7}
淤泥质黏土 $\omega=50.6\%$	2.53×10^{-6}	8.30×10^{-7}	4.83×10^{-7}	2.09×10^{-7}	1.17×10^{-7}

4.3.2.2　水泥土桩体的力学性质

1. 桩体的无侧限抗压强度及其影响因素

（1）拟加固土类对强度的影响。通过对不同软土的水泥搅拌加固效果的试验结果定性分析，说明了砂性土固化后，无侧限抗压强度大于黏性土；而含有砂粒的粉土固化后，强度又大于粉质黏土和淤泥质黏土；滨海相沉积的淤泥和淤泥质土，固化后强度大于河川沉积的同类土；湖沼相沉积的泥炭和泥炭化土固化后强度最低。

(2) 原状土含水量对强度的影响。水泥土的无侧限抗压强度 f_{cu} 随着土样含水量的增加而降低，见表4.5。一般情况下，土样含水量降低10%，则制成的水泥土的强度 f_{cu} 可增加10%～50%。应当注意，对于粉喷桩，土中含水量对水泥土强度的影响不同于浆液搅拌，当土的含水量过低时，水泥水化不充分，水泥土强度反而降低。

表4.5　含水量与强度的关系

含水量（%）							
含水量（%）	天然土	47	62	86	106	125	157
	水泥土	44	59	76	91	100	126
$f_{cu,28}$（kPa）		2320	2120	1340	730	470	260

注　表中水泥土的水泥掺入比为10%。

(3) 地基的渗透排水条件对强度的影响。地基的渗透性越大、排水条件越好，水泥土浆中的自由水越容易向周围土中渗透，因而水泥土固结体的强度也就越好。

(4) 水泥的掺入比或掺入量对强度的影响。试验表明，水泥土的强度随水泥掺入比的增大而提高，当 α_{ω} 小于5%时，水泥与土的反应过弱，水泥土固化程度低，故在水泥土深层搅拌法的实际工程中水泥掺入比宜大于5%。一般可使用7%～15%。

(5) 水泥标号对强度的影响。从表4.6可看出水泥标号对水泥土强度的影响：水泥标号提高100号，水泥土的无侧限抗压强度 f_{cu} 可增大50%～90%，如果要求达到的水泥土强度相同，则水泥标号提高100号，可降低水泥掺入比2%～3%。

表4.6　水泥标号对水泥土强度的影响

水泥掺入比 α_{ω}（%）	水泥标号	无侧限抗压强度 f_{cu90}（MPa）	f_{cu}（525号水泥） / f_{cu}（425号水泥）
7	425	0.56	1.96
	525	1.096	
10	425	1.124	1.59
	525	1.790	
15	425	2.270	1.54
	525	3.485	

(6) 龄期对强度的影响。从图4.6可以看出，水泥土强度随龄期的延伸而增长，且水泥掺入比越高，强度增长越快。一般情况下，7d时水泥土强度可达标准强度的20%～40%（有时可达30%～50%），28d后，其强度仍有较明显的增长，一般可达标准强度的35%～60%，有时3d强度可达到标准强度的60%～75%，90d强度为180d强度的80%，而180d后，水泥土强度增长仍未终止。根据电子显微镜的观察，水泥土的凝结和硬化需3个月才能完成，因此我国的《建筑地基处理技术规范》（JGJ 79－2002）将3个月的强度作为水泥土的标准强度。

2. 桩体力学性质的不均匀性

深层搅拌桩经常呈现出“软心”现象或“空心”现象，这是因为在粉喷桩施工中钻杆往往在桩中心留下一个孔洞，同时由于喷射压力和离心力的作用，水泥浆或水泥粉向桩周聚集，桩中心的水泥浆或粉体比桩周少得多。因此，在桩体的同一截面上，桩中心部位桩体，其力学性质不及周边附近的桩体。

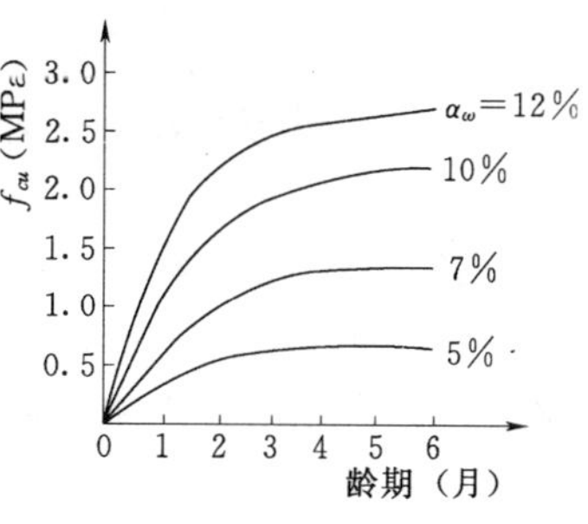

图 4.6　掺入比、龄期与强度的关系

3. 室内试样强度与现场强度的关系

室内制样试验所得到的无侧限抗压强度 f_{cu1}，与在现场取样试验得来的无侧限抗压强度 f_{cuf} 由于水灰比、拌和养护条件不一样，其差异较大。我国规范规定 $f_{cuf}/f_{cu1}=0.35\sim0.5$。但对于粉体搅拌，据统计 $f_{cuf}=$（1/3～1/5）f_{cu1}。

在日本，水泥土桩体的设计标准强度通常是取现场加固体的无侧限抗压强度的平均值 $\overline{f}_{cuf}$ 乘以某一折减系数，即

$$f_{cu,k}=\gamma_1\overline{f}_{cuf} \tag{4.5}$$

式中　$f_{cu,k}$——设计标准强度，MPa；

$\overline{f}_{cuf}$——现场加固体试样的无侧限抗压强度的平均值，MPa；

γ_1——折减系数，海上工程约为 2/3；陆地工程约为 1/2。我国规范与日本海上工程的折减系数相近。

4. 桩体的抗拉强度

大量试验表明水泥土的抗拉强度 σ_l，随水泥土的无侧限抗压强度 f_{cu} 的增长而提高，两者之间有幂函数关系

$$\sigma_l=mf_{cu}^n \tag{4.6}$$

式中　m、n——待定的系数和指数，通常 $m=0.07\sim0.40$，$n=0.70\sim0.85$。m、n 的取值与水泥品种及其掺入比、原状土的物理性质等有关，最好通过试验确定。

5. 水泥土桩体的抗剪强度

水泥土的抗剪强度随无侧限抗压强度的提高而增长。当 $f_{cu}=0.3\sim4.0$MPa 时，其黏聚力 $c=0.1\sim1.0$MPa，一般为 f_{cu} 的 20%～30%，内摩擦角 φ 在 20°～30°之间变化，当 f_{cu} 较大时，φ 的取值较大，c/f_{cu} 比值较大。

6. 水泥土桩体的变形模量

当垂直应力达 50%无侧限抗压强度时，水泥土的应力与应变的比值称为水泥土的压缩模量 E_{50}，资料表明 E_{50} 与水泥掺入比有很大关系，随 f_{cu} 的提高而增大。根据试验结果回归，得到 E_{50} 与 f_{cu} 大致呈正比关系，即

$$E_{50}=126f_{cu} \tag{4.7}$$

7. 水泥土桩体的压缩模量和压缩系数

水泥土桩的压缩系数 α_{1-2} 为（2.0～3.5）$\times10^{-5}$kPa^{-1}，其相应的压缩模量 $E_s=60\sim100$MPa，小于变形模量，这是因为无侧限抗压时的桩体大多呈脆性破坏，其发生的变形较小的缘故。

任务 4.4　水泥深层搅拌桩复合地基的设计

4.4.1　布桩形式的选择

搅拌桩的布置形式关系到加固效果和工程量的大小，取决于工程地质条件、上部结构的荷载要求以及施工工艺和设备。搅拌桩一般采用柱状、壁状、格栅状和块状四种布桩形式，如图 4.7 所示。

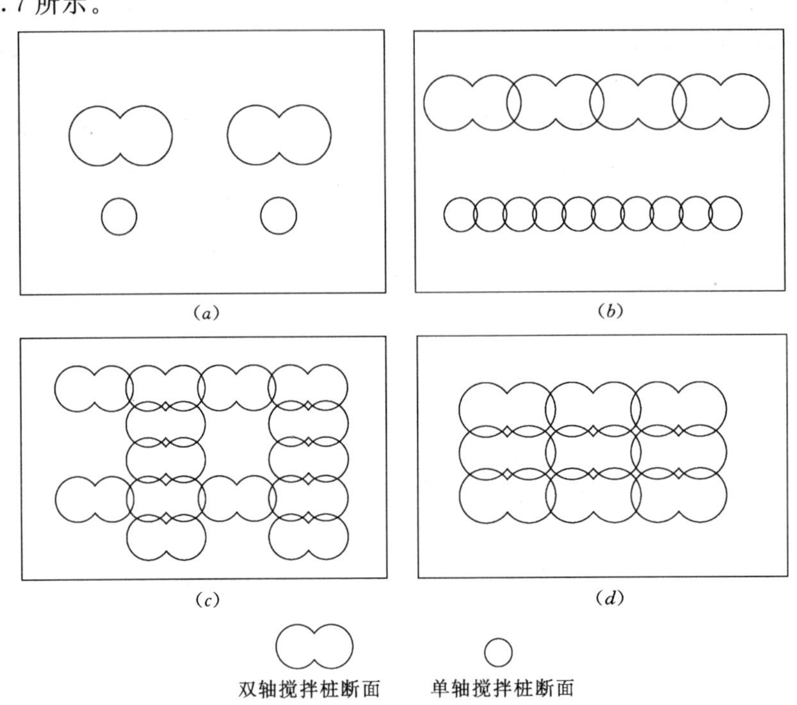

图 4.7　深层搅拌桩的加固形式

(a) 柱状；(b) 壁状；(c) 格栅状；(d) 块状

1. 柱状

在所要加固的地基范围之内，每间隔一定的间距打设 1 根搅拌桩，即成为柱状加固形式。适用于加固区表面和桩端土质较好的局部饱和软弱夹层；在深厚的饱和软土地区，对基底压力和结构刚度相对均匀的较大的点式建筑，采用柱状加固形式并适当增大桩长、放大桩距，可以减小群桩效应；一般渡槽、桥梁的独立基础、设备基础、构筑物基础、多层住宅条形基础下的地基加固以及用来防治滑坡的抗滑桩，承受大面积地面荷载等常采用柱状布桩形式。

2. 壁状和格栅状

将相邻搅拌部分重叠搭接即成为壁状或格栅状布桩形式。一般适用于深基坑开挖时软土边坡的围护结构，可防止边坡坍塌和岸壁滑动。在深厚软土地区或土层分布不均匀的场地，上部结构的长宽比或长高比大，刚度小，易产生不均匀沉降的涵管、倒虹吸管等水工建筑物，采用格栅式加固形式使搅拌桩在地下空间形成一个封闭整体，可提高整体刚度，增强抵抗不均匀沉降的能力。

3. 块状

将纵横两个方向相邻的搅拌桩全部重叠搭接即成块状布桩形式，它适用于上部结构单位面积荷载大，不均匀沉降要求较为严格的结构物（如水闸、泵房）的地基处理；另外在软土地区开挖深基坑时，为防止坑底隆起和封底时，也可以采用块状布桩形式。

4.4.2 技术要点和措施

4.4.2.1 当搅拌柱用于加固地基

（1）搅拌桩按照其强度和刚度是介于刚性桩（如钢筋混凝土预制桩、就地制作的钢筋混凝土灌注桩）和柔性桩（散粒材料桩，如：砂桩、碎石桩等）之间的一种桩形，但其承载性能又和刚性桩相近，因此在设计搅拌桩的加固范围时，可只在上部结构的基础范围内布置，不必像柔性桩那样在基础之外设置围护桩。布桩的形式可为正方形、正三角形、格栅形和壁形等多种形式。

（2）布桩时摩擦桩必须考虑群桩效应，桩距不宜过小。目前，深层搅拌桩的桩径大多在 ϕ500～700mm。由于基础宽度的限制，常常会给布桩造成困难，多数工程桩距较小。解决这个矛盾的途径：一是采用单轴搅拌，将桩径缩至 ϕ400mm 左右；二是在基础和搅拌柱的桩顶之间设置 300～500mm 厚的粗粒材料垫层（如砂石、碎石、矿渣等）拉开桩距；三是增加桩长，减少桩数，增大桩距。实践证明，采用以上措施是有效的。复合地基中，搅拌桩的桩距不宜小于 $2d$（d 为桩直径）。

（3）端承短桩宜采用大直径的双轴搅拌桩，或做成壁状、格栅状甚至块状，具体采用什么形式应根据工程要求及地质条件确定。壁状、格栅状形式可以增大地基刚度，减小不均匀沉降，在建筑物的薄弱环节上采用，效果较好。

（4）桩顶标高的确定宜选在承载力较高的土层上，以充分发挥桩间土的承载力，并且，要兼顾基础的稳定性，宜低于原地面以下 1m 左右。

（5）考虑具体情况，可长、短桩混用。

（6）注意基础角柱及长高比大于 3 的建筑物中部桩的加强。

（7）根据桩的受力情况，不同深度的喷灰量可以变化，因桩体最大应力一般发生在桩顶以下 3～5 倍桩直径的范围内，因此，可根据需要在桩顶以下 2～3m 以上增加喷灰量，并采用复喷复搅的施工工艺。

（8）停灰面应高于设计桩顶 500mm。即保护桩长最少为 500mm，在做褥垫层之前，将这段保护桩长去掉。

（9）复合地基承载力标准值不宜大于 200kPa，一般情况下采用 120～180kPa，单桩承载力（对 ϕ500mm）不宜大于 150kN。

（10）固化料的掺入比一般为 10%～15%，即对 ϕ500mm 的搅拌桩来说，每延米的喷灰量常采用 50～60kg/m（不复喷）。

4.4.2.2 当搅拌桩用于防渗和挡土

（1）宜采用双轴或多轴浆液搅拌，并采用大直径桩。

（2）固化材料掺入比不宜小于 15%，以增强抗剪强度和防渗能力。

（3）如深层搅拌水泥土桩只用做防渗帷幕，水泥土桩宜布置成壁式或格栅式形式，且水泥土桩不宜少于 2 排。

(4) 水泥土挡墙厚度为开挖深度的 0.6～0.8 倍，可做成格栅式或块式实体，做成格栅式时，置换比不宜小于 0.7。

(5) 搅拌桩之间的搭接不宜小于 100mm。

(6) 水泥土桩墙按受力条件的不同，横截面上可以深墙浅墙并用。

(7) 为增大被动土压力、减少水泥挡墙的变位，可在坑内以多种型式（如格栅式）的水泥土桩加固。

(8) 水泥土桩应尽量做成拱形，也可与刚性挡土墙组成连拱形式以节约造价。

(9) 格栅式挡墙可简化为如图 4.8 所示的图式进行计算，不计格栅间的抗剪能力。

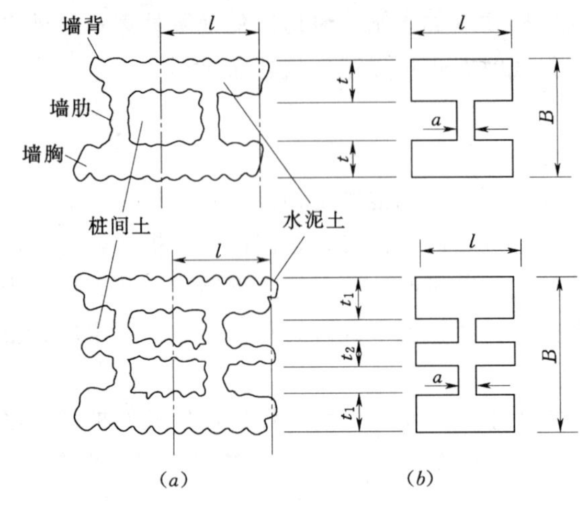

图 4.8　桩墙示意图
(a) 桩墙实际平面图；(b) 经概化的单元墙

(10) 水泥土挡墙的挡土高度不宜大于 6m。

任务 4.5　水泥土深层搅拌法施工

4.5.1　浆液制备

水泥系深层搅拌桩的浆液，一般情况下最好采用 425 号普通硅酸盐水泥，水泥必须新鲜且未受潮硬结。水泥浆液的配制要严格控制水灰比，一般为 0.45～0.50。使用砂浆搅拌机制浆时，每次搅拌不宜少于 3min。

为改善水泥和易性，以提高水泥土的强度和耐久性，在制作水泥浆液时，可掺入适量的外加剂。如用石膏做外加剂时，一般为水泥质量 1%～2%。三乙醇胺是一种早强剂，可增加搅拌桩的早期强度。木质素磺酸钙主要起减水作用，能增加水泥浆的稠度，有利于泵送，一般的掺入量为水泥用量的 0.2%。制备好的水泥浆不得停置时间过长，超过 2h 应降低标号使用。

4.5.2　施工工艺流程

水泥土深层搅拌法通常采用的工艺流程如图 4.9 所示。

1. 桩机就位

采用起重机或开动绞车移动深层搅动机到达指定桩位对中。为保证桩位准确，必须使用定位卡，桩位对中误差不大于 10cm，导向架和搅拌轴应与地面垂直，垂直度的偏离不应超过 1.5%。

2. 预搅下沉

待深层搅拌机的冷却水循环正常后，启动搅拌机电机，放松起重机钢丝绳，使搅拌机沿导向架搅拌切土下降，下沉速度可由电机的电流监测表控制。工作电流不应大于 70A。

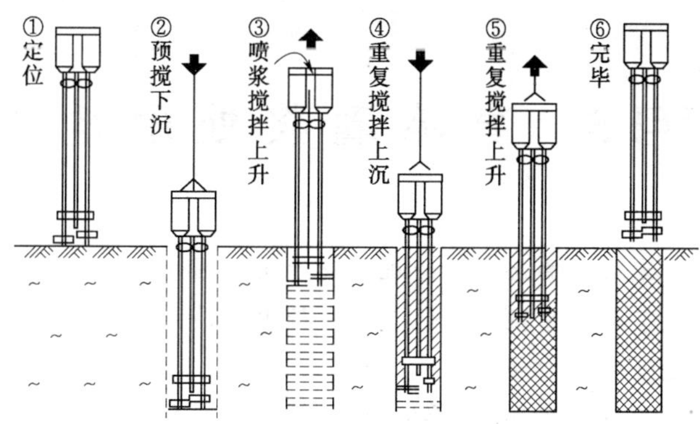

图 4.9　深层搅拌法施工工艺流程

如果下沉速度太慢，可从输浆系统补给清水，以利钻进。

3. 提升喷浆搅拌

深层搅动机下沉到达设计深度后，开启灰浆泵将水泥浆压入地基中，且边喷浆边旋转，同时严格按照设计确定的提升速度提升深层搅拌机。

4. 重复上下搅拌

深层搅拌机提升至设计加固深度的顶面标高时，集料斗中的水泥浆应正好排空。为使软土和水泥浆搅拌均匀，可再次将搅拌机边旋转边沉入土中，至设计加固深度后再将搅拌机提升出地面。

由于桩体顶部与上部结构的基础或承台接触部分受力较大，因此通常对桩的上部（自上而下 3～4m 范围内）进行重复搅拌。

5. 移位

重复上述步骤，桩机移位进行下根桩的施工。

项目5　高喷灌浆处理地基

教学目标：（1）能掌握旋喷法加固的机理及适用范围。

（2）能了解旋喷桩加固地基的设计内容。

（3）能绘制旋喷法施工的工艺流程图。

（4）能正确选定高压喷射灌浆工艺的技术参数。

（5）能掌握高压喷射灌浆的施工程序和工艺。

项目案例1　旋喷桩用于泵房软弱地基加固

1. 工程概况

珠海电厂循环水泵房位于电厂码头东侧，紧靠南海边，共三台水泵，每座泵房井的外围尺寸为38m×38.75m×17.21m（长×宽×高），1998年夏季动工兴建。其软弱地基用高压旋喷桩加固，该加固工程施工历时70d，累计钻孔进尺4174m，完成旋喷加固桩294根，设计总桩长2616m。

2. 工程地质情况

珠海电厂循环水泵房所在位置，表层为填海造地时抛投的块石渣料，其下分别为海砂、淤泥、粉黏土。高压旋喷桩处理部位钻孔实际情况表明，表层大块石含量较多，且厚度较大，一般为3～7m，1号泵房井块石直径为0.5m以上者，含量达50%，3号泵房井碎石层分布含量50%～80%（各地层物理力学性能见表5.1）。

表5.1　土层主要物理力学性质

土名	天然含水量（%）	天然重度（kN/m³）	塑性指数	压缩模量（MPa）	标贯值（$N_{63.5}$）	土工试验承载力 f_k（kPa）	承载力推荐值 f_k（kPa）
填土					90.0	300	
淤泥	50.03	17.17	1.41	2.20	0.71	70	50
淤泥质黏土	47.79	17.35	1.54	2.40	1.04	69	60
黏土	33.30	20.54	0.83	2.38	5.11	160	150
粉质黏土	22.65	20.30	0.40	6.75	17.09	260	250

3. 方案选择及加固设计

原计划泵房地下连续墙完成后，挖至5.5m做深层搅拌桩加固软土地基，但实际上，在泵房临海侧块石渣料层埋藏较深，当基坑挖至−5.5m时，仍有3～7m厚的块石渣料层，深层搅拌无法施工。因此，设计时在泵房的临海侧块石渣料层较厚处，布置5排旋喷桩，排距1.8m，孔距1.8m，要求旋喷桩直径为1.20m，有效桩长8m，复合地基承载力170kPa。根据实际开挖情况，最终确定在1号、2号、3号泵房井分别实施旋喷桩138根、29根和127根（图5.1、图5.2）。为确保施工质量及加固后的复合地基承载力达到设计标准，通过对高喷、灌浆各类型的比较分析，确定采用双管法进行高压旋喷施工。

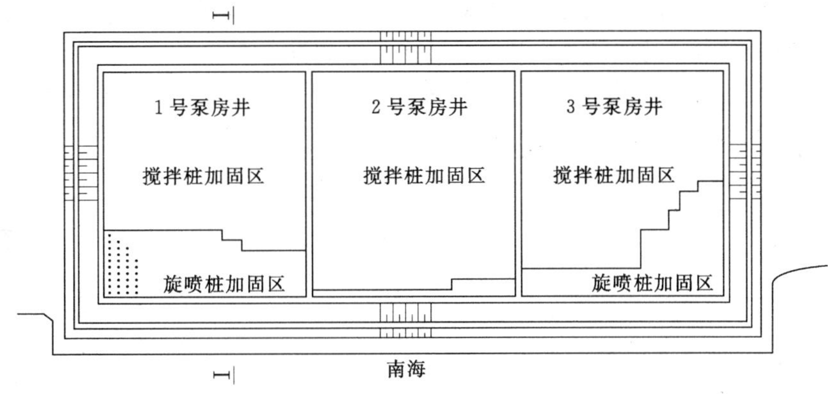

图5.1 珠海电厂循环水泵房基础加固平面图

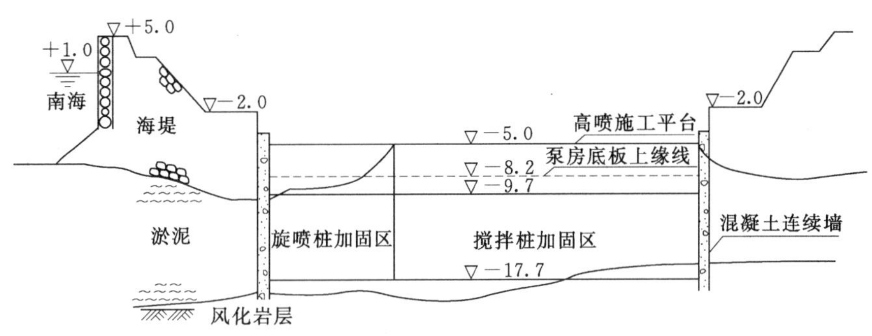

图5.2 珠海电厂循环水泵房基础加固横剖图

4. 施工工艺

国内应用的以加固软基为主的二重管法的浆压，一般为20MPa，而本次应用的高压浆泵，它具有超高压力和大流量，以防渗、加固为主，应用领域更为广泛。其射浆压力可达到50MPa，且压力、流量可根据不同地层的需要任意调节。另外，由于直接喷射水泥浆液，较三管法而言，不用高压水，返浆量小，桩体质量有保证。

5. 施工技术参数

浆压30MPa，浆量120L/min，浆液容重1.52～1.60kg/L，气压0.7～0.8MPa，气量60～80m^3/h，提速10～20cm/min。

6. 施工中出现的问题及处理措施

因该工程施工地层是由大量块石及山坡土回填而成，且地下水、地表水均很丰富，故虽然采用300型油压钻机造孔，但进尺仍然缓慢，经常出现塌孔卡钻及掉钻头现象。针对钻孔难度大的特点采用及时抽排地表水，遇到块石及时更换潜孔钻，下护壁管防止塌孔等一系列措施。另外，施工期间，暴雨连绵，施工现场稀泥遍地，工地负责人及时采取了增加排浆量等措施。

7. 效果检查

为保证旋喷质量，在施工期间及施工结束后，对旋喷桩进行了开挖及静载压板试验。

(1) 开挖检查。1998 年 7 月 9 日分别对 7—A、7—E 两根旋喷桩进行桩头开挖检查，开挖桩头直径分别为 1.4m 和 1.7m，桩体水泥含量均匀无夹块现象。

(2) 静载压板试验。在 2 号、3 号泵房旋喷区各布置一个静载压板试验点，均为 4 桩复合地基，承压板是现浇的钢筋混凝土刚性板，承压板面积：2 号泵房区 WX—5—6 试验点为 $2.2\times2.2=4.84m^2$，3 号泵房区 YZ—5—6 试验点为 $2.15\times2.25=4.84m^2$，要求加载值为 $2\times170=340kPa$，具体试验结果见表 5.2，由此可以看出，这两个试验点的承载力基本值均满足设计要求。

表 5.2　　旋喷桩复合地基承载力试验结果

区域	试验点号	压板面积 (m^2)	加载值 (kN)	沉降量 (mm)	回弹量 (mm)	回弹率 (%)	承载力基本值及相应沉降		备注
							承载力 (kPa)	沉降 (mm)	
2 号泵房	WX—5—6	2.20×2.20	1600	44.35	11.07	24.96	211	11.00	$S/b=0.005$
3 号泵房	YZ—5—6	2.25×2.15	1650	30.61	6.75	22.05	231	11.00	$S/b=0.005$

项目案例 2　旋喷桩用于库岸防护堤软弱地基加固

长江三峡工程蓄水后，水库调度运用过程中的水位涨落和波浪冲蚀，以及库区城镇迁建中人为的不当活动，都会使水库岸坡稳定性降低，引发地质灾害。因此，库岸防护加固十分必要。库岸防护加固措施主要有两类：第一类是采用抗滑桩或锚固措施阻止滑坡体下滑，这类措施主要针对第四系堆积体岸坡或岩质山体滑坡；第二类是在滑坡变形体前缘修筑防护堤。其中第二类库岸防护措施在城镇迁建工程十分浩大的三峡库区更为普遍采用。修筑防护堤不仅可以压脚固坡、避免波浪对岸坡的侵蚀，还可与填土造地、修建岸边公路等工程相结合，一举多得。图 5.3 为长江三峡库区岸丰都风景区某段防护堤的设计断面，该河段河滩为第四系冲积层，由于地基冲积覆盖层厚度较大，经方案比较决定采用对地基承载力要求较低和对地基沉陷适应性较强的碾压土石防护堤，防护堤各土层的物理力学参数见表 5.3。

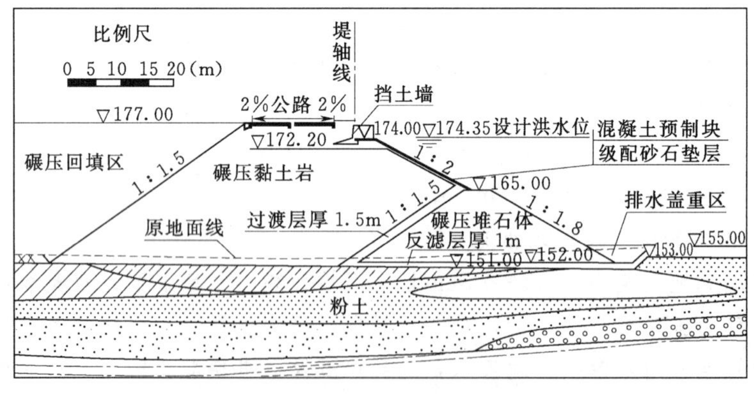

图 5.3　长江三峡库区岸丰都风景区某段防护堤

三峡水库运用调度主要考虑防洪要求，在汛期（每年 6～9 月）水库蓄水位控制在防洪限制水位 145m 高程，非汛期（11 月至次年 3 月）则蓄至 175m 高程。水库水位快速下

降不利于库岸防护堤的稳定，这是因为：当水库水位快速下降时，一方面，有利于防护堤边坡稳定的侧向水压力随之撤销；另一方面，不利于防护堤边坡稳定的孔隙水压力的消散总是滞后于水库水位的下降；此外，饱和孔隙水渗透排出时，对土体产生拖曳滑动力（即渗流力）。当水库水位由汛期洪水位168.5m降至152.0m（防护堤坡脚高程）时，在渗流计算分析的基础上，防护堤进行了应力应变分析，得到防护堤的主应力及累计沉降分布情况如图5.4所示。

表5.3　防护堤及其地基土石料的物理力学参数

土石名称	干重度（$\times10^3$kg/m^3）	湿重度（$\times10^3$kg/m^3）	渗透系数（m/d）	压缩模量（MPa）	泊松比	黏聚力（kPa）	摩擦角（°）
粉质黏土	1.54	1.80	0.0043	5.53	0.350	12.00	13
粉土	1.61	1.91	0.035	5.94	0.300	8.00	18
粉细砂	1.53	1.85	0.259	7.64	0.300	3.00	24
碾压黏土岩	1.66	1.90	0.518	22	0.333	10.00	28
碾压堆石	1.86	2.05	17.28	60	0.333	0.01	38
反滤料	2.05	2.10	4.32	50	0.333	0.01	36

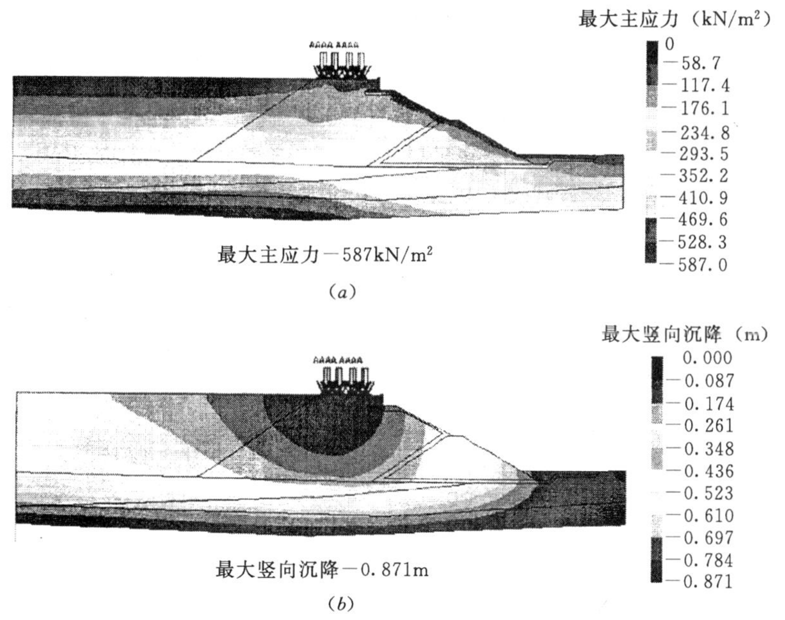

图5.4　地基处理前应力、沉降分布图

(*a*) 主应力分布；(*b*) 沉降分布

图5.4表明防护堤在水位快降时的应力和沉降值都偏大，这对防护堤及地基的稳定都不利，应采取适当措施。综合考虑地基土层情况和施工条件，决定采取旋喷桩加固地基。图5.5为采用旋喷桩（置换率15%～30%，沉降大的地方取较大的置换率）加固地基后的主应力及累计沉降分布情况。比较图5.4、图5.5得知，进行地基处理后，地基土层承受的最大主应力由587kN/m^{2}下降到327kN/m^2（旋喷桩端点极端应力为1070kN/m^2），

防护堤最大沉降（累计）由0.871m降至0.449m，且沉降分布已趋均匀。

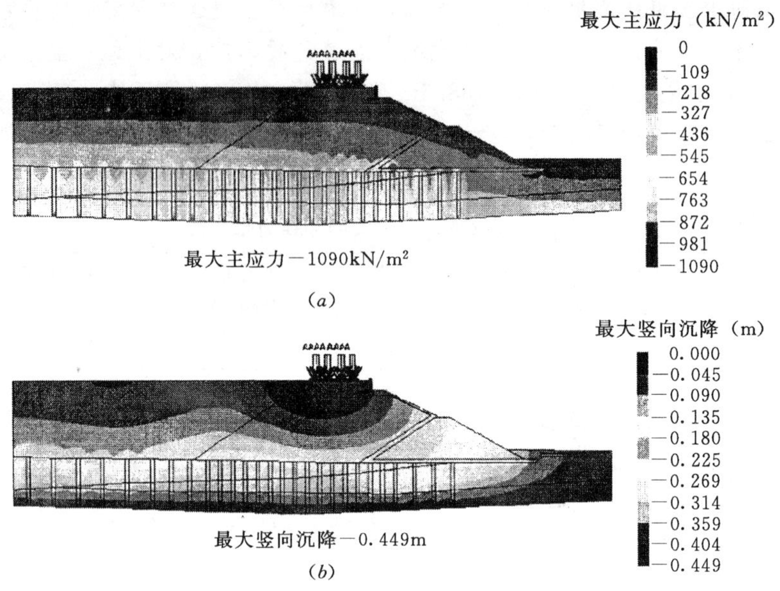

图5.5　旋喷桩加固地基后的应力、沉降分布图

(a) 主应力分布；(b) 沉降分布

项目案例3　旋喷桩用于水闸地基处理

1. 工程概况

阎潭引黄闸位于山东省东明县黄河大堤上，系1971年建成的4联12孔箱式钢筋混凝土涵闸，进口高程63.0m（大沽高程体系）。因黄河防洪水位提高，该闸原设计不能满足防洪要求，于1981年进行改建。经方案比较，改建时选用上游接长桩基开敞式方案（图5.6），接长部分共6孔，每孔净宽6m，两岸均为一孔钢筋混凝土岸厢和一孔引桥。闸室顺水流方向长13m，在闸底板中间分缝，全闸底板分成7块，底板设计高程为64.3m。

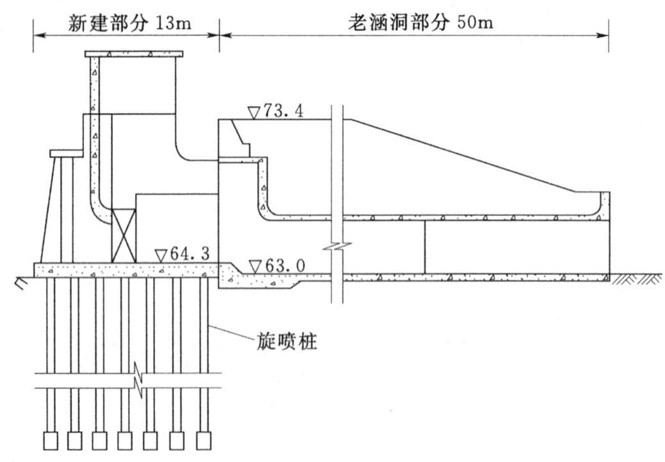

图5.6　阎潭闸改建工程纵断面图

考虑到新、老闸墩接触紧密，可以利用老闸承担水平推力，新闸桩基仅承担竖向荷载，不配置钢筋，加之该闸基土质大部为砂壤土，因此，决定采用旋喷桩进行新闸地基处理。经计算，选用157根桩径为0.7m，桩长15m的旋喷桩，桩基平面布置和计算与一般灌注桩相同。

2. 单桩垂直承载力的确定

据资料分析，旋喷桩施工后基础土密实度提高，并且浆液浸入土层间形成翼状薄层，各土层因土质、密度的差异，导致成桩直径不同（图5.7），因而增加了桩的周边摩阻力。同时，由于施工中高速旋转喷射，浆液和基土中比重较大的矿物颗粒被甩至周边，使桩形成较坚硬的外壳，一般外壳强度较断面平均强度高15%，这些对于成桩的完整性和提高抗压、抗弯强度都是有利的。

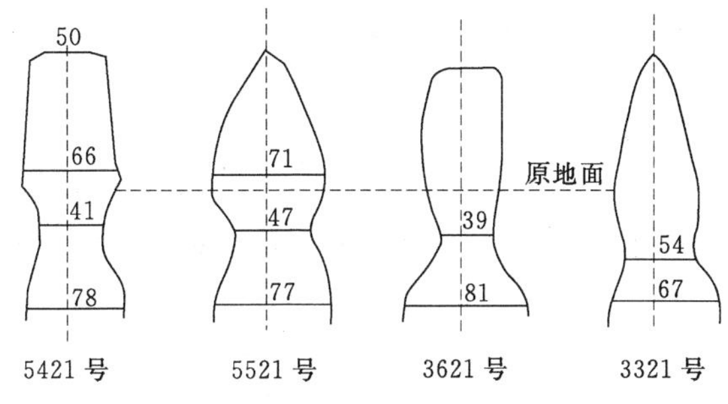

图5.7　成桩纵断面图（长度单位：cm）

根据以上特点，可认为同样直径和长度的旋喷桩的垂直允许承载力应比灌注桩大。但如何计算旋喷桩的单桩承载力，目前尚无统一的方法，一般都是通过现场试验确定。因本闸施工任务紧，也无现场试验条件，旋喷桩的单桩承载力只能参照类似工程试验成果，并考虑旋喷成桩的特点进行计算。本闸计算成果同其他工程试验成果比较见表5.4。

表5.4　阎潭闸旋喷桩单桩承载力与其他工程旋喷桩单桩承载力试验值的比较

试验者	土质	桩径（m）	桩长（m）	极限承载力（t）
兰州铁路局	黄土状土	0.46	8	53
兰州铁路局	黄土状土	0.50	8	60
铁三局	黄土状土	0.50	13.5	65
八冶局	细砂	0.80	8	~80
阎潭闸计算值	1.8m黏土，其余为轻砂壤土	0.70	15	83

3. 施工工艺及设计

旋喷桩的桩径决定于水泥浆液的喷射压力、旋转和提升速度、土类及其密度等因素。旋喷压力F与喷流密度ρ、喷嘴截面积A、喷流速度v之间存在如下关系

$$F=\rho A v^2$$

施工参数的选择，目前还只能先根据其他工程资料和现场试验初步确定，再在施工现场挖桩检查，验证施工质量后加以调整。本闸根据河南河务局旋喷桩队积累的资料，结合本工地地质资料预先确定如下设计施工参数：

工作压力为$P=1226\pm245\text{N/cm}^2$；

钻杆旋转速度为$\omega=40\text{r/min}$；

钻杆提升速度为$V=28.7\sim24\text{cm/min}$；

喷嘴直径为$d=2.4\text{mm}$。

若基础为软黏土层，钻杆提升速度则选用3.6～15.17cm/min。

桩底扩径施工，采用进钻射水，灌注时只转不升，持续旋喷1min。

施工中，根据现场挖桩检查结果，对施工参数不断调整，结果见表5.5。

4. 成桩强度设计

本工程设计浆液选用：水泥浆为425号硅酸盐水泥浆，比重为1.36（水灰比1∶5），速凝剂Ca—C12用量为水泥重的1%。单桩最大允许承载的重量为41.5t，对混凝土强度要求为105.75N/cm²。据有关资料介绍，425号水泥，水灰比1∶5，壤土地基成桩，100d强度都在392.4N/cm²以上。

5. 施工设备

钻机：76型专用旋喷钻机；灌浆机：SNG300型高压泥浆泵车；拌浆及管道系统：水力水泥混合器和2英寸潜水泵，高压胶管、专用钻头、喷嘴等。

表5.5 施工中工艺参数变更结果

序号	施工参数	制桩根数	应用时间（年.月.日）
1	压力 $P=1226\pm245N/cm^2$，提速 $v=28.7cm/min$	16	1981.12.6～12
2	压力 $P=1226\pm245N/cm^2$，提速 $v=28.7cm/min$	37	1981.12.13～22
3	压力 $P=1472N/cm^2$，提速 $v=24.0cm/min$	104	1981.12.23～1982.3.8
4	回填土层射水钻进	108	1981.12.23～1982.3.8
5	回填土层射水钻进，从高程62.3～63.8m用慢一挡速度提升	4	1981.12.6～9
6	喷嘴直径 $d=2.8mm$ $d=2.4mm$	7 150	1981.12.6～9 1981.12.9～1982.3.8

6. 工程质量及运行效果分析

（1）工程质量分析。根据施工现场条件，挖桩检查深度2.5m左右，比基坑底部深0.6m，共挖桩120根，成桩桩径平均为71.34cm，直径大于70cm的桩数达到86.7%，见表5.6。成桩形状较规则，表面光洁，但在人工回填土层以及原基土表层中的桩径，虽经调整工艺参数，仍未达到设计要求。

表5.6 成桩桩径检查结果表

底块分块编号		Ⅰ	Ⅱ	Ⅲ	Ⅳ	Ⅴ	Ⅵ	Ⅶ	小计	大于该直径的比例（%）
分析	<ϕ60	1		1			1		3	100
	ϕ60～ϕ65		2	3	4	1	3		13	97.5
	ϕ65～ϕ70	3	2	3	6	10	6	1	37	86.7
	ϕ70～ϕ80	2	8	7	5	8	9		44	55.8
直径	>ϕ80	3	9	4	3	2	2	5	23	19.2
	d_{max}（cm）	85	88	84	84	86	88	78		
	d_{min}（cm）	50	63	63	62	65	61	65		
	d平均（cm）	72.6	74.2	71.4	69.8	72.2	70.9	72.2	71.24	
检查根数		9	21	21	21	21	21	6	120	

注 桩径都按原基底以下0.6m左右断面直径计。

人工回填土层突出的问题是成桩不规则，桩的横截面形状变化大，有效桩径小。原因是回填壤土土质不匀，大量黏粒团块掺杂在砂壤土中，加上回填时间短，固结不好，不同土质黏聚力的差异使其抗水力切割和在水中分解性能明显不同，未被分解的黏块被高速旋喷的水流冲携到桩孔外壁，造成桩截面极不规则，从而达不到设计要求。

另外，原基坑底部表层土，位于老闸上游砌石护坦下部，砌石时大量水泥浆掺杂到基土中，凝固成硬层，旋喷压力不足以将其粉碎，因而该桩段桩径很小，形成瓶颈状，不能达到设计要求。

以上两种土层都处于浅层，它们造成的成桩质量问题，通过开挖、凿除、浇注混凝土接长，都较好地得到了解决。

(2) 运用情况分析。该闸1982年4月浇注底板，6月底基本建成，8月底两侧新堤全部回填完毕。为了解桩基承载情况，主要进行了沉陷观测。现以受边荷影响较小的中墩为例进行分析。至1983年11月，中墩上游总沉陷量为10～13mm。与此闸地质情况、单桩设计承载力等相似的刘庄引黄闸灌注桩基沉陷比较见表5.7。由表5.7看出，竣工后总沉陷量尽管两闸情况不完全相同，但观测数字说明，旋喷桩承载能力的可靠性是无疑的。

表5.7　阎潭闸与刘庄闸桩基荷载及沉陷观测值对照

项　目		阎潭闸引黄闸	刘庄引黄闸
结构		旋喷桩基，开敞式闸	混凝土灌注桩基，开敞式闸
竣工时间		1982年6月	1979年6月
基础情况		底板下15m以内，有两个黏土层，总厚1.8m，其余为砂壤土	底板下15m以内，有一个黏土层，厚度1.8m左右，其余为砂壤土
中孔桩径、桩长		桩长15m，桩径70cm	桩长12.5m，桩径85cm
设计单桩承载力		P=41.50t	P=41.28～44.31t
总沉降量	1年	10～13cm（1983年11月）	22cm（1980年）
	3年	17～20cm（1985年）	35cm（1982年6月）
	5年	27～32cm（1987年4月）	51～54cm（1985年）

高压喷射注浆法是利用钻机将带有特殊喷嘴的注浆管钻进至土层的预定深度，用高压喷射流强力冲击破坏土体，喷出水泥浆与土体破坏后分离的土粒搅拌混合，经过凝结固后，便在土中形成直径均匀的圆柱体。也可以根据工程需要使之固结成其他各种形状。

高压喷射注浆法有旋转喷射注浆法，简称旋喷法；有定向喷射注浆法，简称定喷法；还有摆喷注浆法，简称摆喷法。旋喷法施工时喷嘴边喷射边旋转边提升，形成圆柱状固结体称为旋喷桩。定喷法施工时，喷嘴作定向喷射并一边喷射一边提升，形成壁状固结体，通常用在地基防渗和边坡加固等工程。旋喷法主要用于地基加固，处理后的地基承载力有明显提高，地基土的变形性质也有改善。

高压喷射注浆法于20世纪70年代初期始创于日本，是在静压灌浆的基础上，由高压喷射技术发展而成的。1972年该项技术传入我国，得到了很大发展，尤其是在堤坝防渗加固方面应用十分广泛。

任务5.1　旋喷法的基本工艺及浆液类型

5.1.1　基本工艺

5.1.1.1　单管旋喷法

利用钻机把安装在注浆管底部侧面的特殊喷嘴置入土层的预定深度后，用高压泥浆泵以20MPa左右的压力，将浆液从喷嘴中喷射出去冲击破坏土体，并使浆液和破坏土体搅拌混合，同时借助注浆管的旋转和提升，在土中形成圆柱状固结体，其直径为0.4～1.0m，如图5.8所示。

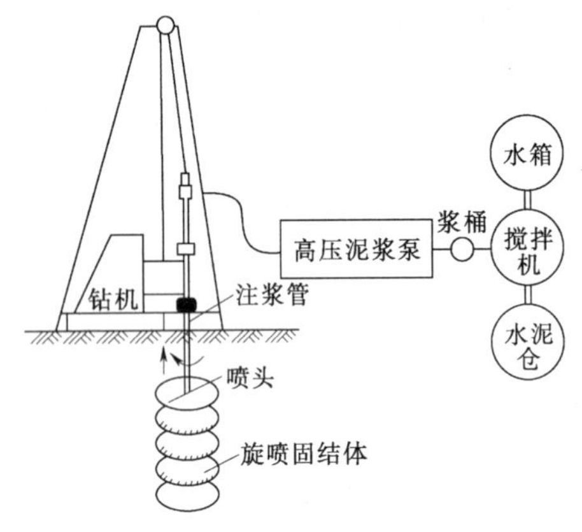

图5.8　单管旋喷注浆示意图

5.1.1.2　二重管旋喷法

使用双通道的二重注浆管输送气和浆液，如图5.9所示。当把二重注浆管置入到土层的预定深度后，通过在管底部侧面的一个同轴双重喷嘴，用高压泥浆泵从内喷嘴中喷射出压力为大于20MPa的浆液，同时用空压机以0.7MPa的压力把压缩空气从外喷嘴喷出。在高压浆液流和它的外圈环绕气流的共同作用下，破坏土体的能量显著增大。注浆管喷嘴一边喷射一边旋转一边提升，在土中形成圆柱状固结体，直径一般为0.6～1.5m。

5.1.1.3　三重管旋喷法

分别用输送水、气、浆液三种介质的三重注浆管，如图5.10所示。在以高压水泵产生压力大于20MPa的高压水喷射流的周围，环绕压力为0.7MPa左右的圆筒状气流，进行高压水、气同轴喷射冲击土体，冲成较大的空隙；另再由泥浆泵通过喷浆孔注入压力为2～5MPa的浆液填充。注浆管作旋转和提升运动，最后便在土中形成直径较大的圆柱状固结体，直径可达0.7～2m。

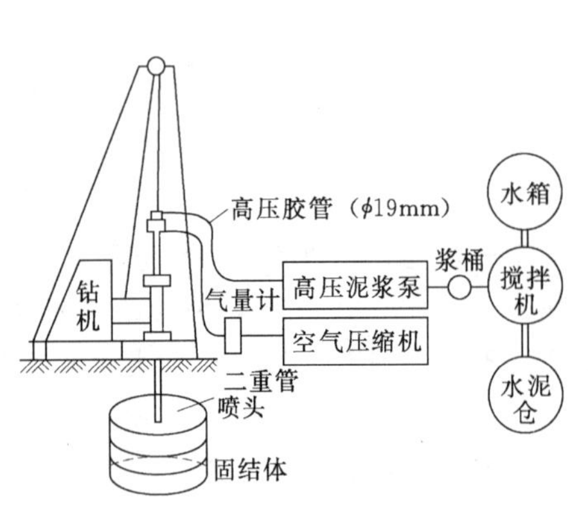

图5.9　二重管旋喷注浆示意图

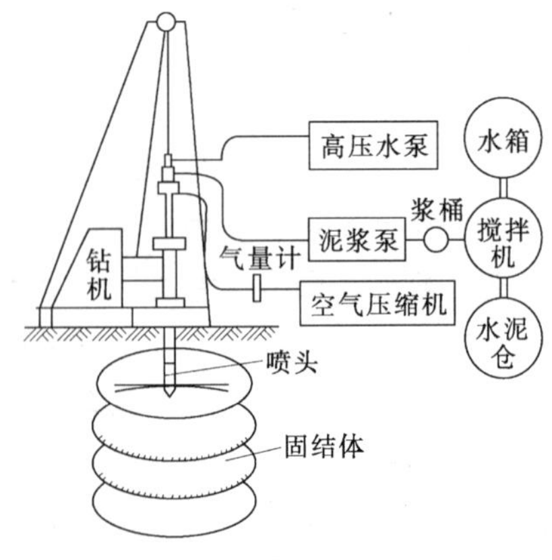

图5.10　三重管旋喷注浆示意图

高压喷射注浆固结体特性指标见表 5.8。

表 5.8　　高压喷射注浆固结体特性指标

固结体性质 \ 喷注种类			单管法	二重管法	三重管法
旋喷有效直径（m）	黏性土	0＜N＜5	1.2±0.2	1.64±0.3	2.5±0.3
		10＜N＜20	0.8±0.2	1.24－0.3	1.8±0.3
		20＜N＜30	0.6±0.2	0.8±0.3	12±0.3
	砂土	0＜N＜10	1.0±0.2	1.44－0.3	2.0±0.3
		10＜N＜20	0.8±0.2	1.24－0.3	1.5±0.3
		20＜N＜30	0.64－0.2	1.0±0.3	1.2±0.3
	砂砾	20＜N＜30	0.6±0.2	1.0±0.3	1.2±0.3
单项定喷有效长度（m）					1.0～2.5
单桩垂直极限荷载（kN）			500～600	1000～1200	2000
单桩水平极限荷载（kN）			30～40		
最大抗压强度（MPa）			砂土 10～20，黏性土 5～10，黄土 5～10，砂砾 8～20		
平均抗折强度÷平均抗压强度			1/5～1/10		
干密度（$\times10^3$kg/m^3）			砂土 1.6～2.0，黏性土 1.4～1.5，黄土 1.3～1.5		
渗透系数（cm/s）			砂土 10^{-5}～10^{-7}，黏性土 10^{-5}～10^{-7}，砂砾 10^{-5}～10^{-7}		
黏聚力 c（MPa）			砂土 0.4～0.5，黏性土 0.7～1.0		
内摩擦角 φ（°）			砂土 30～40，黏性土 20～30		
标准贯入击数 N			砂土 30～50，黏性土 20～30		
弹性波速（km/s）	P 波		砂土 2～3，黏性土 1.5～2.0		
	S 波		砂土 1.0～1.5，黏性土 0.8～1.0		
化学稳定性能			较好		

5.1.2　浆液类型

水泥是最便宜的浆液材料，也是喷射注浆主要采用的浆液，按其性质及注浆目的分成以下几种类型。

5.1.2.1　普通型

普通型浆液是采用 325 号和 425 号硅酸盐水泥，不加任何外掺剂，水灰比为 1∶1～1.5∶1，固结 28d 后抗压强度可达 1～20MPa。一般工程宜采用普通型浆液。

5.1.2.2　速凝—早强型

对地下水发达或要求早期承重的工程，宜用速凝—早强型浆液。就是在水泥中掺入氯化钙、水玻璃及三乙醇胺等速凝早强剂，其掺入量为水泥用量的 2%～4%。纯水泥与土混合后，一天时间固结体抗压强度可达 1MPa，而掺入 2%氯化钙时可达 1.6MPa，掺入 4%氯化钙时可达 2.4MPa。

5.1.2.3　高强型

凡喷射固结体的平均抗压强度在 20MPa 以上的浆液称为高强型。可选用高标号水泥，

或选择高效能的外掺剂。

5.1.2.4　抗渗型

在水泥中掺入2%～4%的水玻璃，可以提高固结体的抗渗性能。对有抗渗要求的工程，在水泥中掺入10%～50%的膨润土，效果也较好。

任务5.2　高压喷射灌浆法的加固机理及适用范围

5.2.1　加固机理

高压喷射注浆法在地基（或填土）中形成柱、板、墙的机理可用下述五种作用来说明，见图5.11。

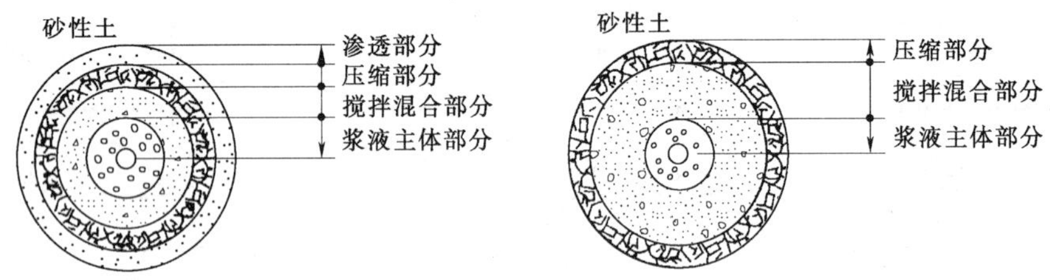

图5.11　旋喷固结体横断面示意图

（1）高压喷射流切割破坏土体作用。喷流动压以脉冲形式冲击土体，使土体结构破坏而出现空洞。

（2）混合搅拌作用。钻杆在旋转和提升的过程中，在射流后面形成空隙，在喷射压力作用下，迫使土粒向与喷嘴移动相反的方向（即阻力小的方向）移动，与浆液搅拌混合后形成固结体。

（3）置换作用。三重管旋喷法又称置换法，高速水射流在切割土体的同时，由于通入压缩空气而把一部分切割下的土粒排出灌浆孔，土粒排出后所空出的体积由渗入的浆液补入。

（4）充填、渗透固结作用。高压浆液充填冲开的和原有的土体空隙，析水固结，还可渗入一定厚度的砂层而形成固结体。

（5）压密作用。高压喷射流在切割破碎土体的过程中，在破碎带边缘还有剩余压力，这种压力对土层可产生一定的压密作用，使旋喷桩体边缘部分的抗压强度高于中心部分。

5.2.2　高压喷射法的特点和适用范围

高压喷射法和上一章介绍的深层搅拌法是目前水工地基处理中最常用的两种方法，它们有许多相似之处。譬如，既可加固地基又可用于防渗，都采用水泥浆与土搅拌形成水泥土固结体等，两者的主要区别在于加料搅拌方式不同。高压喷射法既可以在水平方向喷射，又可以在倾斜方向喷射，因而在实际应用中更灵活，在加固地基方面比深层搅拌法应用的场合更广。

高压喷射法和深层搅拌法既可用于新建建筑地基处理，也可用于既有建筑地基处理，这一点十分重要。

高压喷射法适用于处理淤泥、淤泥质土、黏性土、粉土、黄土、砂土、人工填土和碎

石土等地基。但对于土中含有砾石且砾石直径过大而含量又过多的土层，以及土中含有大量纤维的腐植土，用高压喷射注浆法加固效果较差。对地下水流速过大，喷射的浆液无法凝结的地段以及对水泥有严重腐蚀的地基，不宜采用高压喷射灌浆法。

任务 5.3　旋喷桩加固地基的设计

5.3.1　旋喷桩直径的确定

采用单管、二重管、三重管的不同喷射注浆工艺，所形成的固结体直径是不同的。单管法是以水泥浆作为喷射流的载能介质，它的稠度和黏滞阻力较大，形成的旋喷直径较小。而三重管法是以水作为载能介质，水在流动中的阻力比较小，所以在相同的压力下，以水作为喷射流介质者，所形成的旋喷直径较大。

旋喷桩的强度和直径，应通过现场试验确定。当无现场试验资料时，可参照相似土质条件下其他旋喷工程的经验。水利工程中的旋喷桩直径多采用 1.5m 左右，一般在砂层（包括细砂、半粗砂）旋喷桩直径较大，而在黏性土层、淤泥质层、砂卵石地层旋喷桩直径较小。

5.3.2　旋喷桩复合地基承载力的计算

旋喷桩复合地基承载力标准值应通过现场复合地基载荷试验确定，也可结合当地情况及与其土质相似的工程经验确定，或按经验公式计算。

旋喷桩还具有一定抗折强度。由于桩直径不均匀和桩体表面不光滑，旋喷桩的竖向单柱承载力一般较大，变化也很大。当无现场载荷试验资料时，可参考规范所列的数据，计算时安全系数可采用 3.0。

5.3.3 旋喷桩复合地基变形的计算

旋喷桩桩长范围内的复合土层变形以及下卧层地基变形，应按有关规范的方法计算。其中，复合土层的压缩模量 E_{sp} 可按下式确定

$$E_{sp}=\frac{E_s(A_e-A_p)+E_pA_p}{A_e} \tag{5.1}$$

式中　E_s——桩间土的压缩模量；

E_p——桩体的压缩模量，可采用测定混凝土割线弹性模量的方法确定。

5.3.4　孔位布置

以提高地基承载力为加固目的时，可按正方形、矩形或梅花形等布孔，孔距一般为旋喷桩径的 3～4 倍。

对堵水防渗工程多采用双排或三排布孔，使旋喷桩形成帷幕。旋喷桩的桩间距为 0.86R（R 为旋喷桩设计半径）、排距为 0.75R 时较为经济。

任务 5.4　高压喷射灌浆防渗体的形状及连接形式

5.4.1　喷射方式与固结体形状

1. 旋喷——圆柱体

喷嘴一面喷射一面旋转并提升，固结体呈圆柱状。虽然旋喷法主要用于加固地基，提

高地基的抗剪强度，改善土的变形性质，但有时也用于组成闭合的帷幕，起截阻渗流和治理流沙的作用，如图5.12（*a*）所示。

2. 定喷——壁板形块体

喷嘴一面喷射一面提升，喷射的方向固定不变，固结体形如板状或壁状，如图5.12（*b*）所示。

3. 摆喷——哑铃形块体

喷嘴一面喷射一面提升，喷射的方向呈较小的角度来回摆动，固结体呈哑铃状（平面上呈∞形），如图5.12（*c*）所示。

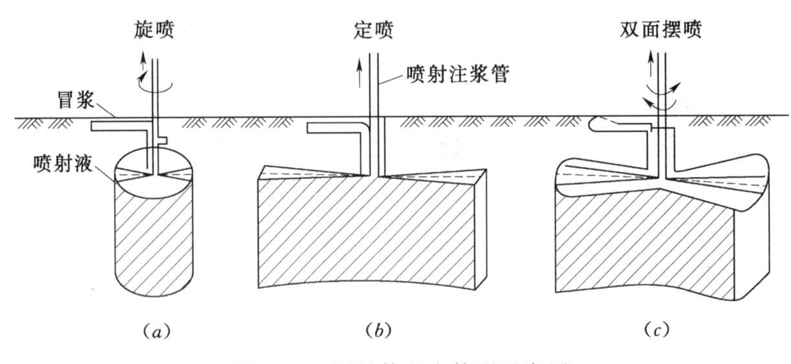

图5.12　固结体基本体形示意图

（*a*）圆柱形；（*b*）壁板形；（*c*）扁形

任务5.5　高喷灌浆孔的孔距及布置形式

孔距及布置形式的设计合理与否，对高压喷射灌浆的造价及质量影响很大，应结合施工现场试验精心设计，结合高压喷射灌浆参数的选定选取较为合理的、适宜的孔距及布置形式，以确保施工质量，降低工程造价。

作为防渗工程，通过大量的工程实践经验及定性理论分析，总结出了如表5.9所示的几种常用的孔距及布置形式。临时性和一般性的工程常采用单排布孔，重要工程可按表中所示，布置成双排或多排孔，以确保施工质量。

表5.9　　高压喷射灌浆施工布置形式

编　号	名称	图　　型	孔距（m）	厚度（cm）	特　　点
1	折线型		1.6～2.5	10～30	便于连接
2	微摆型		1.6～2.2	20～40	连接可靠、墙厚
3	交叉型		1.6～2.5	蜂窝状	连接结构稳定性好
4	直摆型		1.6～2.2	20～50	便于连接
5	摆定型		1.6～2.5	10～40	连接结构稳定性好

续表

编　号	名称	图　　型	孔距（m）	厚度（cm）	特　　点
6	柱列型		0.8～1.4	20～40	套接可靠性差
7	柱板式		1.4～2.0	>10	便于连接，结构稳定性好

表 5.9 所列孔距及布置形式受水文地质情况影响较大，大值适用于细颗粒地层，小值适用于大颗粒地层。在相同的工艺参数情况下，在中细砂、粉砂地层，孔距可大些，一般 2.0～2.5m 左右；在砾卵石及卵漂石地层，孔距多采用 1.0～1.5m；在中粗砂、壤土或杂填土层，孔距多采用 1.5～2.0m,，但针对某具体工程，最优的孔距及布置应通过现场试验确定。

根据目前的工程实践经验，交叉折线型连接形式较为可靠，特别是其中的微摆喷法在堤防、土坝工程防渗中经常使用。喷射方向与轴向的夹角一般设计为 20°～30°，连接角度 120°～140°，布孔施工时可按由疏到密的原则，分序施工，先喷一序孔，再喷二序孔。如遇到转折孔，则孔距和喷射角度要做适当调整，以确保转折孔与邻孔墙体之间的紧密连接。

任务 5.6　高喷灌浆工艺技术参数的选定

高压喷射灌浆质量的好坏、工效和造价的高低，不仅受工程类型、喷射地形及地质地层条件的影响，更重要的是取决于施工工艺技术参数的合理选用。以三管法为例，主要是选好水、气、浆的压力及其流量、喷嘴大小及数量；喷嘴旋转、摆动和提升的速度；浆液配比、相对密度等。

上述技术参数的确定与被处理地层的工程和水文地质情况是密切相关的，尽管已积累了不少经验，但要全面地提出不同地层的最佳参数配合，还需做很多的资料积累和试验研究工作。一般情况下，重要工程在开工前，视工程复杂程度与地质情况，都应进行现场试验，以取得较为适宜的符合该工程实际情况的施工工艺技术参数。下面根据实践经验的总结简述几个主要参数的选用。

高压射流压力如前所述，是使喷射流产生高速，从而有强大的破坏力。而喷射的流量是产生强大动能的重要条件，所以一般都采用加大泵压和浆量来增大其冲切效果，以获得较大的防渗加固体，限于目前国内机械设备的水平，常用的喷射压力为 20～40MPa，最大可达 60MPa，视地层结构的强弱而定。

提升速度和旋转速度是喷射流相对性移动的速度，它是决定喷射流冲击切割土层时间长短的两个主要因素。实践证明，土体受到高压射流的冲切后，很快被切割穿透。切割穿透的程度是随射流持续喷射时间的增加而增大的。一定的喷射时间产生一定的喷射切割量，便可将土体冲切一定的深（长）度。提升速度和旋转速度的相互配合是至关重要的。旋喷或摆喷时，提升速度过慢影响工效，增加耗浆量；旋转速度过快，桩径太小，影响施工质量。它们之间均有较住的相互配合。一般控制在每旋转一转，提升 0.5～1.25cm，这样可使土体破坏，并使土颗粒破坏得较为细而均匀。当为定喷时，只是提升速度与切割沟槽长短及冲切颗粒粗细之间的关系，因而也较好选取。

据目前的国内有关资料，综合实践经验，不同喷射类型的高压喷射灌浆施工工艺技术参数的配合见表5.10。

表5.10　高压喷射灌浆主要工艺技术参数表

项目 \ 喷射类型		单管法	二管法	三管法	
				国内	日本
高压水	水压（MPa）			30～60	20～70
	水量（L/min）			50～70	50～80
压缩气	气压（MPa）		0.7	0.7	0.7
	气量（m^3/min）		1～3	1～3	>1
水泥浆	浆压（MPa）	30	30	0.1～1.0	0.3～4.5
	浆量（L/min）	25～100	50～200	50～80	120～200
提升速度（cm/min）			20～25	5～10	5～40
旋转速度（r/min）			20	20	5～10
摆动角度（°/s）					5～30
喷嘴直径（mm）			2.0～3.2	2.0～3.2	1.8～3.0

任务5.7　高喷灌浆施工程序和工艺

5.7.1　施工程序

施工程序大体分为钻孔、下注浆管、喷射、提升等，如图5.13所示。

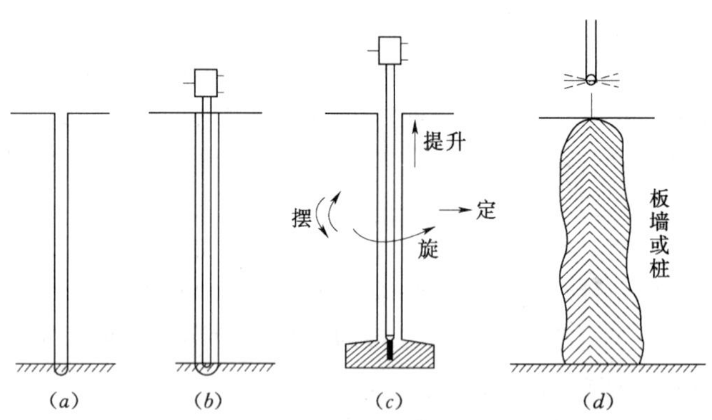

图5.13　施工程序示意图

(a) 钻孔；(b) 下注浆管；(c) 喷射提升；(d) 成桩或成墙

1. 钻孔

首先把钻机对准孔位，用水平尺掌握机身水平，垫稳、垫牢、垫平机架。控制孔位偏差不大于1～2cm。钻孔要深入基岩0.5～1.0m。钻进过程要记录完整，终孔要经值班技

术员签字认可，不得擅自终孔。

严格控制孔斜，孔斜率可根据孔深，经计算确定，以两孔间所形成的防渗凝结体保证结合，不留孔隙为准则。孔深大于 15m 的，以用磨盘钻造孔为好，每钻进 3～5m，用测斜仪量测一次，发现孔斜率超过规定应随时纠正。

2. 下喷射管

将喷射管下放到设计深度，将喷嘴对准喷射方向不准偏斜是关键。用振动钻时，下管与钻孔合为一体进行。为防止喷嘴堵塞，可采用边低压送水、气、浆，边下管的方法，或临时加防护措施，如包扎塑料布或胶布等。

3. 喷射灌浆

当喷射管下到设计深度后，送入合乎要求的水、气、浆，喷射 1～3min；待注入的浆液冒出后，按预定的提升、旋转、摆动速度自下而上边喷射边转动、摆动，边提升直到设计高度，停送水、气、浆，提出喷射管。

喷射灌浆开始后，值班技术人员必须时刻注意检查注浆的流量、气量、压力以及旋、摆、提升速度等参数是否符合设计要求，并且随时做好记录。

4. 清洗

当喷射到设计高度后，喷射完毕，应及时将各管路冲洗干净，不得留有残渣，以防堵塞，尤其是浆液系统更为重要。通常是指浆液换成水进行连续冲洗，直到管路中出现清水为止。

5. 充填

为解决凝结体顶部因浆液析水而出现的凹陷现象，每当喷射结束后，随即在喷射孔内进行静压充填灌浆，直至孔口液面不再下沉为止。

5.7.2 高压喷射灌浆施工流程

高压喷射灌浆施工流程如图 5.14 所示。

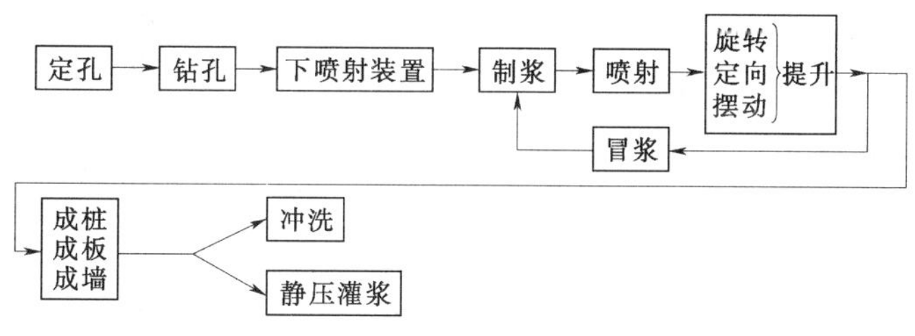

图 5.14 高压喷射灌浆施工流程图

5.7.3 施工工艺

地层的种类和密实度、地下水质、土颗粒的物理化学性质，对高压喷射灌浆凝结体均有不同程度的影响，也可以说，高压喷射灌浆凝结体的形状和性能取决于被处理的地层类别。在施工中，各项工艺参数的配合、选用已由表 5.10 给出，但在实际工程中是比较复杂的，因此要因地制宜，采取恰当的工艺措施。

项目6　振冲碎石桩加固地基

教学目标：（1）能陈述振冲碎石桩的加固原理。

（2）能掌握振冲碎石桩设计的一般原则和方法。

（3）能掌握振冲法的施工程序和工艺。

（4）能掌握质量检验的方法和内容。

项目案例1　振冲碎石桩加固城市防洪堤地基

浙江省临海市城市防洪一期工程灵江江北防洪堤一桥至二桥段地基土层较复杂，以粉质黏土、粉土为主，有一深度不均的淤泥层，天然土体孔隙比大，强度低，地基承载力不高，在此地基上建筑抵御50年一遇洪水标准的防洪堤，必须对地基进行处理。

1. 工程地质

灵江一桥至二桥段土体成分较复杂，主要由以下土层组成：

Ⅰ层：杂填土（rQ）。以碎石和建筑垃圾为主，除局部地段外，沿线均有分布，厚0～2.4m。

$Ⅱ_1$层：粉质黏土（al－mQ_4）：灰黄色—灰色，饱和，软塑，中等压缩性，该层主要分布于桩号3＋420～4＋510，顶板高程3.3～4.0m，厚0～2.1m。

$Ⅱ_2$层：粉质黏土、粉土互层（al－mQ_4）。灰黄色—灰色，饱和。粉质黏土，软塑～可塑；粉土，稍密，中等压缩性。该层主要分布于桩号2＋480～3＋640，顶板高程2.3～5.0，厚0～3.4m。

$Ⅲ_2$层：淤泥质黏土、粉土互层（mQ_4）。青灰色，饱和。淤泥质黏土，软塑—流塑，粉土，稍密，高压缩性，局部粉土含量较高。该层主要分布于桩号2＋880～4＋510，顶板高程0.9～2.0m，厚0～6.5m。

$Ⅲ_3$层：淤泥夹砂、砾石（al－mQ_4）。青灰色，饱和。淤泥，流塑，高压缩性。该层土性混杂，砂、砾石含量及分布极为不均，局部含量较高，砾石直径一般为2～8cm，个别可达15～20cm以上，顶板高程－4.7～2.3m，厚0～7.65m。

$Ⅲ_{sil}$层：淤泥（mQ_4）。青灰色，饱和，流塑，高压缩性，含有机质。该层沿堤基从上游至下游厚度增大，顶板高程－9.4～4.4m，厚0.7～9.4m。

$Ⅲ_{sgr}$层：含砾砂（al－mq）。灰黄色—灰色，稍密—中密，中等压缩性，该层呈透镜体状分布于$Ⅲ_3$和$Ⅲ_j$层中，厚0～5.35m。

Ⅴ层砂砾卵石（al－mQ_4）。灰黄色—灰色，稍密—中密，中等压缩性—低压缩性。顶板高程－15.9～－10.55m。

各土层的物理力学指标见表6.1。

表 6.1 土层物理力学参数

土层名称	ω (%)	γ ($\times10^3$kg/m^3)	e	ω_L (%)	ω_P (%)	α_v (MPa^{-1})	E_s (MPa)	C_{cu} (kPa)	φ_{cu} (°)	f_k (kPa)
杂填土										110
粉质黏土	26.8	1.97	0.76	29.0	18.2	0.29	6.0	20	22	140
粉质黏土粉土互层	36.3	1.83	1.02			0.39	5.3	20	22	90～100
淤泥	57.6	1.67	1.60	51.2	27.1	1.36	1.9	6	12	55
含砾砂		1.95								130～140
淤泥质黏土粉土互层	39.4	1.80	1.10			0.73	3.3	7	20	80～90
淤泥夹砂、砾石		1.85						10	31	90～100
砂砾卵石层		2.05								250～300

2. 地基处理方案研究

根据防洪堤地基土体特性，工程设计单位拟出了三种地基处理方案。A方案上部结构均为框架式，堤顶宽度为6m，防洪堤基础底板宽9m，需做地基处理；B方案底板宽10m，不做地基处理；C方案上部结构为框架式，堤顶宽度为6m，底板宽11m，不做桩基处理。A方案的底板（厚0.8m）下设长16m的钢筋（ϕ600）混凝土（C25）钻孔灌注桩。在地形较狭窄的局部区段采用A方案，可以达到减少征地，确保防洪堤安全稳定的目的，但此方案所需费用较高。

为了论证地基处理方案的可行性，设计方运用改进毕肖普计算方法对上述处理方案的防洪堤稳定性做了计算分析。为了使计算结果符合实际情况，设计方研究了不同浸泡时间下土体强度的变化情况，以及波浪和潮汐作用对土体强度的影响，并将这些研究成果应用于防洪堤稳定分析及地基处理设计研究中。

计算时考虑设计洪水位为10m，选用三轴固结不排水强度，高程6m以上的土体按不同浸泡时间相应折减土体强度。考虑波浪和潮汐作用，土体的强度的变化可以按式（6.1）计算：

$$\frac{(C_u)_{cyclic}}{(C_u)_{NC}}=\frac{1}{\alpha+(1+\alpha)OCR_{eq}} \tag{6.1}$$

式中 $(C_u)_{NC}$——土体的三轴不排水强度；

$(C_u)_{cyclic}$——土体经受循环荷载作用后的三轴不排水强度；

OCR_{eq}——土体的等效超固结比（经受循环荷载作用的土体呈现出类似超固结土体的一些性质，通常用等效超固结比来描述）；

α——土体参数，参照上海地区取值情况，临海城市防洪工程中的Ⅱ2土层取0.72。

综合考虑洪水浸泡和波浪（潮汐）动水荷载作用下防洪堤的稳定情况见表6.2，滑动面情况见图6.1。

表 6.2 不同方案情况下防洪堤稳定情况

设计方案	浸泡时间（h）	滑弧圆心坐标（m）	滑弧半径（m）	安全系数 F_s
A	0	9.611，－5.631	14.231	1.215
	120	9.425，－5.693	14.291	1.201
B	0	7.308，－4.118	12.252	1.262
	120	7.198，－4.067	12.264	1.251
C	0	8.083，－5.081	13.640	1.330
	120	8.749，－6.011	14.562	1.315

由表6.2可知，综合考虑洪水浸泡、波浪和潮汐作用后防洪堤的安全系数不高，不能满足规范要求，故应采取加固措施。

通过对防洪堤地基特点的分析研究，决定采用振冲碎石桩加固地基，以加速土体的固结，提高地基承载力，减小沉降。同时利用提高土体的抗剪强度，从而增强防洪堤抗滑稳定性。

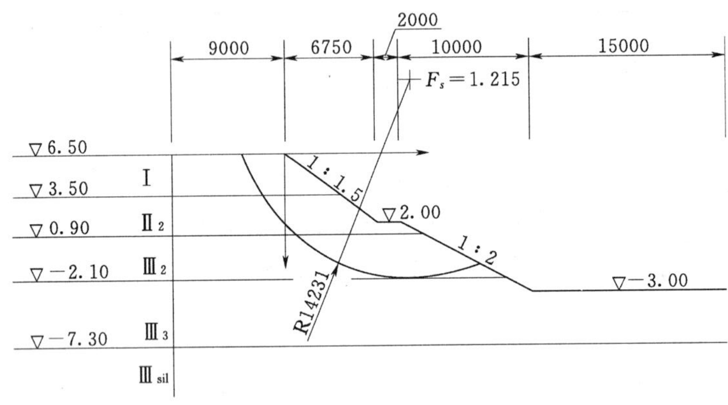

图6.1 A方案抗滑稳定计算示意图（长度单位：mm）

3. 地基处理设计

(1) 桩径。根据复合地基承载力计算，若采用600mm桩径，置换率为0.1256，复合地基承载力117kPa，较低；改用800mm桩径，置换率达到0.2233，复合地基承载力为160kPa，能满足要求，故地基处理设计中应采用800mm桩径的碎石桩。

(2) 桩长设计。根据设计原则，当地基中软土层厚度不大时，桩的长度根据软土层的厚度确定，应穿透软土层至较好土层；当软土层厚度较大时，对于按稳定性控制的建筑物来说，桩的长度应不小于最危险滑动面的深度。根据防洪堤的稳定分析结果（图6.2），最危险滑动面深度：超过Ⅲ$_2$层，原设计桩长为10m，但此时下卧层沉降较大，为15.9cm，总沉降量为23.46cm数值较大。考虑到16m以下即为砂砾石层（持力层），故设计桩长为16m，这样地基总的沉降为14.35cm，为原总沉降的80%。

(3) 桩间距设计。桩间距d为：$d=(1.5\sim3)D$，D为桩直径。对于桩径为800mm的碎石桩，取桩间距1.5m。

(4) 桩平面布置。桩平面布置形状有三角形和正方形，本设计中碎石桩布置为正三

角形。

(5) 复合地基稳定分析。进行复合地基稳定计算时，复合土体综合强度指标可采用面积比法计算。复合土体；聚力和内摩擦角可用下式表示为

$$C_c = C_s\ (1-m)\ + mC_p \tag{6.2}$$

$$\tan\varphi_c - \tan\varphi_s\ (1-m)\ + m\tan\varphi p \tag{6.3}$$

式中 下标 c——复合土体；

下标 S——桩间土；

下标 P——桩体；

下标 m——置换率。

运用复合地基土体的强度指标对方案A、B、C分别进行稳定计算，计算结果见表6.3。由表6.3可知，地基处理后的防洪堤稳定安全系数能满足设计要求，需要说明的是表6.3中安全系数计算时运用了三轴固结不排水强度指标，并考虑了土体浸泡后强度的降低及波浪引起土体强度的降低。

表6.3 振冲碎石桩加固地基后防洪堤稳定计算情况

设计方案	浸泡时间（h）	滑弧圆心坐标（m）	滑弧半径（m）	安全系数 F_s
A	0	9.280，−5.180	13.774	1.355
	120	9.127，−4.971	13.516	1.345
B	0	7.668，−3.840	11.838	1.403
	120	7.508，−3.914	12.040	1.388
C	0	8.469，−4.656	13.124	1.484
	120	8.309，−4.582	12.985	1.469

(6) 复合地基承载力计算。碎石桩长16m，正三角形布置，桩径800mm。

桩截面积：$A = \frac{\pi}{4}\ (0.8)^2 = 0.5\ (m^2)$

置换率：$m = \frac{0.5}{1.5\times1.5} = 0$

$\lambda = \sqrt{\frac{1}{m}} = 2.1162$

碎石桩内摩擦角 φ_p 取38°，则 $\tan\delta_p = \tan\ (45° + \varphi_p/2)\ = \tan64° = 2.05°$

设复合地基的极限承载力为 P_f，桩的极限承载力为 P_{pf}，以下分别采用两种方法计算复合地基的极限承载力。

1) 按《复合地基》中盛崇文（1980）提出的满堂碎石桩情况下复合地基极限承载力计算公式，则有

$$\frac{P_{pf}}{C_u} = \frac{(\lambda+1)}{2}\left(\frac{\delta_s}{C_u} + \frac{\lambda-1}{2\tan\delta_p} + \frac{2\tan\delta_p}{\lambda-1}\right)\tan^2\delta_p$$

$$= 1.5581\ (3 + 0.2722 + 3.6732)\ 2.05^2 = 45.48$$

$$\frac{P_f}{C_u} = \frac{P_{pf}}{C_u}m + \frac{\delta_s}{C_u}\ (1-m)\ = 45.48\times0.2233 + 3\ (1-0.2233)\ = 12.49$$

$$P_f = 12.49 \times 14 = 175 \text{ (kPa)}$$

式中 δ_s——桩间土上作用荷载密度；δ_s/C_u 一般取2～3，视容许变形而定，变形要求高时取3。

2）以面积为权重，按加权平均法计算复合地基承载力，则

$$P_f = mP_{pf} + (1-m)P_{sf} = 0.2233 \times 350 + (1-0.2233) \times 105 = 160 \text{ (kPa)}$$

综合上述研究，复合地基承载力在160～175kPa之间，满足要求。

项目案例2 振冲碎石桩用于穿堤涵闸地基处理

1. 工程概况

引黄入卫工程临清立交穿卫枢纽由右堤外明渠、穿右堤涵闸、右滩明渠、主槽倒虹吸、左滩明渠和穿左滩明渠共六部分组成，工程沿线总长1613.00m。枢纽设计输水量为$75m^3/s$，穿左、右堤涵闸，由进、出口半重力式八字翼墙、三孔一联的整体箱涵洞身和闸室组成，沿线全长均为105.00m。穿左、右堤涵闸在枢纽中的布置、结构设计及工程地质情况基本相同，因此，仅以穿右堤涵闸为例说明地基处理设计。穿右堤涵闸的布置简图见图6.2。

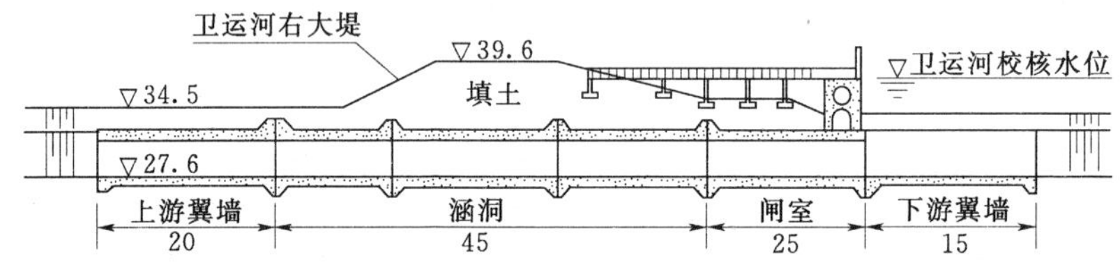

图6.2 穿右堤涵闸布置简图（长度单位：m）

根据穿右堤涵闸的结构布置，进出口八字翼墙和闸室段在各种荷载组合情况下的平均基底压力为120～140kPa，最大基底压力为173kPa，最大基底压力不均匀系数为2.7。

2. 工程地质条件

穿右堤涵闸位于卫运河右大堤上，堤顶高程为39.60m，堤顶宽度为8.0m，大堤内侧边坡为1∶1.5，外侧边坡为1∶2.0，堤底宽度约为50.0m。高程31.9m以上为填筑土，由壤土、砂壤土混杂而成，较密实，校正后标贯击数为16～25击。下部为$Ⅰ_3$层粉砂，校正后标贺击数为9.7～11.2击，该层底板高程约为23.0m，涵闸即坐落于该层中下部。粉砂以下依次为：为$Ⅱ_1$层黏土，$Ⅱ_2$层砂壤土，$Ⅱ_3$层黏土，$Ⅱ_4$层砂壤土，$Ⅱ_5$层壤土等。各土层分布稳定，厚度均一，结构较密实，其物理力学指标见表6.4。

表6.4 穿右堤涵闸地基土物理力学指标

地层代号	岩性	层底高程（m）	密度（$\times10^3kg/m^3$）		抗剪强度		压缩指标		孔隙比	允许承载力（MPa）	渗透系数 K（cm/s）
			天然密度	干密度	C（kPa）	φ（°）	α_{1-2}（MPa）	E_{01-2}（MPa）			
$Ⅰ_1$	砂壤土	29.87～30.84	1.40	1.32			0.18	11	砂壤土	29.87～30.84	14.0
$Ⅰ_3$	粉砂	22.87～23.44	1.84	1.54	0	25	0.15	13	粉砂	22.87～23.44	18.4
$Ⅱ_1$	黏土	20.34～21.15	1.90	1.43	20	10	0.33	6	黏土	20.34～21.15	19.0
$Ⅱ_2$	砂壤土	19.24～20.05	1.96	1.53	0	23	0.18	11	砂壤土	19.24～20.05	19.6

续表

地层代号	岩性	层底高程（m）	密度（$\times10^3$kg/m^3）		抗剪强度		压缩指标		孔隙比	允许承载力（MPa）	渗透系数 K（cm/s）
			天然密度	干密度	C（kPa）	φ（°）	a_{1-2}（MPa）	E_{01-2}（MPa）			
Ⅱ$_3$	黏土	17.99～19.15	1.97	1.58	20	10	0.33	6	黏土	17.99～19.15	19.7
Ⅱ$_4$	砂壤土	17.69～18.35	2.00	1.65	0	23	0.18	11	砂壤土	17.69～18.35	20.0
Ⅱ$_5$	壤土	15.94～15.99	1.95	1.52	10	12	0.28	7	壤土	15.94～15.99	19.5

3. 地基处理设计

从地基土的物理力学指标可以看出，地基土的承载力和压缩性均不能满足建筑物安全运用的要求，为提高地基承载力，减小地基沉降和不均匀沉陷，必须对地基进行处理。根据建筑物基底压力计算成果和各建筑物的运行特点确定地基处理范围为涵闸闸室基础和进出口翼墙基础，见图6.3。

根据工程实际情况，地基处理设计中重点比较了换土垫层法和振冲碎石桩法两种地基处理方法。经分析计算，若采用置换粗砂或碎石垫层，垫层厚度至少需2.0m，所需垫层料较多，因砂或碎石只能从外地购买，且需要大面积的开挖铺填工作量，势必造成施工费用增加和工期延长，因此推荐采用振冲碎石桩加固地基。

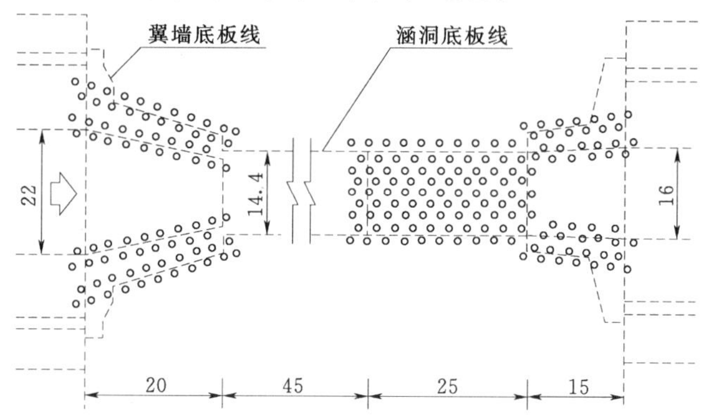

图6.3　穿右堤涵闸振冲桩平面布置图（长度单位：m）

（1）桩径和桩间距。根据国内常用振冲施工机具和施工经验，假定碎石桩成桩桩径为0.8m，为获得最大的重叠加密效果，碎石桩按等边三角形布置。

根据设计要求，穿右堤涵闸地基处理按7度地震设计，要求地基粉砂孔隙比由$e_0=0.72$降到$e_1\leqslant0.6$，相对密度D_r由0.6提高到0.75以上，近似取填料振冲后桩身孔隙比$e_p=e_0$立方米地基要求填料量V_i为

$$V_i=\frac{(1+e_p)(e_0-e_1)}{(1+e_0)(1+e_1)}=0.075\ (\mathrm{m^3/m^3})$$

参考官厅水库坝基细砂层现场振冲试验成果（孔深3m，每孔填料约1m^3），考虑拟定砂孔隙比，设单桩单位桩长所需填料量V_p为0.45m^3/m，则桩间距d可按下式计算

$$d=1.075\sqrt{V_p/V_i}=2.63\ (\mathrm{m})$$

桩间距d实际取为2.5m，桩孔平面布置见图6.3。

(2) 桩孔深度。据国内外文献资料介绍，若是为提高承载力，减小沉降量，孔深不需太深，一般不超过8m，这是因为绝大多数砂土的强度随深度很快增加，压缩性很快减小，国内已施工的工程孔深一般为6～8m。

对于国内常用振冲器如ICQ—Ⅱ型振冲器，当加固深度超过10m时，工效往往大为降低。技术、经济上不合算。

穿右堤涵闸下粉砂层层底高程为22.87～23.44m，其下为黏土层，层底高程为20.34～21.15m，黏土层厚为1.8～3.1m。综合上述各种因素和对地基处理的要求，确定将碎石桩打入粉砂层下的黏土层约1m，因此桩深约为5.1m，见图6.4。

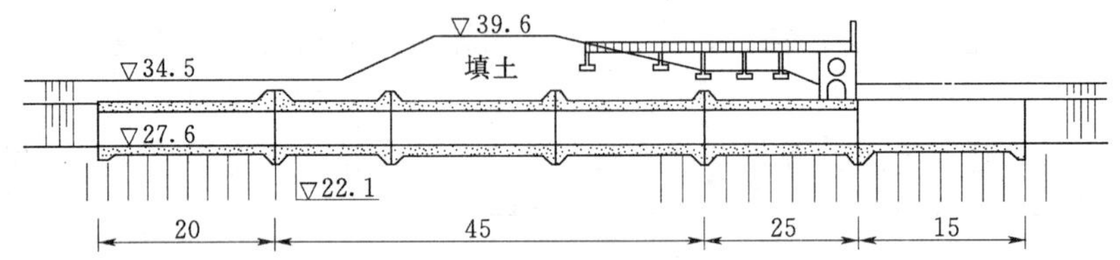

图6.4 穿右堤涵闸振冲桩布置剖面图（长度单位：m）

(3) 复合地基承载力。采用碎石桩处理的复合地基，在荷载作用下的应力应变表现相当复杂，一般在加固后的地基土上做大型或小型静荷载试验确定地基允许承载力。在没有取得试验资料前，本工程采用的是南京水科院盛崇文提出的面积分配法估算地基承载力，即

$$[R_{sp}] = [1+(n-1)m][R_s] = 0.165\ (\text{MPa})$$

式中 $[R_{sp}]$——复合地基允许承载力；

n——桩土应力比，一般$n=3\sim6$，刚度好的基础取大值，刚度差的基础取小值，本工程取$n=5$；m为面积置换率，本工程取$m=0.093$；$[R_s]$为原地基土的允许承载力，本工程取$[R_s]=0.12\text{MPa}$。

为进一步验算复合地基承载力，采用Wong.H.Y.公式计算单桩允许承载力$[R_p]$，即

$$[R_p] = (K_sR_s+2C_uK_s^{1/2})/K_p = 0.101\ (\text{MPa})$$

式中 R_s——作用于地基土表面的垂直压力，取为建筑物最大基底压力0.173MPa；

K_s——地基土的被动土压力系数，$K_s=\tan^2(45°+\varphi_s/2)$，由表6.4知$\varphi_s=25°$；

C_u——地基土的内聚力，由表6.4知$C_u=0$；

K_p——桩体的被动土压力系数，$K_p=\tan^2(45°+\varphi_p/2)$；

φ_p——桩体的内摩擦角（°），对于碎石桩$\varphi_p=35°\sim45°$，多数采用38°。

则复合地基允许承载力$[R_{sp}]$为

$$[R_{sp}] = [R_p]m+R_s(1-m) = 0.166\ (\text{MPa})$$

两种方法求得的地基承载力非常接近，能够满足设计对承载力的要求。

(4) 复合地基沉降量。穿右堤涵闸下各层土分布比较均匀，属中压缩性土层，在受力比较均匀的情况下，不会发生不均匀沉降和沉降量过大问题，特别对主要压缩层为粉砂时，地基沉降量在施工期间可认为基本完成。为评估振冲处理效果，有必要对沉降量进行估算。若对地基土不做处理，涵洞闸室在设计荷载作用下，采用分层总和法计算最终沉降

量，求得压缩层即为粉砂层，最终沉降量经修正后为15.8mm。地基经过振冲处理后，地基沉降量由复合地基沉降量及其下卧压缩土层沉降量组成，复合地基中碎石桩的变形模量远比其周围土层的变形模量大，所以大部分荷载由碎石桩承担，桩间土面上的压力减小，另外由于荷载经复合地基的扩散传播，使振冲桩底部附加应力降低，从而可有效减小地基沉降量。

复合地基沉降量采用下式计算，即

$$S_p=\frac{1-m}{1+(n-1)m}S=10\ (\mathrm{mm})$$

式中 S_p——复合地基沉降量；

S——原地基沉降量。

此值与寿白（Thorbum）总结现场实测沉降经验提出在允许荷载作用下，碎石桩顶部的垂直变形一般为5～9mm的值基本相近。因为碎石桩已穿过粉砂层，复合地基沉降量即认为是最终沉降量。

4. 主要施工技术要求

为有效控制施工质量，提高振冲桩加固效果，参考国内砂基振冲桩施工经验，制定了以下主要施工技术要求。

(1) 填料。每一桩孔的填料量及压实好坏主要取决于填料的颗粒级配、投料入孔的速度以及回水上升速率，其中填料的颗粒级配尤为重要。Brown (1977) 提出用“适宜数”判别填料级配的合适程度，填料级配适宜指数 S_n 按下式计算

$$S_n=1.74\sqrt{\frac{3}{D_{50}^2}+\frac{1}{D_{20}^2}+\frac{1}{D_{10}^2}}$$

式中 D_{50}、D_{20}、D_{10}——颗粒级配曲线上对应50%、20%、10%的颗粒直径，mm。

Brown建议 S_n 不宜大于20。

填料选用用人工碎石，粒径为2～5cm，碎屑及含泥量不超过5%。

(2) 施工程序。木工程加密处理范围较大，为更有效地提高处理后地基的密实度，施工程序要求采用推赶法和单元划分法相结合，工作场面由进口段向出口段推进，各段又分成若干单元，每个单元是闸室地基单元应先施工外圈振冲桩，然后采用隔一排振冲一排的办法。振冲桩顶部1m左右的加密效果一般较差，因此要求基坑挖到设计高程以上0.6m时开始施工振冲桩。全部施工完后再开挖至设计高程并压实。

(3) 要技术参数。振冲加密施工首先将振冲器下沉至设计高程，然后上提一定距离，投料并留振一定时间，连续投料，振密直至完成整孔加密，因此需确定诸如造孔水压、贯入速度、成桩水压、密实时间、上提高度、填料量等施工技术参数。参考国内同类地基施工经验，为指导试验桩以确定具体施工技术参数，提出了如下技术控制参数：造孔水压0.4～0.6MPa；贯入速度0.5～1.0m/min；成桩水压0.15～0.3MPa；密实电流50A；留振时间30～60s；上提高度5m；成桩直径不小于80cm。

任务6.1 概 述

碎石桩是以碎石（卵石）为主要材料制成的复合地基加固桩。在国外，碎石桩和砂

桩、砂石桩、渣土桩等统称为散体桩。即无黏结强度的桩。按制桩工艺区分，碎石桩有振冲（湿法）碎石桩和干法碎石桩两大类。采用振动加水冲的制桩工艺制成的碎石桩称为振冲碎石桩或湿法碎石桩。采用各种无水冲工艺（如干振、振挤、锤击等）制成的碎石桩统称为干法碎石桩。

振动水冲法成桩工艺由德国凯勒公司于1937年首创，用于挤密砂土地基。20世纪60年代初，德国开始采用振冲法加固黏性土地基。我国应用振冲法始于1977年，现已广泛用于水利工程的坝基、涵闸地基及工业与民用建筑地基的加固处理。江苏省江阴市振冲器厂已经正式投产系列振冲器产品供应市场。但是采用振冲法施工时有泥水漫溢地面造成环境污染的缺点，故在城市和已有建筑物地段限制应用。从1980年开始，各种不同的碎石桩施工工艺相应产生，如锤击法、振挤法、干振法、沉管法、振动气冲法、袋装碎石法、强夯碎石桩置换法等。虽然这些方法的施工不同于振冲法，但是同样可以形成密实的碎石桩，所以碎石桩的内涵扩大了，从制桩工艺和桩体材料方面也进行了改进，如在碎石桩中添加适量的水泥和粉煤灰，形成水泥粉煤灰碎石桩（即CFG桩）。因学时及篇幅的限制，本教材主要介绍目前国内水利工程中最为常用的振冲法。

任务6.2　振冲碎石桩的适用范围及优缺点

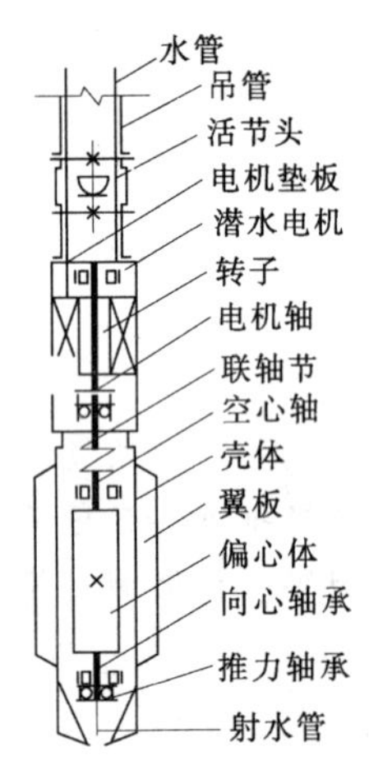

图6.5　振冲器构造

振冲碎石桩是利用振冲器成孔制作的，振冲器构造如图6.5所示。

用起重机吊起振冲器，启动潜水电机后，带动偏心体，使振冲器产生高频振动，同时开动水泵，使高压水通过喷嘴喷射高压水流，在边振动边水冲的综合作用下，将振冲器沉到土中的设计预定深度，经过清孔后，就可从地面向孔中逐段填入碎石，每段填料均在振动作用下逐渐振挤密实，达到所要求的密实度后提升振冲器，如此重复填料和振密，直到设计预定的桩顶或至地面，从而在地基中形成一根大直径的很密实的碎石桩体。振冲器有两大功能：一是产生强烈的水平振动力（几十到几百千牛）作用于周围土体；二是从底端部及侧面进行高压射水。振动力是加固地基的主要因素，射水协助振动力在土中钻进成功，并在成功后实现清孔和护壁。

6.2.1 振冲法的适用范围

振冲法按加固机理可分为两大分支：一是适用于砂基的“振冲密实法”；二是主要适用于黏性土地基的“振冲置换法”。

振冲置换法常指振冲碎石桩（或振冲砂桩）的适用范围为饱和松散粉细砂、中粗砂和砾砂、饱和黄土、杂填土、人工填土、粉土和不排水抗剪强度C_u不小于20kPa的黏性土和软土。但有资料表明，振冲置换法也适用于C_u为15～50kPa的地基土和高地下水位的情况以及C_u<20kPa的一些成功的工程实例。但值得注意的是在软土地区使用时还应慎重对待，要经过现场试验研究后，再予以确定为妥。

振冲密实法适用于处理砂土和粉土地基，不加填料的振冲密实法仅适用于处理黏粒含量小于10%的粗砂、中砂地基。

6.2.2　振冲法的优缺点

振冲法加固松软地基具有以下几方面的优点：

(1) 利用振冲加固地基，施工机具简单、操作方便、施工速度较快，加固质量容易控制，并能适用于不同的土类，目前的施工技术最深可达 30m。

(2) 加固时不需钢材、水泥，仅用碎石、卵石、角砾、圆砾等当地硬质粗粒径材料即可，因而地基加固造价较低，与钢筋混凝土桩相比，一般可节约投资 1/3，具有明显的经济效益。

(3) 在对砂基的加固过程中，通过挤密作用，排水减压并且振动水冲能对松散砂基产生预震作用，对砂基抗震、防止液化具有独到的优越性。在填入软弱地基中，经振冲填以碎石或卵石等粗粒材料，成桩后改变了地基的排水条件，可加速地震时超静孔隙水压力的消散，有利于地基抗震并防止液化，同时能加速桩间土的固结，提高其强度。

(4) 在加固不均匀的天然地基时，在平面和深度范围内，由于地基的振密程度可随地基软硬程度用不同的填料进行调整，同样可取得相同的密实电流，使加固后的地基成为均匀地基，以满足工程对地基不均匀变形的要求。

(5) 振冲器的振动力能直接作用在地基深层软弱土的部位，对软弱土层施加的侧向挤压力大，因而促进地基土密实的效果与其他地基处理方法相比效果更好。

振冲法的缺点如下：

振冲法在施工时，尤其是在黏性土中施工时，排放的污水、污泥量较大，在人口稠密的地区或没有排污泥条件时，使用上受到一定的限制。

任务 6.3　振冲碎石桩的加固机理

无论从施工的角度，还是从加固的原理来看，振冲法均可分为两大分支，因此，其加固原理、设计、施工参数的选择等多方面应分别按“振冲密实”和“振冲置换”两方面来进行讨论。

6.3.1　振冲密实的加固机理

振冲密实（亦称振冲加密或振冲挤密）的加固机理如下：

振冲密实加固砂层的机理简单地来讲，一方面振冲器的强力振动使松砂在振动荷载作用下，颗粒重新排列，体积缩小，变成密砂，或使饱和砂层发生液化，松散的单粒结构的砂土颗粒重新排列，孔隙减小；另一方面，依靠振冲器的重复水平振动力，在加回填料的情况下，还通过填料使砂层挤压加密，所以这一方法被称为振冲密实法。

6.3.2　振冲置换的加固机理

利用一个产生水平向振动的管状设备在高压水流冲击作用下，边振边冲在黏性土地基中成孔，再在孔内分批填入碎石等粗粒径的硬质材料，制成一根一根的桩体，桩体和原来的地基土构成复合地基，和原地基相比，复合地基的承载力高、压缩性小。这种加固技术被称为振冲置换法。

振冲碎石桩加固黏性土地基主要作用是置换作用（或称桩柱作用）、垫层作用、排水固结作用以及加筋作用。

1. 置换作用（或称桩柱作用）

按照一定的间距和分布打设了许多桩体的土层叫做“复合土层”。如果软弱土层不太厚，桩体可以贯穿整个软弱土层，直达相对硬层。亦即复合土层和相对硬层接触，复合土层中的碎石桩在外荷载作用下，其压缩性比桩周黏性土明显小，桩体的压缩模量远比桩间土大，从而使基础传递给复合地基的附加应力随着桩土的等量变形会逐渐集中到桩上来，从而使桩周软土负担的应力相应减小。结果与原地基相比，复合地基的承载力提高，压缩性减小，这就是碎石桩体的应力集中作用（碎石桩在复合地基中即置换了一部分桩间土，又在复合地基中起到桩柱作用），就这一点来说，复合地基犹如钢筋混凝土，而复合地基的桩犹如混凝土中的钢筋。

2. 垫层作用

对于软弱土层较厚的情况，桩体有可能不贯穿整个软弱土层，这样，软弱土层只有部分厚度的土层转换为复合土层，其余部分仍处于天然状态。对这种桩体不打到相对硬层，亦即复合土层与相对硬层不接触的情况，复合土层主要起垫层的作用。

碎石桩是依赖桩周土体的侧向压力保持形状并承受荷重的，承重时桩体产生侧向变形，同时，通过侧向变形将应力传递给周围土体。这样，碎石桩和周围土体一起组成一个刚度较大的人工垫层，该垫层能将基础荷载引起的附加应力向周围横向扩散，使应力分布趋于均匀，从而可提高复合地基的整体承载力。另外，整个碎石桩复合土层对于未经加固的下卧层也起到了垫层的作用，垫层的扩散作用使作用到下卧层上的附加应力减小并趋于均匀，从而使下卧层的附加应力在允许范围之内，这样就提高了地基的整体抵抗力，并减小了地基沉降。这就是垫层的应力扩散和均布的作用。

3. 排水固结作用

振冲置换法形成的复合土层之所以能改善原地基土的力学性质，主要是因为在地基中打设了很多粗粒径材料桩体，如振冲碎石桩。过去有人担心在软弱土中用振冲法制作碎石桩会使原地基土强度降低。诚然，在制桩过程中，由于振动水冲、挤压扰动等作用，地基土中会出现较大的超静孔隙水压力，从而使原地基土的强度降低，但在复合地基完成后，一方面随着时间的推移原地基土的结构强度有所恢复，另一方面，孔隙水压力向桩体转移消散。结果是有效应力增加，强度提高。同时在施加建筑物荷载后，地基土内的超静孔隙水压力能较快地通过碎石桩消散，固结沉降能较快地完成。

对粉质黏土和粉土结构在振冲制桩前后的微观变化进行电镜扫描摄片观察，结果发现振冲前这些土的集粒或颗粒连接以点—点接触为主，振冲后不稳定的点—点接触遭到破坏，形成比较稳定的点—面接触和面—面接触，孔隙减小，孔洞明显变小或消散，颗粒变细，级配变佳，并且，新形成的孔隙条有明显的规律性和方向性。由于这些原因，土的结构趋于密实，稳定性增大，这从微观结构角度证实了黏性土的强度在制桩后会恢复并明显增大。

目前，对振冲法加固黏性土地基（特别是软黏土地基）有不同的认识，焦点在振冲对黏性土强度的影响和碎石桩的排水作用上。对碎石桩的排水性能看法不一，而且，专门性

的研究资料较少。

4. 加筋作用

振冲置换桩有时也用来提高土坡的抗滑能力，这时桩体就像一般阻滑桩那样是用来提高土体的抗剪强度，迫使滑动面远离坡面、向深处转移，这种作用就是类似于干振碎石桩和砂桩的加筋作用。

任务 6.4　振冲碎石桩的设计计算

振冲法从加固原理上分为两大类，则它的设计计算也分别进行。到目前为止，振冲法还没有成熟的设计计算理论，这里提到的只是在现有的工程实践和现有的实测资料上来进行设计计算的。

6.4.1　振冲密实法的设计计算

6.4.1.1　加固范围

砂基振冲密实法的加固范围，一般情况下，如果没有抗液化要求，一般不超出或稍超出基底覆盖的面积；但在地震区有抗液化要求时，应在基础轮廓线外加 2～3 排保护桩，或在基础外缘四周每边放宽不得少于 5m。

6.4.1.2　加固深度

振冲密实法的加固深度应根据松散土层的性能、厚度及工程要求等综合确定，通常遵循以下原则：

（1）如果松软土层厚度不大，则桩体可穿透松软土层，直达相对硬层一定深度。

（2）如果松软土层厚度较大，对于按变形控制的工程，加固深度应满足碎石桩复合地基加固后的变形值不超过建筑物地基变形允许值的要求；对按稳定性控制的工程，加固深度应不小于最危险滑动面的深度；对于可能液化的砂基，桩长必须大于液化土层的埋藏深度。

（3）一般桩长不宜短于 4m。

6.4.1.3　孔位布置和间距

对于大面积的地基加固宜采用正方形或正三角形布桩；对于独立、条形基础宜采用矩形、正方形或等腰三角形布桩；对于圆形或环形基础宜用放射状布桩（即径向等间距，环向则应内环密外环稀）。振冲密实法的孔距视砂土的颗粒组成、密实要求、振动器功率、地下水位等因素而定。砂基的粒径越小，密实要求越高，则间距越小。

（1）由现场试验确定：由于确定孔距的影响因素较多，在没有可靠的设计依据的情况下，最好通过现场试验确定。特别是对于大型或重要工程，应通过现场试验确定孔距、填料数量及施工工艺等参数。

（2）根据振冲器功率确定：从工程统计资料和加固机理的分析来看，用 30kW 的振冲器，孔距一般为 1.8～2.5m；若使用 75kW 大型振冲器，孔距可加大到 2.5～3.5m。从工程实践经验可知，对大面积处理，75kW 振冲器的挤密影响范围大，单孔控制面积较大，因而具有较高的经济效益。

（3）根据填料量估算：振冲法加密砂土地基，可根据地基单位土体回填料数量估算加

密以后地基的相对密度。按下面两式计算

$$V_i=\frac{(1+e_p)\ (e_0-e_1)}{(1+e_0)\ (1+e_1)} \tag{6.4}$$

$$e_1=\frac{\beta l^2\ (H\pm h)}{\frac{\beta l^2 H}{1+e_0}+\frac{V}{1+e_1}}-1 \tag{6.5}$$

式中 V_i——地基单位体积填料量，m^3/m^3；

e_0——原地基的天然孔隙比；

e_p——所用砂或填料振冲密实后桩身的孔隙比；

e_1——地基加密后要求达到的孔隙比；

β——面积系数，正方形布孔时，为1.0，正三角形布孔时，为0.866；

l——振冲孔的间距，m；

H——加固土层的厚度，即桩长，m；

h——地表隆起（+）或沉降（-）量，m；

V——每个振冲孔的填料量，m^3。

设计大面积砂层挤密处理时，振冲孔间距也可按下式计算

$$l=\alpha\sqrt{V_p/V_i} \tag{6.6}$$

式中 l——振冲孔的间距，m；

α——系数，正方形布孔时为1.0，等边三角形布孔时为1.075；

V_p——单位桩长的填料量，m^3/m；

V_i——原地基为达到规定的密实度，单位体积所需的填料量，m^3/m^3，可按式（6.4）计算。

需要指出的是，采用上述方法时要考虑振冲过程中随返水带出的泥沙量。这个数量是难以准确测定的。实用上可将计算的填料量乘以扩大系数（一般为1.1～1.3），中粗砂地基取低值，粉细砂地基取高值。

6.4.1.4 承载力和变形计算

1. 承载力计算

复合地基承载力标准值应按现场复合地基静荷载试验确定，如无静载荷试验资料时，也可以按照单桩和桩间土的静载荷试验按下式确定。

$$f_{sp,k}=mf_{p,k}+(1-m)\ f_{s,k} \tag{6.7}$$

式中 $f_{sp,k}$——复合地基承载力标准值，kPa；

$f_{p,k}$——桩体单位面积承载力标准值，kPa；

$f_{s,k}$——桩间土承载力标准值，kPa；

m——面积置换率，由式（6.8）计算

$$m=d^2/d_e^2 \tag{6.8}$$

式中 d——碎石桩的直径，m；

d_e——等效影响圆的直径，m，等边三角形布桩时取 $d_e=1.051$，正方形布桩时取 $d_e=1.13z$，矩形布桩时取 $d_e=1.13\sqrt{l_1l_2}$，其中 l_1、l_2 分别为桩的纵向间距

和横向间距（m）。

2. 变形计算

振冲密实法处理后地基的变形计算，应按国家标准《建筑地基基础设计规范》（GBJ 7—89）的有关规定执行（即分层总和法计算变形）。复合土层的压缩模量可按下式计算

$$E_{sp}=[1+m(n-1)]E_s \tag{6.9}$$

式中　E_{sp}——复合土层的压缩模量，MPa；

E_s——桩间土的压缩模量，MPa；

n——桩土应力比，在无实测资料时，砂土地基取 $n=1.5\sim3$，原地基强度高时取小值，原土强度低时，取大值。

6.4.1.5　振冲挤密法适用的土类

振冲挤密法适用的土质主要为砂土类，从粉砂到含砾粗砂，只要小于0.0074mm的细粒含量小于10%都可得到显著的加密效果，当黏粒含量超过20%，几乎没有加密效果。

6.4.1.6　填料的选择

填料多用粗粒料，如粗（砾）砂、角（圆）砾、碎（卵）石、矿渣等硬质无黏性材料，粒径为0.5～5cm，一般没有严格要求，理论上讲填料粒径越粗，加密效果越好。但不宜用单级配料，卵石可用自然级配。使用30kW的振冲器时，填料的最大粒径宜在5cm以内，如果填料的多数颗粒粒径大于5cm，容易在孔中发生长料现象，影响施工进度。使用75kW功率的振冲器时，最大粒径可放宽到10cm。填料中含泥量不宜超过10%。

6.4.2　振冲置换法的设计计算

黏性地基土中用的振冲置换法的设计原则与砂类土中用的振冲挤密法的设计原则基本相同，但前者比后者要复杂一些。振冲密实法使砂土地基加密以后，桩间土一般就可以满足上部荷载的要求，同时砂类土地基沉降变形小，因此只需考虑基础内砂土加密效果即可。而在黏性土、软土地基进行振冲置换法，主要依靠制成的碎石桩提高地基强度，不但要考虑碎石桩的承载力，还要考虑置换率使复合地基满足要求。软黏土地基经振冲置换后，仍有较大的沉降量，设计计算时还要考虑建筑物沉降的要求等，特别要考虑相邻建筑物引起的沉降要满足规范和设计要求。振冲置换加固设计，目前还处在半理论半经验状态，这是因为一些设计计算都不成熟，也只能凭经验确定。因此对重要工程或地层条件复杂的工程，应在现场进行试验，根据现场试验获取的资料修改设计，制定施工工艺及要求等。

设计内容包括加固范围，加固深度，桩位布置和间距、桩径、承载力计算，复合地基沉降计算，表层处理垫层的设置，桩体材料选择。设计计算中的几个重要参数有桩身材料的内摩擦角、原地基土的不排水抗剪强度、原地基土的沉降模量。

任务6.5　振冲碎石桩的施工

6.5.1　施工机具

振冲法施工的主要机具包括振冲器、起重设备（用来操作振冲器）、供水泵、填料设备、电控系统以及配套使用的排浆泵电缆、胶管和修理机具。

1. 振冲器及其组成部件

国内常用振冲器型号及技术参数见表6.5，施工时应根据地质条件和设计要求选用。振冲器的工作原理是利用电机旋转一组偏心块产生一定频率和振幅的水平向振动力，压力水通过竖心空轴从振冲器下端的喷水口喷出。振冲器的构造见图6.4。

表6.5　国产振冲器的主要技术参数

项目 \ 型号		ZCQ－13	ZCQ－30	ZCQ－55	BL－75
潜水电机	功率（kW）	13	30	55	75
	转数（r/min）	1450	1450	1450	1450
振动体	偏心距（cm）	5.2	5.7	7.0	7.2
	激振力（kN）	35	90	200	160
	振幅（mm）	4.2	5.0	6.0	3.5
	加速度（g）	4.3	12	14	10
振冲器外径（mm）		274	351	450	427
全长（mm）		1600	1935	2500	3000
总重（kg）		780	940	1600	2050

（1）电动机（驱动器）。振冲器常在地下水位以下使用，多采用潜水电机，如果桩长较短（一般小于8m），振冲器的贯入深度也浅，这时可将普通电机装在顶端使用。

（2）振动器。内部装有偏心块和转动轴，用弹性联轴器与电动机连接。

（3）通水管。国内30kW和55kW振冲器通水管穿过潜水电机转轴及振动器偏心轴。75kW振冲器水道通过电机和振动器侧壁到达下端。

2. 振冲器的振动参数

（1）振动频率。振冲器迫使桩间土颗粒振动，使土颗粒产生相对位移，达到最佳密实效果。最佳密实效果发生在土颗粒振动和强迫振动处于共振状态的情况下，一些土的振动频率见表6.6。目前国产振冲器所选用的电机转速为1450r/min，接近最佳密实效果频率。

表6.6　部分土的自振频率

土　质	砂土	疏松填土	紧密良好级配砂	极密良好级配砂	紧密矿渣	紧密角砾
自振频率（r/min）	1040	1146	1146	1602	1278	1686

（2）加速度。只有当振动加速度达到一定值时，振冲器才开始加密土。功率为13kW、30kW、55kw和75kW的国产振冲器的加速度分别为4.3g、12g、14g和10g。

（3）振幅。在相同的振动时间内，振幅越大，加密效果越好。但振幅过大或过小，均不利于加密土体，国产振冲器的振幅在10mm以内。

（4）振冲器和电机的匹配。振冲器和电机匹配得好，振冲器的使用效率就高，适用性就强。

3. 起吊设备

起吊设备是用来操作振冲器的，起吊设备可用汽车吊、履带吊，或自行井架式专用平

车。起吊30kW振冲器的吊机的起吊力应大于100kN，75kW振冲器所需起吊力应大于100～200kN，即振冲器的总重量乘以一个5左右的扩大系数，即可确定起吊设备的起吊力。起吊高度必须大于加固深度。

4. 供水泵

供水泵要求压力为0.5～1.0MPa，供水量达$20m^3/h$左右。

5. 填料设备

填料设备常用装载机、柴油小翻斗车和人力车。30kW振冲器应配以$0.5m^3$以上的装载机；75kW振冲器应配以$1.0m^3$以上的装载机为宜。如填料采用柴油小翻斗车或人力车，可根据填料情况确定其数量。

6. 电控系统

施工现场应配有380V的工业电源。若用发电机供电，发电机的输出功率要大于振冲器电机额定功率的1.5～2倍，例如，一台30kW振冲器需配48～60kW柴油发电机一台。

7. 排浆泵

排浆泵应根据排浆量和排浆距离选用合适的排污泵。

6.5.2　桩体材料

桩体材料可以就地取材，凡含泥量不大的碎石、卵石、含石砾砂、角砾、圆砾、优质矿渣、碎砖等硬质无黏性材料均可利用。桩体材料的最大粒径与振冲的外径和功率有关。一般最本粒径不宜大于8cm，对碎石常用的粒径为2～5cm。关于级配没有特别严格的要求。

整个工程需要的总填料量为

$$V=\mu N V_p L \tag{6.10}$$

式中　L——桩长，m；

V_p——每米桩体所需的填料量，m^3/m；

μ——充盈系数，一般$\mu=1.1\sim1.2$；

N——整个工程的总桩数。

V_p与地基土的抗剪强度和振冲器的振动力大小有关，桩的直径与V_p密切相关（见设计参数中桩径的确定部分）。对软黏土地基，用30kW振冲器制桩，$V_p=0.6\sim0.8m^3$，这里指的是虚方。

6.5.3　施工顺序

振冲碎石桩的施工顺序取决于地基条件和碎石桩的设计布置情况，主要有以下几种：

1. 由里向外法

这种施工顺序适用于原地基较好的情况，可避免在由外向内施工顺序时造成中心区成孔困难。

2. 排桩法

根据布桩平面从一端轴线开始，依照相邻桩位顺序成桩到另一端结束。此种施工顺序对各种布桩均可采用，施工时不易错漏桩位，但桩位较密的桩体容易产生倾斜，对这种情况也可采用隔行或隔桩跳打的办法施工。

3. 由外向里法

这种施工顺序也称帷幕法，特别适合于地基强度较低的大面积满堂布桩的工程。施工时先将布桩区四周的外围2～3排桩完成，内层采用隔一圈成一圈的跳打办法，逐渐向中心区收缩。外围完成的桩可限制内圈成桩时土的挤出，加固效果良好，并且节省填料。采用此施工法可使桩布置的稀疏一些。

6.5.4　施工方法与工艺

振冲施工法按填料方法的不同，可分为以下几种。

1. 间接填料法

成孔后把振冲器提出孔口，直接往孔内倒入一批填料，然后再下降振冲器使填料振密。每次填料都这样反复进行，直到全孔结束。间接填料法的施工步骤如下：

(1) 振冲器对准桩位。

(2) 振冲成孔。

(3) 将振冲器提出孔口，向桩孔内填料（每次填料的高度限制在0.8～1.0m）。

(4) 将振冲器再次放入孔内，将填料振实。

(5) 重复步骤(3)、(4)，直到整根桩制作完毕。

2. 连续填料法

连续填料法是将间断填料法中的填料和振密合并为一步来做，即一边缓慢提升振冲器(不提出孔口)，一边向孔中填料。连续填料法的成桩步骤如下：

(1) 振冲器对准桩位。

(2) 振冲成孔。

(3) 振冲器在孔底留振。

(4) 从孔口不断填料，边填边振，直至密实。

(5) 上提振冲器（上提距离约为振冲器锥头的长度，即约为0.3～0.5m）继续振密、填料，直至密实。

(6) 重复步骤(5)，直到整根桩制作完毕。

3. 综合填料法

综合填料法相当于前两种填料施工法的组合。该种施工方法是第一次填料、振密过程采用的是间断填料法，即成孔后将振冲器提出孔口，填一次料后，然后下降振冲器，使填料振密。之后，就采用连续填料法，即第一批填料后，振冲器不提出孔口，只是边填边振。综合填料法的施工步骤如下：

(1) 振冲器对准桩位。

(2) 振冲成孔。

(3) 将振冲器提出孔口，向桩孔内填料（填料高度在0.8～1.0m）。

(4) 将振冲器再次放入孔内，将石料压入桩底振密。

(5) 连续不断地向孔内填料，边填边振，达到密实后，将振冲器缓慢上提，继续振冲，达到密实后，再向上提。如此反复操作，直到整根桩制作完毕。

4. 先护壁后制桩法

这种制桩法适用于软土层施工。在成孔时，不要一下子到达深度，而是先到达软土层

上部范围内，将振冲器提出孔口，加一批填料，然后下沉振冲器，将这批填料挤入孔壁，这样就可把这段软土层的孔壁加强，以防塌孔。然后使振冲器下降到下一段软土层中，用同样的方法填料护壁。如此反复进行，直到设计深度。孔壁护好后，就可按前述三种方法中的任意一种进行填料制桩了。

5. 不加填料法

对于疏松的中粗砂地基，由于振冲器提升后孔壁极易坍塌，可利用中粗砂本身的塌落代替外加填料，自由填满下面的孔洞，从而可以不加填料就可以振密。这种施工方法特别适用于处理人工回填或吹填的大面积砂层。该法的施工步骤如下：

(1) 振冲器对准桩位。

(2) 振冲成孔。

(3) 振冲器达到设计深度后，在孔底不停振冲。

(4) 利用振冲器的强力振动和喷水，使孔内振冲器周围和上部砂土逐步塌陷，并被振密。

(5) 上提一次振冲器（每次上提高度0.3～0.5m），保持连续不停地振冲。

(6) 按上述步骤(4)、(5)反复，由下而上逐段振密，直至桩顶设计高程。

6.5.5　施工步骤及其注意事项

1. 振冲定位

吊机起吊振冲器对准桩位（误差应小于10cm），开启供水泵，水压可用400～600kPa、水量可用200～400L/min，待振冲器下端喷水口出水后，开通电源，启动振冲器，检查水压、电压和振冲器的空载电流是否正常。

2. 振冲成孔

启动施工车或吊车的卷扬机下放振冲器，使其以1～2m/min的速度徐徐贯入土中。造孔过程应保持振冲器呈悬垂状态，以保证垂直成孔。注意在振冲器下沉过程中的电流值不超过电机的额定电流值，万一超过，需减速下沉或暂停下沉或向上提升一段距离，借助高压水松动土层后，电流值下降到电机的额定电流以内时再进行下沉。在开孔过程中，要记录振冲器各深度的电流值和时间。电流值的变化能定性地反映出土的强度变化，若孔口不返水，应加大供水量，并记录造孔的电流值、造孔的速度及返水的情况。

3. 留振时间和上拔速度

当振冲达到设计深度后，对振冲密实法，可在这一深度上留振30s，将水压和水量降至孔口有一定量回水但无大量细小颗粒带走的程度。如遇中部硬夹层，应适当通孔，每深入1m应停留扩孔5～10s，达到深度后，振冲器再往返1～2次进行扩孔。对连续填料法振冲器留在孔底以上30～50cm处准备填料；间断填料法可将振冲器提出孔口，提升速度可在5～6m/min。对振冲置换法，成孔后要留有一定的时间清孔。

4. 清孔

成孔后，若返水中含泥量较高或孔口被泥淤堵以及孔中有强度较高的黏性土，导致成孔直径小时，一般需清孔。即把振冲器提出孔口，然后重复步骤(2)、(3) 1～2遍，借助于循环水使孔内泥浆变稀，清除孔内泥土，保证填料畅通，最后，将振冲器停留在加固深度以上30～50cm处准备填料。

5. 填料

采用连续填料法施工时，振冲器成孔后应停留在设计加固深度以上30～50cm处，向孔内不断填料，并在整个制桩过程中石料均处于满孔状态；采用间断填料时，应将振冲器提出孔口，每往孔内倒0.15～0.50m^{3}石料，振冲器下降至填料中振捣一次。如此反复，直到制桩完成。

6. 制桩结束

制桩加固至桩顶设计高程以上0.5～1.0m时，先停止振冲器运转，再停止供水泵，这样一根桩就完成了。

6.5.6 表层处理

在全部桩施工完毕后，由于桩顶约1.0m范围内的桩身质量不易保证，一般情况下对振冲密实法加固砂土地基，进行表层处理即可做基础。对振冲置换法加固黏性土地基，除需进行表层处理外，常在桩顶和基础之间做30～50cm厚的碎石垫层。

项目7 灌注桩处理地基

教学目标：（1）熟悉桩基础的类型、受力特点及构造。

（2）能正确采用常见桩基础施工的一般技术，选择施工机械设备，编写施工方案。

（3）能陈述桩基础质量检测的方法与验收。

任务7.1 桩基础基本知识

桩基础又称桩基，是一种常用的基础形式。当采用天然地基浅基础不能满足建筑物对地基变形和强度要求时，可以利用下部坚硬土层或岩层作为基础的持力层而设计成深基础，其中较为常用的为桩基础。

7.1.1 桩基础的作用及适用范围

桩基础由置于土中的桩身和承接上部结构的承台两部分组成（图7.1）。桩基础的主要作用是将上部结构的荷载通过桩身与桩端传递到深处承载力较大的坚硬土层或岩石上。

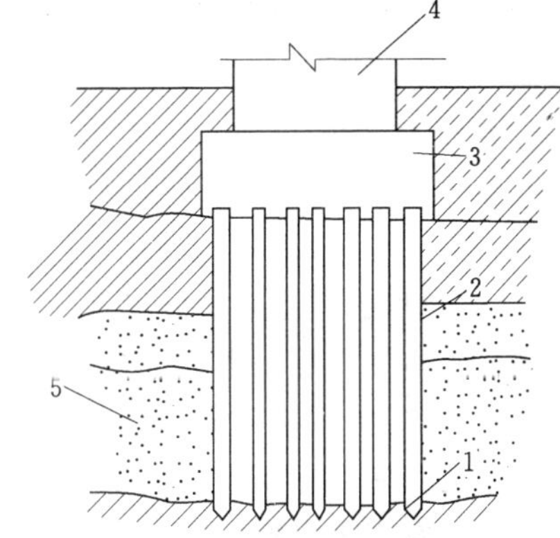

图7.1 桩基础示意图

1—持力层；2—桩；3—桩基承台；4—上部建筑物；5—软弱层

桩基础作为一种深基础，它具有承载力高，稳定性好，沉降量小而均匀，沉降稳定快，良好的抗震性能等特性，因此在各类建筑工程中得到广泛应用，尤其适用于建造在软弱地基上的各类建（构）筑物。桩基一般可用于以下几种情况：

（1）用于荷载大、对沉降要求严格限制的建筑物，如高层房屋建筑和大型建筑等。

（2）用于地面堆载过大的单层工业厂房及露天栈桥、仓库等建筑物。

（3）用于解决相邻建（构）筑物因地基沉降而产生的相互影响问题。

（4）用于对限制倾斜量有特殊要求的建（构）筑物，如电视塔、烟囱等。

（5）用于活载占较大比例的建（构）筑物，如筒仓、油库等。

（6）用于配备重级工作制吊车的单层厂房，如冶金厂房等。

（7）作为抗地震液化和处理地震区软弱地基的措施。

（8）有时用于重大或精密机械设备的基础，或用于动力机械基础以降低基础振幅。

（9）用于临水岸坡的水工建筑物基础，如码头、采油平台等。

7.1.2 桩基础的类型

7.1.2.1 按承载性状分类

1. 摩擦型桩

摩擦型桩又可分为摩擦桩和端承摩擦桩。摩擦桩是指桩顶荷载由桩侧阻力承受；端承摩擦桩是指桩顶荷载主要由桩侧阻力承受。

2. 端承型桩

端承型桩又可分为端承桩和摩擦端承桩。端承桩是指桩顶荷载由桩端阻力承受；摩擦端承桩是指桩顶荷载主要由桩端阻力承受。

7.1.2.2 按桩身材料分类

1. 混凝土桩

混凝土桩是由钢筋和混凝土制作成的桩。它坚固耐久，不受地下水和潮湿环境变化的影响，可做成各种需要的断面和长度，而且能承受较大的荷载，在建筑工程中应用较广。

2. 钢桩

按截面形式分为钢管桩和H型钢桩两种。在我国沿海及内陆冲积平原地区，土质常为很厚的软土层，深达50～60m。当上部结构荷载较大时，这类地基常不能直接作为持力层，而低压缩性持力层又很深，如采用一般桩基，沉桩时必须采用冲击力很大的混凝土桩，为此多选用钢管桩加固地基。因此，钢管桩在国内外都得到了较广泛的应用。H型钢桩系采用钢厂生产的热轧H型钢打入土中形成的桩基础。这种桩在较软的土层中应用较多，除用于建筑物桩基外，还可用作基坑支护的立柱，还可拼成组合桩以承受更大的荷载。

3. 组合材料桩

组合材料桩是指用两种材料组合而成的桩，如钢管桩内填充混凝土，或上部为钢管桩下部为混凝土等形式的组合桩。

7.1.2.3 按桩的施工方法分类

按桩的施工方法分类，可分为预制桩和灌注桩两种。

7.1.2.4 按成桩方法分类

大量工程实践证明，成桩挤土效应（对土体有挤密作用）对桩的承载力、成桩质量控制、环境等有很大影响。因此，根据成桩方法和成桩的挤土效应，将桩分为三类。

1. 非挤土桩

在成桩过程中，将与桩体积相同的土挖出，因而桩周围的土很少受到扰动，如干作业法成桩、泥浆护壁法成桩、套管护壁法成桩。

2. 部分挤土桩

在成桩过程中，桩周围的土仅受到轻微的扰动，土的原状结构和工程性质没有明显变化，如部分挤土灌注桩（钻孔灌注桩、局部复打桩）、预钻孔打入式预制桩、打人式敞口桩。

3. 挤土桩

在成桩过程中，桩周围的土被挤密或挤开，因而使桩周围的土受到严重扰动，土的原状结构遭到破坏，土的工程性质发生很大变化，如挤土灌注桩（沉管灌注桩）、挤土预制桩（打入或静压）等。

7.1.2.5 按桩的使用功能分类

根据桩在使用状态下的抗力性能和工作机理，分为以下几种：

（1）竖向抗压桩。竖向抗压桩主要承受竖向下压荷载（竖向荷载）的桩，应进行竖向承载力计算。

（2）竖向抗拔桩。竖向抗拔桩是指主要承受竖向上拔荷载的桩，应进行桩身强度和抗裂计算以及抗拔承载力计算。

（3）水平受荷桩。水平受荷桩是指主要承受水平荷载的桩，应进行桩身强度和抗裂验算以及水平承载力和位移验算。

（4）复合受荷桩。复合受荷桩是指承受竖向、水平荷载均较大的桩，应按竖向抗压桩及水平受荷桩的要求进行验算。

任务 7.2 预制钢筋混凝土桩施工

钢筋混凝土预制桩是建筑工程中最常用的一种桩型。分为实心桩和管桩两种。为了便于预制，实心桩断面大多做成方形。断面尺寸一般为 200mm×200mm～600mm×600mm（图 7.2）。单节桩的最大长度，根据打桩架的高度而定，一般在 27m 以内。当长桩受运输条件和桩架高度限制时，可以将桩预制成几段，在打桩过程中逐段接长。混凝土管桩为中空，一般在预制厂用离心法成型，常用桩径 300mm、400mm、550mm（外径）。

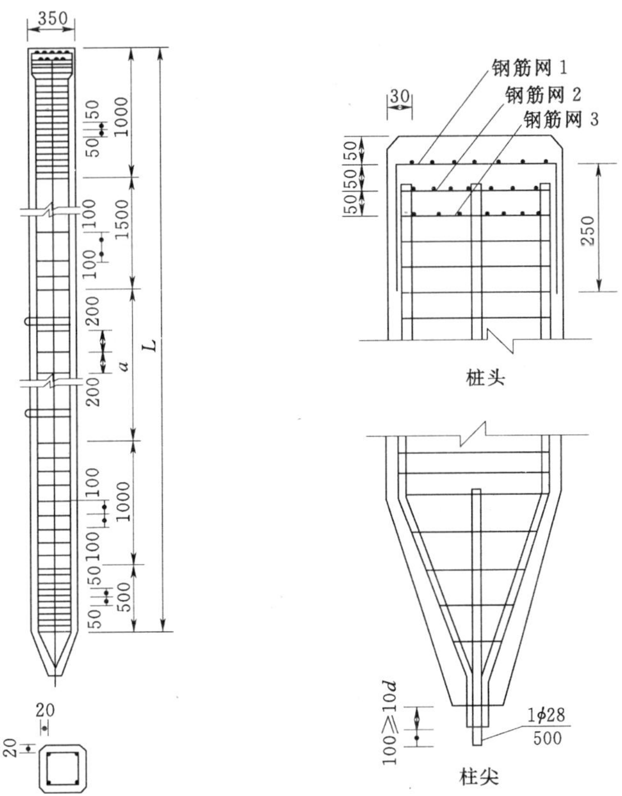

图 7.2 混凝土预制桩

7.2.1 桩的制作、起吊、运输、堆放

7.2.1.1 桩的制作

1. 制作方法

通常较短的桩多在预制厂生产；较长的桩一般在打桩现场附近或打桩现场就地预制。现场预制桩多用重叠间隔法制作（图7.3）。制作程序为：现场布置→场地地基处理、整平→浇筑场地地坪混凝土→支模一绑扎钢筋骨架、安设吊环→浇筑混凝土→养护至30%强度拆模→支间隔端头模板、刷隔离剂、绑钢筋→浇筑间隔桩混凝土→同样的方法重叠间隔制作第二层桩→养护至75%强度起吊→达100%强度后运输、堆放。

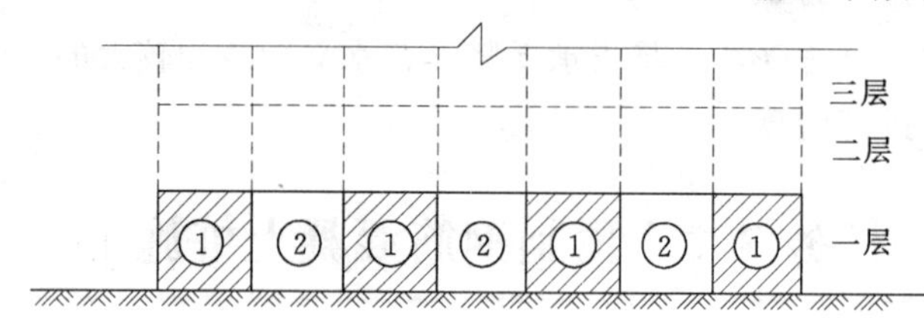

图7.3 重叠间隔制桩示意图

现场预制多采用工具式木模板或钢模板，支在坚实、平整的混凝土地坪上，模板应平整、牢靠、尺寸准确。用重叠间隔法生产，重叠层数一般不宜超过4层。制作第一层桩时，先间隔制作第一层的第一批桩（图7.3的编号①），待混凝土强度达到设计强度的30%后，用第一批完成的桩做侧模板，制作第二批桩（图7.3的编号②），待下层桩混凝土强度达到设计强度的30%时，用同样的方法制作上一层桩。桩分节制作时，单节长度的确定，应满足桩架的有效高度、制作场地条件、运输与装卸能力等方面的要求。桩中的钢筋应严格保证位置的正确，钢筋骨架主筋连接宜采用对焊或电弧焊。预制桩的混凝土强度等级应不低于C30，宜用机械搅拌、振捣，混凝土浇筑由桩顶向桩尖连续浇筑、捣实，一次完成。制作完后，应覆盖洒水养护不少于7d；若用蒸汽养护，在蒸养后，还应适当进行自然养护，30d才能使用。

2. 质量要求

制作桩时，应做好浇筑日期、混凝土强度、外观质量检查等记录，以备验收时查用。桩制作的质量，除了应符合预制桩制作允许偏差外，还应符合下列规定：

(1) 桩的表面应平整、密实，掉角的深度不应超过10mm，且局部蜂窝和掉角的缺陷总面积不得超过该桩表面全部面积的0.5%，并不得过分集中。

(2) 由于混凝土收缩产生的裂缝，深度不得大于20mm，宽度不得大于0.25mm；横向裂缝长度不得超过边长的一半（管桩、多角形桩不得超过直径或对角线的1/2）。

(3) 桩顶或桩尖处不得有蜂窝、麻面、裂缝和掉角。

7.2.1.2 桩的起吊、运输、堆放

1. 桩的起吊

混凝土预制桩达到设计强度等级的75%后方可起吊，如提前吊运，必须验算合格。

桩在起吊和搬运时，吊点应符合设计规定，如无吊环，设计又未作规定时，可按图7.4所示位置设置吊点起吊。捆绑时吊索与桩之间应加衬垫，以免损坏棱角。起吊时应平

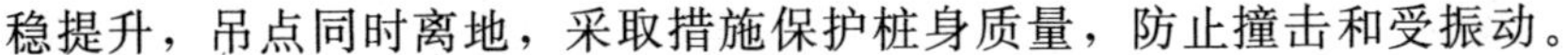

稳提升，吊点同时离地，采取措施保护桩身质量，防止撞击和受振动。

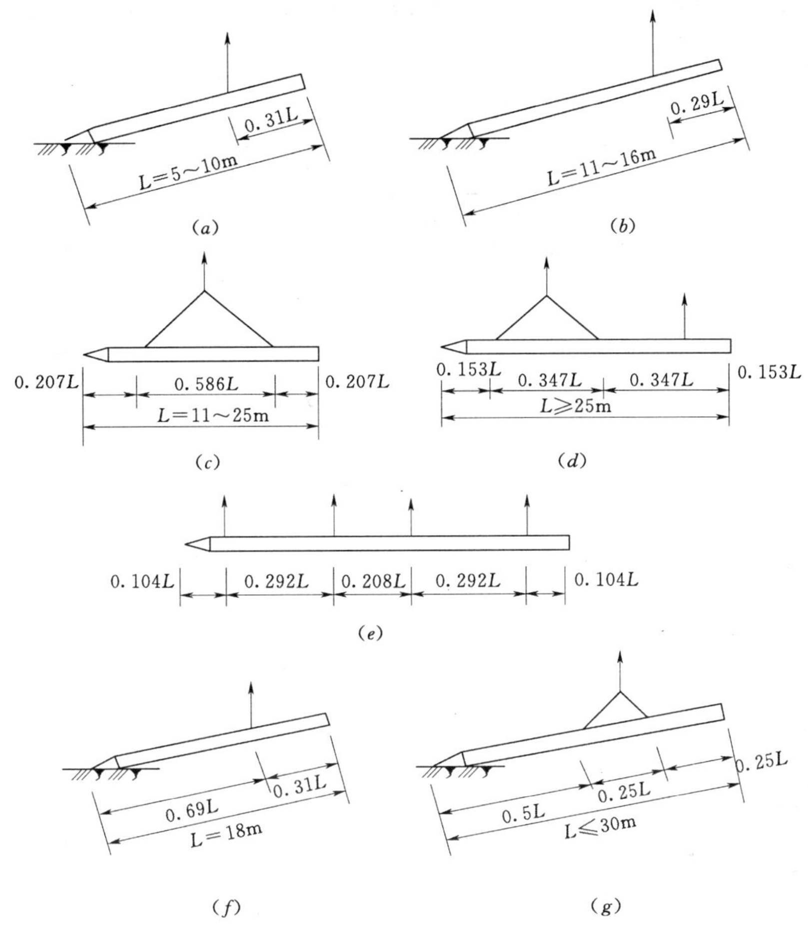

图 7.4　预制桩吊点位置

(a)、(b) 一点吊法；(c) 二点吊法；(d) 二点吊法；(e) 二点吊法；(f) 预应力管桩一点吊法；(g) 预应力管桩二点吊法

2. 桩的运输和堆放

桩运输时的强度应达到设计强度标准值的 100%。长桩运输可采用平板拖车；短桩运输可采用载重汽车或轻轨平板车运输。运行时要做到行车平稳，防止碰撞和冲击。桩的堆放场地要平整、坚实、排水通畅。垫木间距应根据吊点确定，各层垫木应位于同一垂直线上。最下层垫木应适当加宽，堆放层数不宜超过 4 层。不同规格的桩应分别堆放。

7.2.2　打桩设备及选择

打桩机械设备主要包括桩锤、桩架、动力设备三部分。

(1) 桩锤。对桩施加冲击力，将桩打入土中。

(2) 桩架。支持桩身和桩锤，将桩吊到打桩位置，并在打入过程中引导桩的方向，保证桩锤沿着所要求的方向冲击。

(3) 动力设备。包括启动桩锤用的动力设施，如卷扬机、锅炉、空气压缩机等。

1. 桩锤选择

常用的桩锤有落锤、蒸汽锤、柴油锤和振动锤等（图 7.5）。

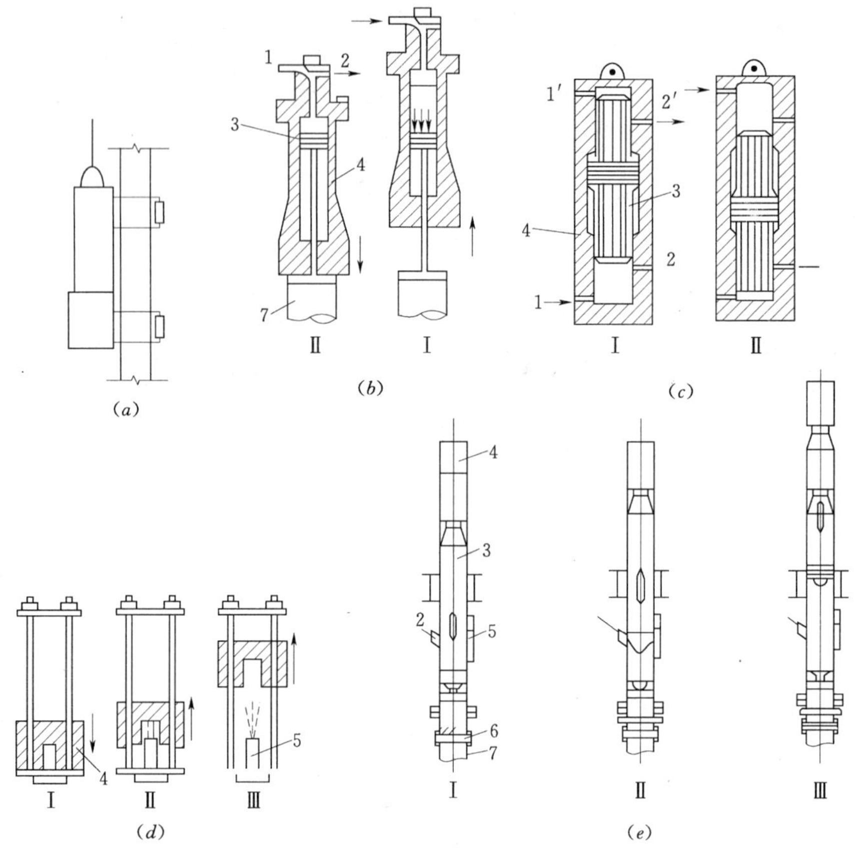

图 7.5　各种桩锤示意图

(a) 落锤；(b) 单动汽锤；(c) 双动汽锤；(d) 杆式柴油桩锤；(e) 筒式柴油桩锤

1、1′—进汽孔；2、2′—排气孔；3—活塞；4—汽缸；5—燃油泵；6—桩帽；7—桩

(1) 落锤。构造简单，使用方便，冲击力大，能随意调整落距，适用于打细长尺寸的混凝土桩，在一般土层及黏土、含有砾石的土层中均可使用，但打桩速度较慢（每分钟约6～20 次），效率低，且对桩的损伤较大。落锤重一般为 5～20kN。

(2) 蒸汽锤。是利用蒸汽的动力推动锤体进行锤击。常用于较软弱的土层中打桩。按其工作原理可分为单动汽锤和双动汽锤两种。单动汽锤结构简单，落距小，打桩速度及冲击力较落锤大，效率较高；双动汽锤冲击次数多，冲击力大，工作效率高。蒸汽锤适用于打各种桩，尤其双动汽锤还可用于打斜桩、水下打桩、拔桩。

(3) 柴油锤。常用的柴油锤有筒式和杆式两种。其中筒式柴油锤由于其性能较好，故应用较为广泛。筒式柴油锤是利用燃油爆炸时产生的压力，将桩锤抬起，然后自由落下冲击桩顶，如此往复运动将桩打人土中。具有打桩快，燃料消耗少，使用方便，不需要外部能源的特点。最适合于打钢板桩、木桩，不适合用于过硬或过软土层。

(4) 振动锤。利用偏心轮引起激振，通过与之刚性连接的桩帽传到桩上，施工操作简

单，安全，沉桩速度快，能打各种桩。

桩锤的类型应根据施工现场情况、机具设备条件及工作方式和工作效率等来选择。桩锤类型确定之后，还要确定桩锤重量，锤重的选择应根据地质条件、桩的类型与规格、桩的密集程度、单桩竖向承载力及现场施工条件等决定，也可参照表 7.1 选用。

表 7.1　　　　锤重选择参考表

锤型			单动蒸汽锤（kN）			柴油锤（kN）				
			30～40	70	100	25	35	45	60	72
锤的动力性能		冲击部分重（kN）	30～40	55	90	25	35	45	60	72
		总重（kN）	35～45	67	110	65	72	96	150	180
		冲击力（kN）	2300	3000	3500～4000	2000～2500	2500～4000	4000～5000	5000～7000	7000～10000
		常用冲程（m）	0.6～0.8	0.5～0.7	0.4～0.6	1.8～2.3				
适用的桩规格		预制方桩预应力管桩的边长或直径（mm）	350～400	400～450	400～500	350～400	400～450	450～500	500～550	550～600
		钢管桩直径（mm）				400		600	900	900～1000
持力层	黏性土	一般进入深度（m）	1～2	1.5～2.5	2～3	1.5～2.5	2～3	2.5～3.5	3～4	3～5
		静力触探比贯入阻力平均值（MPa）	3	4	5	4	5	>5	>5	>5
	砂土	一般进入深度（m）	0.5～1	1～1.5	1.5～2	0.5～1.5	1～2	1.5～2.5	2～3	2.5～3.5
		标准贯入击数 $N_{63.5}$ 值	15～25	20～30	30～40	20～30	30～40	40～45	45～50	50
锤的常用控制贯入度（cm/10 击）			3～5			2～3		3～5	4～8	
设计单桩极限承载力（kN）			600～1400	1500～3000	2500～4000	800～1600	2500～4000	3000～5000	5000～47000	7000～10000

注　1. 本表仅供选锤参考，不能作为确定贯入度和承载力的依据。
2. 适用于 20～60m 长的预制钢筋混凝土桩和 40～60m 长的钢管桩，且桩端需进入硬土层一定的深度。
3. 标准贯入击数为未修正的数值。
4. 锤型根据日式系列。
5. 钢管桩按 HPB235 级钢考虑。

2. 桩架的选择

选择桩架时，应考虑桩锤的类型、桩的长度和施工条件等因素。桩架的高度由桩的长度、桩锤高度、桩帽厚度及所用的滑轮组的高度决定。此外，还应留 1～2m 的高度作为桩锤的伸缩余地。桩架的种类很多，应用较广的为多功能桩架（图 7.6）及履带式桩架（图 7.7）。

多功能桩架的机动性和适应性很大，在水平方向可作 360°回转，立杆可以向前后倾斜，底盘装有铁轮，可在钢轨上行走。这种桩架可适应于各种预制桩和灌注桩施工。履带式桩架是以履带式起重机为底盘，增加立柱和斜撑组成。行走时不需铁轨，移动方便，机动性比多功能桩架更灵活，可适应于各种预制桩及灌注桩施工。

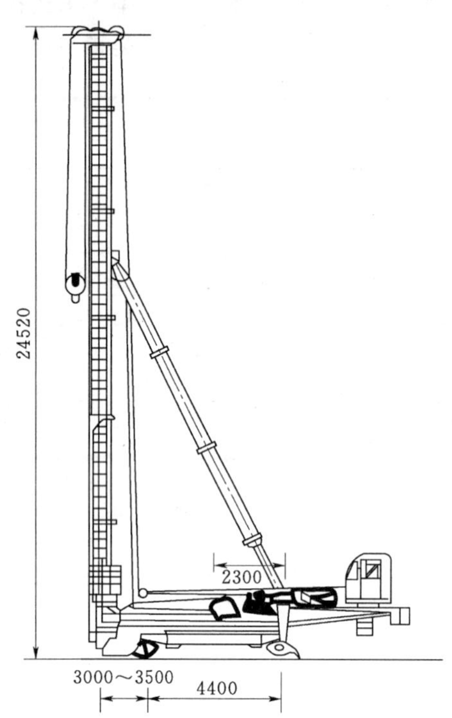

图 7.6　多功能桩架空（单位：mm）

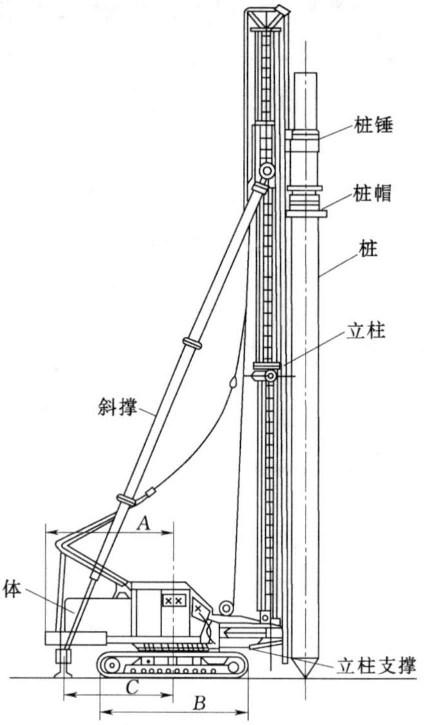

图 7.7　履带式打桩架

3. 动力装置

打桩工程动力装置的配置，依据选用的桩锤而定。当选用蒸汽锤时，需配备蒸汽锅炉及卷扬机。

7.2.3　打桩施工工艺

7.2.3.1　施工准备

1. 现场准备工作

(1) 处理障碍物。打桩前，应认真处理高空、地上和地下的障碍物及高压线路等。

(2) 平整场地。打桩场地必须平整、坚实，并且还要保证场地排水畅通。

(3) 定位放线。在打桩现场或附近区域设水准点，位置应不受打桩影响，数量不少于2个，施工中用以抄平场地及控制桩顶的水平标高。

2. 确定打桩顺序

在确定打桩顺序时，应考虑打桩时土体被挤压对打桩的质量及周围建筑物的影响。根据桩的密集程度、桩的规格、长度和桩架移动方便程度来确定打桩顺序。一般有三种打桩顺序，如图 7.8 所示。

当桩规格、埋深、长度不同时，宜先大后小，先深后浅，先长后短施打；当基坑不大时，打桩应逐排打设或从中间开始向两边打设；当基坑较大时，应将基坑分段，而后在各段范围内分别进行，但打桩应避免自外向内或从周边向中间进行，以免中间土体被挤密造成困难；对密集群桩，应从中间向两边或四周打设；在粉质黏土及黏土地区，应避免朝一

个方向进行，使土体向一边挤压，造成入土深度不一，导致不均匀沉降；当距离大于或等于 4 倍桩直径时，则与打桩顺序无关。

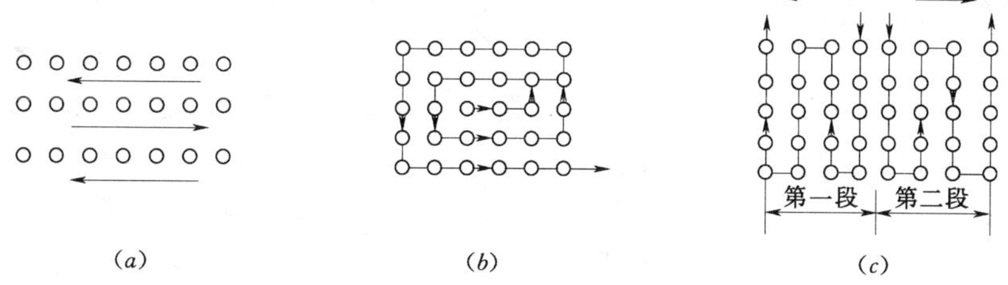

图 7.8　打桩顺序

(a) 逐排打设；(b) 自中部向四周打设；(c) 由中间向两侧打设

7.2.3.2　操作工艺

桩架就位后即可吊桩，利用桩架的滑轮组提升吊起到直立状态时，把桩送入桩架的龙门导杆内，使桩尖垂直对准桩位中心，缓缓放下插入土中。桩插入时垂直度偏差不得超过 0.5%。桩就位后，将桩帽套入桩顶，将桩锤压在桩帽上，使桩锤、桩帽、桩身中心线在同一垂直线上，在桩的自重和锤重作用下，桩沉入土中一定深度，然后再一次校正桩的垂直度，检查无误后，即可打桩。

打桩时，为取得良好的效果，可采用“重锤低击”法。开始打入时，锤的落距约 0.6～0.8m，不宜高，待沉入土中一定深度不宜发生偏移时，再增大落距及锤击次数，连续锤击。

混凝土预制长桩，受运输条件等限制，一般将长桩分成数节制作，分节打入，在现场接桩。常用的接桩方式有焊接、法兰连接及硫黄胶泥锚接等几种。前两者适用于各类土层，后者适用于软土层。

7.2.3.3　质量技术标准

(1) 钢筋混凝土预制桩的质量必须符合设计要求和《建筑地基基础工程施工质量验收规范》的规定，并有出厂合格证。

(2) 打桩的标高或贯入度、桩的接头处理，必须符合设计要求。

(3) 允许偏差项目见表 7.2。

表 7.2　预制桩 (PC 桩、钢桩) 桩位的允许偏差

项次	项　目	允许偏差 (mm)	项次	项　目	允许偏差 (mm)
1	盖有基础梁的桩： (1) 垂直基础梁的中心线 (2) 沿基础梁的中心线	$100+0.01H$ $150+0.01H$	3	桩数为 4～16 根桩基中的桩	1/2 桩径或边长
2	桩数为 1～3 根桩基中的桩	100	4	桩数大于 16 根桩基中的桩： (1) 最外边的桩 (2) 中间桩	1/3 桩径或边长 1/2 桩径或边长

注　H 为施工现场地面标高与桩顶设计标高的距离。

7.2.3.4　安全技术

(1) 打桩前，应对邻近施工范围内的原有建筑物、地下管线等进行检查，若有影响，应采用有效的加固措施或隔振措施。

（2）机具进场要注意危桥、陡坡、陷地并防止碰撞电线杆、房屋等以免造成事故。

（3）打桩机行走的道路必须平整、坚实，场地四周设排水沟，以利排水，保证移动桩机时的安全。

（4）在施工前全面检查机械，发现有问题时及时解决，检查后要进行试运转，严禁带病作业。机械操作必须遵守安全技术操作要求，有专人操作，并加强机械的维护保养。

（5）吊装就位时，起吊要慢，拉住溜绳，防止桩头冲击桩架，撞坏桩身。

（6）在打桩过程中遇有地坪隆起或下陷时，应随时对机架及路轨调平或垫平。

（7）司机在施工操作时要集中精力、服从指挥信号，不得随便离岗，并经常注意机械运转情况，发现有异常情况要及时纠正。防止机械倾倒、倾斜发生事故。

（8）打桩时桩头垫料严禁用手拨正，不要在桩锤未打到桩顶即起锤或过早刹车，以免损坏打桩设备。

（9）当遇到雷雨、大雾和六级以上大风等恶劣气候时，应停止一切作业。夜间施工时应有足够的照明。

（10）作业完后，应将打桩机停放在坚实的平整地面上，将锤落下垫实，并切断动力电源。

7.2.3.5　成品保护措施

（1）桩应达到设计强度的75%方可起吊，达到100%才能运输。

（2）桩在起吊和搬运时，必须做到吊点符合设计要求，应平稳并不得损坏。

（3）桩的堆放应符合下列要求：

1）场地应平整、坚实，不得产生不均匀下沉。

2）垫木与吊点的位置应相同，并应保持在同一平面内。

3）同桩号的桩应堆放在一起，桩尖应向一端。

4）多层垫木应上下对齐，最下层的垫木应适当加宽。堆放层数一般不宜超过4层。

5）妥善保护好桩基的轴线和标高控制桩，不得由于碰撞和振动而位移。

6）打桩时如发现地质资料与提供的数据不符时，应停止施工，并与有关单位共同研究处理。

7）在邻近有建筑物或岸边、斜坡上打桩时，应会同有关单位采取有效的加固措施。施工时应随时进行观测，避免因打桩振动而发生安全事故。

8）打桩完毕进行基坑开挖时，应制定合理的施工顺序和技术措施，防止桩的位移和倾斜。

7.2.3.6　应注意的质量问题

（1）预制桩必须提前订货加工，打桩时预制桩强度必须达到设计强度的100%，并应增加养护期一个月后方准施打。

（2）桩身断裂。由于桩身弯曲过大，承载力不足及地下有障碍物等原因造成，或桩在堆放、起吊、运输过程中产生断裂，应及时检查。

（3）桩顶碎裂。由于桩顶强度不够及钢筋网片不足、主筋距桩顶面太小，或桩顶不平、施工机具选择不当等原因所造成。应加强施工准备时的检查。

（4）桩身倾斜。由于场地不平、打桩机底盘不水平或稳桩不垂直、桩尖在地下遇见硬物等原因所造成。应严格按工艺操作规定执行。

（5）接桩处拉脱开裂。连接处表面不干净，连接铁件不平、焊接质量不符合要求、接桩上下中心线不在同一条线上等原因所造成。应保证接桩的质量。

7.2.4　静力压桩

7.2.4.1　特点及原理

静力压桩是在软土地基上，利用压桩机的静压力将预制桩压入土中的一种沉桩工艺。静力压桩具有无噪声、无振动、节约材料、降低成本、有利于施工质量、对周围环境的干扰和影响小等特点。其工作原理是：通过安置在压桩机上的卷扬机的牵引，通过钢丝绳、滑轮及压梁，将整个桩机的自重力反压在桩顶上，以克服桩身下沉时与土的摩擦力，使预制桩下沉。

7.2.4.2　压桩机械设备

静力压桩机分机械式和液压式两种。机械式静力压桩机（图 7.9）由桩架、卷扬机、加压钢丝绳、滑轮组和活动压梁组成。液压式静力压桩机（图 7.10）由压拔装置、行走机构及起吊装置组成。

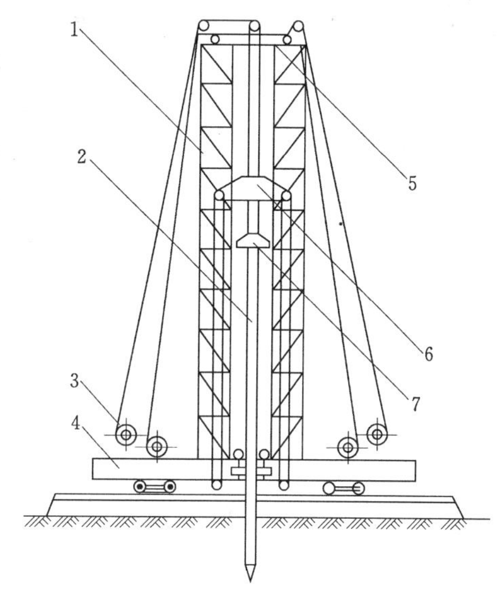

图 7.9　机械静力压桩机

1—桩架；2—桩；3—卷扬机；4—底盘；5—顶梁；6—压梁；7—桩帽

7.2.4.3　压桩方法

压桩机就位后，将预制桩吊入夹持器中，对准桩位调整好垂直度后，用夹持千斤顶将桩夹紧，然后开动主液压千斤顶加压，桩即被压入土中。接着放松夹持千斤顶，主液压千斤顶回程复位，重复上述动作，继续压桩，直至把桩压到设计标高。

一般情况下，对于钢筋混凝土预制长桩进行沉桩时，先在现场分段预制，然后在压桩过程中接长。施工现场接桩的方法可采用焊接法或浆锚法。

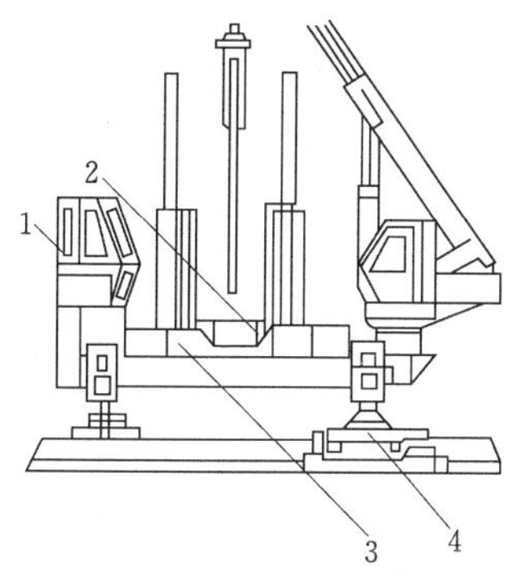

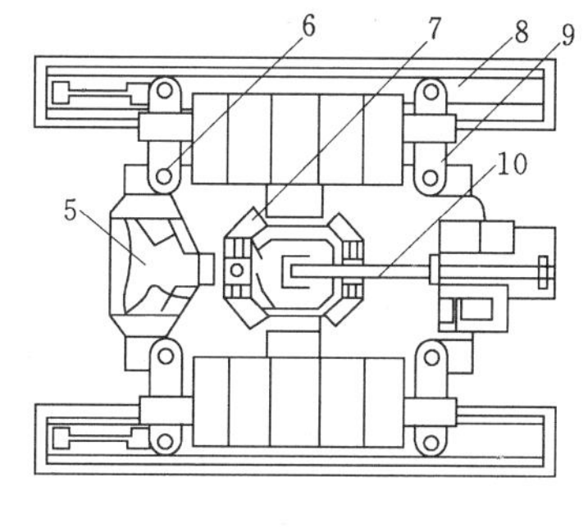

图 7.10　液压静力压桩机

1—操作室；2—夹持与压桩机构；3—配重铁块；4—短船及回转机构；5—电控系统；6—液压系统；7—导向架；8—长船行走机构；9—支腿式底盘结构；10—液压起重机

任务7.3　灌注桩施工

灌注桩是先用机械或人工成孔，然后放入钢筋笼、灌注混凝土而成的桩。按其成孔方式的不同，可分为钻孔灌注桩、沉管灌注桩、爆扩成孔灌注桩、人工挖孔灌注桩等。

钻孔灌注桩是指利用钻孔机械在桩位上钻出桩孔，然后在孔中灌注混凝土而成的桩。灌注桩的成孔方法，根据地下水位的高低可分为泥浆护壁成孔（桩位处于地下水位以下）和干作业成孔（桩位处于地下水位以上）。

7.3.1　泥浆护壁成孔灌注桩

泥浆护壁成孔灌注桩在进行成孔时，为防止塌孔，在孔内用相对密度大于1的泥浆进行护壁的一种成孔工艺。泥浆护壁成孔灌注桩的施工工艺流程见图7.11。

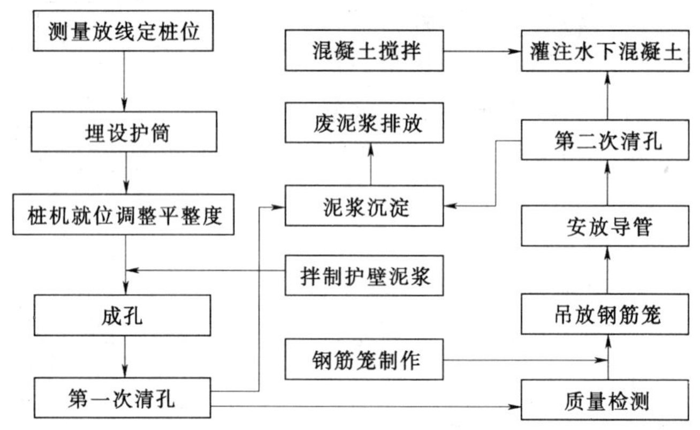

图7.11　泥浆护壁灌注桩施工工艺流程图

1. 施工设备

泥浆护壁成孔灌注桩常用的钻孔机械有潜水钻机、回旋钻机、冲击钻机、冲抓钻机。这里主要介绍潜水钻机。

潜水钻是一种将动力、变速机构加以密封并与钻头连在一起，潜入水中工作的体积小而轻的钻机。

潜水钻机由潜水电机、齿轮减速器及钻头、钻杆等组成。钻孔直径450～1500mm，孔深20～30mm，最深可达50m，适用于地下水位较高的软硬土层，不得用于漂石。

2. 施工工艺

（1）施工准备。

1）作业条件准备。地上、地下障碍都处理完毕，达到“三通一平”；场地标高一般为承台梁的上皮标高，并已经夯实或碾压；制作好钢筋笼；轴线控制桩及桩位点，抄平已完成，并经验收签字；选择和确定钻孔机的进出路线和钻孔顺序，制定施工方案；正式施工前要作成孔试验，数量不少于2根。

2）材料要求。

水泥：根据设计要求确定水泥品种、强度等级，不得使用不合格水泥。

砂：中砂或粗砂，含泥量不大于5%。

石子：粒径为5～32cm的卵石或碎石，含泥量不大于2%。

水：使用自来水或不含有害物质的洁净水。

黏土：可就地选择塑性指数 $I_p \geqslant 17$ 的黏土。

外加剂：通过试验确定。

钢筋：钢筋的品种、级别或规格必须符合设计要求，有产品合格证、出厂检验报告和进场复验报告。

3）施工机具。准备好钻孔机、翻斗车、混凝土导管、套管、水泵、水箱、泥浆池、混凝土搅拌机、振捣棒等。

（2）操作工艺。钻孔时，先安装桩架等及其他设备，在桩位处埋设护筒。护筒一般由4～8mm厚的钢板卷制而成，护筒内径宜比设计桩径大100mm，上部宜开设1～2个溢浆孔。护筒的埋深，一般情况下，在黏性土中不宜小于1m；在砂土中不宜小于1.5m；护筒顶面宜高出地面300mm。钻机就位后，即可进行钻孔。

（3）质量技术标准。

1）浇筑后的桩顶标高应比设计标高至少高出0.5m，每浇筑 $50m^3$ 必须有一组试件，小于 $50m^3$ 的桩，每根桩必须有一组试件。混凝土灌注桩的桩位偏差应符合表7.3的规定。

表7.3　　灌注桩的平面位置和垂直度的允许偏差

序号	成孔方法		桩径允许偏差（mm）	垂直度允许偏差（%）	桩位允许偏差（mm）	
					1～3根、单排桩基垂直于中心线方向和群桩基础的边桩	条形桩基沿中心线方向和群桩基础的中间桩
1	泥浆护壁灌注桩	$D \leqslant 1000mm$	±50	<1	D/6，且不大于100	D/4，且不大于150
		$D > 1000mm$	±50		$100+0.01H$	$150+0.01H$
2	套管成孔灌注桩	$D \leqslant 500mm$	−20	<1	70	150
		$D > 500mm$			100	150
3	干成孔灌注桩		−20	<1	70	150
4	人工挖孔桩	混凝土护壁	+50	<0.5	50	150
		钢套管护壁	+50	<1	100	200

注　1. 桩径允许偏差的负值是指个别断面。
2. 采用复打、反插法施工的桩，其桩径允许偏差不受该表的限制。
3. H 为施工现场地面标高与桩顶设计标高的距离，D 为设计桩径。

2）混凝土灌注桩钢筋笼质量检验标准见表7.4。

表7.4　　混凝土灌注桩钢筋笼质量检验标准

项目	序号	检查项目	允许偏差或允许值（mm）	检查方法	项目	序号	检查项目	允许偏差或允许值（mm）	检查方法
主控项目	1	主筋间距	±10	用钢尺量	一般项目	1	钢筋材质检验	设计要求	抽样送检
						2	箍筋间距	±20	用钢尺量
	2	长度	±100	用钢尺量		3	直径	±10	用钢尺量

3）混凝土灌注桩质量检验标准见表7.7。

表7.7 混凝土灌注桩质量检验标准

项目	序号	检查项目	允许偏差或允许值		检查方法
			单位	数值	
主控项目	1	桩位	见“本规范”表5.1.4		基坑开挖前量护筒，开挖后量桩中心
	2	孔深	mm	+300	只深不浅，用重锤测，或测钻杆、套管长度，嵌岩桩应确保进入设计要的嵌岩深度
	3	桩体质量检验	按基桩检测技术规范。如钻芯取样，大直径嵌岩桩应钻至桩尖下50cm		按基桩检测技术规范
	4	混凝土强度	设计要求		试件报告或钻芯取样送检
	5	承载力	按基桩检测技术规范		按基桩检测技术规范
一般项目	1	垂直度	见“本规范”表5.1.4		测套管或钻杆，或用超声波探测，干施工时吊垂球
	2	桩径	见“本规范”表5.1.4		井径仪或超声波检测，干施工时用钢尺量，人工挖孔桩不包括内衬厚度
	3	泥浆比重（黏土或砂性土中）	1.15～1.20		用比重计测，清孔后在距孔底50cm处取样
	4	泥浆面标高（高于地下水位）	m	0.5～1.0	目测
	5	沉渣厚度： 端承桩 摩擦桩	 mm mm	 ≤50 ≤150	用沉渣仪或重锤测量
	6	混凝土坍落度： 水下灌注 干施工	 mm mm	 160～220 70～100	坍落度仪
	7	钢筋笼安装深度	mm	±100	用钢尺量
	8	混凝土充盈系数	>1		检查每根桩的实际灌注量
	9	桩顶标高	mm	+30−50	水准仪，需扣除桩顶浮浆层及劣质桩体

注 本规范是指《建筑地基基础工程施工质量验收规范》(GB 50202—2002)。

（4）安全技术。

1）机械设备操作人员必须经过专门训练，熟悉机械操作性能，并经专业管理部门考核取得操作证。

2）机械设备操作人员和指挥人员严格遵守安全操作技术规程，工作时集中精力，谨慎工作，不擅离职守，严禁酒后操作。

3）机械设备发生故障及时检修，决不带故障运行，不违规操作，杜绝机械和车辆事故。

4）专业电工持证上岗，电工有权拒绝执行违反电器安全规程的工作指令，安全员有权制止违反用电安全的行为，严禁违章指挥和违章作业。

5）所有现场施工人员佩带安全帽，特种作业人员佩带专门的防护用具，登高作业超

过2m必须穿防滑鞋，戴安全帽。

6）所有现场作业人员和机械操作手严禁酒后上岗。

7）护筒埋设完毕、灌注混凝土后的桩坑应加以保护，避免人或物品掉入。

8）钢筋骨架起吊时要平稳，严禁猛起猛落，并拉好尾绳。

9）灌注桩施工现场所有设备、设施、安全装置、工具配件以及个人劳保用品必须经常检查，确保完好和使用安全。

10）施工现场一切电源、电路的安装和拆除必须由持证电工操作；电器必须严格接地、接零和使用漏电保护器。

（5）成品保护措施。

1）桩机就位后，应复测钻具中心，确保钻孔中心位置的准确性。

2）成孔过程中，应随地层变化调整泥浆性能，控制进尺速度，避免塌孔及缩颈；并应检查钻具连接的牢固性，避免掉钻头。

3）钢筋骨架制作完毕后，应按桩分节编号存放；存放时，小直径桩堆放层数不能超过两层，大直径桩不允许堆放，防止变形；存放时，骨架下部用方木或其他物品铺垫，上部覆盖。

4）钢筋骨架安放完毕后，应用钢筋或钢丝绳固定，保证其平面位置和高程满足规范要求。

5）混凝土灌注完成后的24h内，5m范围内相邻的桩禁止进行成孔施工。

（6）应注意的质量问题。

1）泥浆护壁成孔时，发生斜孔、弯孔、缩孔和塌孔或沿套管周围冒浆以及地面沉陷等情况，应停止钻进，经采取措施后，方可继续施工。

2）钻进速度，应根据土层情况、孔径、孔深、供水或供浆量的大小、钻机负荷以及成孔质量等具体情况而定。

3）水下混凝土面平均上升速度不应小于0.25m/h；浇筑前，导管中应设置球、塞等隔水；浇筑时，导管插入混凝土的深度不宜小于1m。

4）施工中应经常测定泥浆密度，并定期测定黏度、含砂率和胶体率；泥浆黏度18～22s，含砂率不大于4%～8%。胶体率不小于90%。

5）清孔过程中，必须及时补给足够的泥浆，并保持浆面稳定。

6）钢筋笼在堆放、运输、起吊、入孔等过程中，必须加强保护。

7）混凝土浇到接近桩顶时，应随时测量顶部标高，以免过多截桩或补桩。

3. 泥浆护壁成孔灌注桩质量控制

（1）桩孔的定位放线必须准确，误差严格控制在规范规定的范围以内。

（2）必须严格控制成孔质量，保证成孔后的平面布置、垂直度、有效直径、孔深必须符合设计和规范要求。

（3）钢筋笼放入后必须进行二次清孔，降低孔底的泥浆比重，要进行严格的清孔检查，主要检查清孔后孔底的实际标高和泥浆指标是否满足规范要求。检查合格后方可浇筑混凝土。否则继续清孔，直至合格为止。

（4）严格控制泥浆土料的质量，必须选用优质高塑性黏土或膨润土拌制。泥浆的性能指标必须符合规范要求。

（5）必须保证护筒埋设准确、稳定，护筒中心与桩位中心对正且应垂直，偏差控制在规定范围内。

（6）必须保证钢筋笼的绑扎正确牢固。钢筋规格、间距、长度、箍筋均应符合设计要求，必须统一配料绑扎。浇筑混凝土时严格防止钢筋上浮。

（7）严格控制混凝土的配合比准确。混凝土的搅拌、浇筑、振捣等严格按工艺标准操作。必须保证混凝土的强度达到设计要求。

（8）必须使用隔水性能好，并能顺利排出的隔水栓。严禁使用袋装混凝土或砂、编织袋装砂等不合格隔水栓。

7.3.2　干作业成孔灌注桩

干作业成孔灌注桩是指不用泥浆或套管护壁的情况下用人工或钻机成孔，放入钢筋笼，浇灌混凝土而成的桩。干作业成孔灌注桩适用于地下水位以上的各种软硬土中成孔。

1. 施工设备

干作业成孔机械有螺旋钻机、钻孔机、洛阳铲等，现以螺旋钻机为例，介绍干作业成孔灌注桩的施工方法。此类桩按成孔方法可分为长螺旋钻孔灌注桩和短螺旋钻孔灌注桩两种。长、短螺旋钻机如图 7.12、图 7.13 所示。

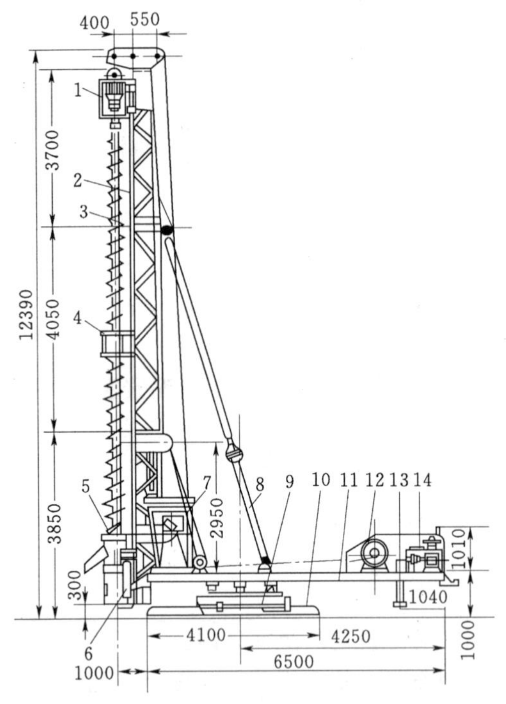

图 7.12　液压步履式长螺旋钻机（单位：mm）

1—减速箱总成；2—臂架；3—钻杆；4—中间导向套；5—出土装置；6—前支腿；7—操纵室；8—斜撑；9—中盘；10—下盘；11—上盘；12—卷扬机；13—后支腿；14 液压系统

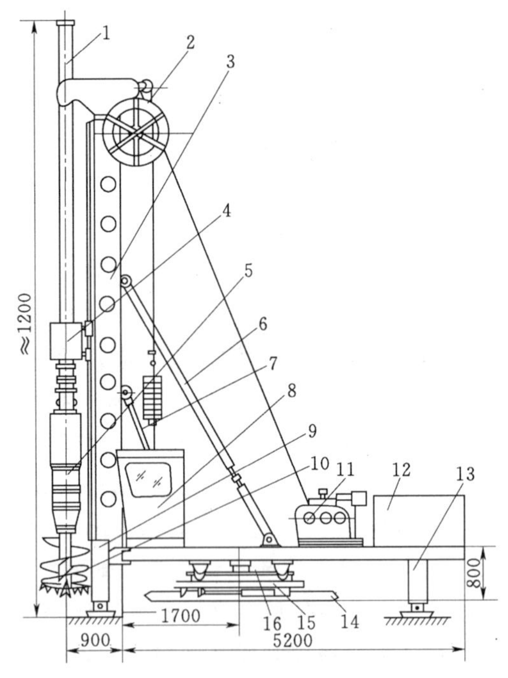

图 7.13　KQB1000 型液压步履式短螺旋钻孔机（单位：mm）

1—钻杆；2—电缆卷筒；3—臂架；4—导向架；5—主机；6—斜撑；7—起架油缸；8—操纵室；9—前支腿；10—钻头；11—卷扬机；12—液压系统；13—后支腿；14—履靴；15—中盘；16—上盘

2. 施工工艺

（1）施工准备。在钻孔之前应从以下几个方面做好准备工作。

1）技术准备。熟悉图纸，消除技术疑问；收集、分析详细的工程地质资料；准备经审批后的桩基施工组织设计、施工方案；根据图纸定好桩位点、编号、施工顺序、水电线路和临时设施位置。

2）材料准备。水泥宜用强度等级为32.5级的矿渣硅酸盐水泥；细骨料选中砂或粗砂；粗骨料选卵石或碎石，粒径5～32mm；钢筋根据设计要求选用；火烧丝由规格18～20号铁丝烧成；垫块用1∶3水泥砂浆和22号火烧丝提前预制成型或用塑料卡；外加剂选用高效减水剂。

3）机具准备。螺旋钻机，机动小翻斗车或手推车，长、短插入式振捣器，串筒，盖板，测绳等。

4）作业条件。地上、地下障碍物都处理完毕，达到“三通一平”。施工用的临时设施准备就绪；场地标高一般应为承台梁的上皮标高，并经过夯实或碾压；分段制作好钢筋笼，其长度以5～8m为宜；根据图纸放出轴线及桩位点，抄水平标高，并经过预检；施工前应做成孔试验，数量不少于两根；要选择和确定钻孔机的进出路线和钻孔顺序，制定施工方案，做好技术交底。

（2）操作工艺。螺旋钻机利用动力旋转钻杆，钻杆再带动钻头上的螺旋叶片旋转来切削土层，被切削土层随钻头旋转，沿钻杆上升排出孔外。

钻机在钻进时，钻杆要保持垂直，若发现钻杆摇晃、移动、偏移或难以钻进时，可能遇到坚硬夹物，应立即停车检查。

钻孔达到要求深度后，必须在孔底处进行空转清土，然后停止转动；提钻杆，不得回转钻杆。然后吊放钢筋笼，浇筑混凝土。浇筑混凝土时应连续进行，分层振捣密实，每层高度不得大于1.50m。混凝土浇筑到桩顶时，应适当超过桩顶设计标高，以保证在凿除浮浆后，桩顶标高符合设计标高。混凝土的塌落度一般宜为80～100mm。

（3）质量技术标准。

1）原材料和混凝土强度必须符合设计和混凝土施工质量验收规范规定。混凝土浇筑量严禁小于计算体积。

2）桩孔深度允许偏差为＋300mm，只能深不能浅，孔底沉渣厚度端承桩不大于50mm，摩擦桩不大于150mm。

3）浇筑混凝土后的桩顶标高及浮浆处理，必须符合设计或《建筑地基基础工程施工质量验收规范》规定。

4）桩孔测量放线，平面位置及垂直度允许偏差应符合《建筑地基基础工程施工质量验收规范》规定。

项目8　锚固技术处理地基

教学目标：（1）能陈述锚杆加固的原理。

（2）能了解锚杆设计的原则和内容。

（3）能了解锚杆设计的程序。

（4）能掌握锚固施工的程序和工艺。

（5）能掌握锚杆的防腐。

工程实例1　太平洋饭店地下深基工程

太平洋饭店地下工程开挖面积为80m×120m，深12.55～13.65m。由于大面积开挖难以采用支撑，采用了钢筋混凝土板桩挡土斜拉锚以抵抗土侧压及控制边坡位移，土锚打入地层30～35m，倾角30°～35°。

1. 土质概况及拉锚布置

太平洋饭店位于上海虹桥开发区，为软土地基，土质条件差，见图8.1。特别是第二层淤泥质粉质黏土、饱和流塑，$C_{uu}=16\sim17\text{kN/m}^2$，$\varphi_{uu}=0$，标准贯入度$N=0\sim2$，总深度达－20m。

锚杆设置在淤泥质黏质粉土内，挡土板桩厚45cm，共设四道锚杆，“0”道锚杆4索×30m，间距5m，“1”道锚杆4索×30m，间距2m，“2”道为5索×35m，间距1.86m，“3”道为5索×35m，间距1.86m，上下两道锚杆之间距离为2m，为增强抗滑动能力，后又在混凝土板桩里侧打356mm×368mm×20mmH型钢一道，间距为1.2～1.5m的抗滑桩，基坑开挖及锚杆布置见图8.1。

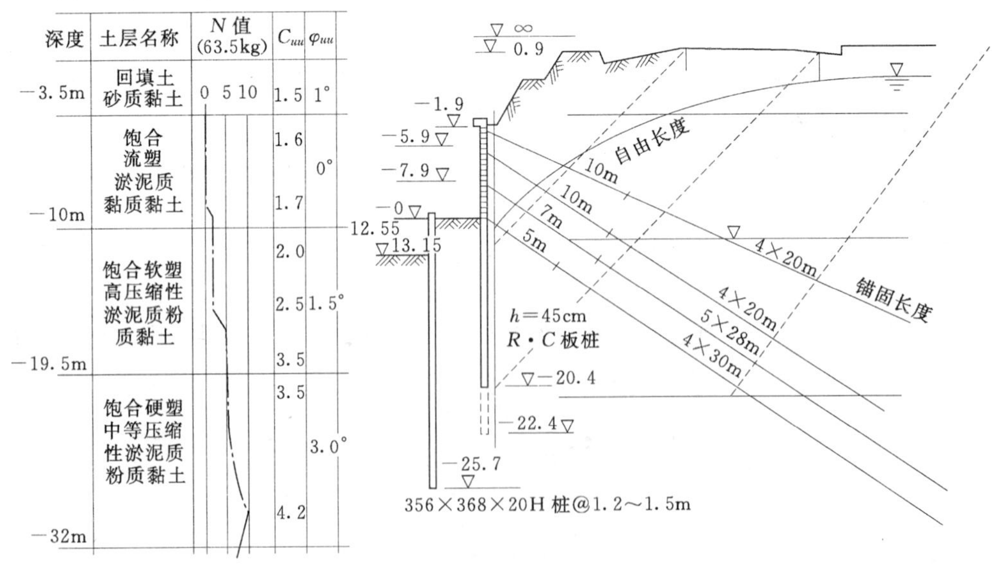

图8.1　基坑剖面及锚杆布置

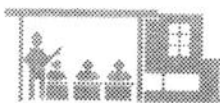

各道锚杆设计承受拉力用两种计算方法校核：一是按太沙基、派克的计算方法（即假定在软黏土中的板桩后侧压力按矩形分布）；二是按弹性地基梁法电算分层挖掘时各阶段锚杆最大可能承力的包络图核对，实测锚杆承受拉力以前者较为符合。

2. 锚杆施工

锚杆施工引进全套意大利“TENSACCIAI”公司技术。锚杆由专用钻机在套管内水力冲刷钻进，套管外径为168mm，锚索由7×7ϕ5高强钢绞线组成直径为15.2mm，钢材屈服强度1700MPa，4索钢绞线组成的锚杆允许拉力为550kN（张拉控制应力为800kN），5索锚杆允许拉力为700kN（张拉控制应力为1000kN）。

锚杆中间设塑料灌浆管，该管每隔50cm设置“Manchette”气门芯式橡皮套阀，见图8.2，纯水泥（水灰比0.45加减水剂）通过橡皮筏注入锚杆四周土体钻孔中，先进行一次注浆，常规压力为0.6MPa，经一昼夜后进行二次劈裂注浆，亦即将第一次注浆后形成的水泥柱体劈裂，高压水泥浆即沿裂缝注入锚杆四周土体扩径。劈裂注浆时水泥浆压力可高达6.0MPa，并维持2～3min尽可能使更多水泥浆注入锚杆四周土体，形成一个挤压区。实验证明同样长度的锚杆如采用一次注浆当拉至420kN时锚杆即拔出，而采用二次注浆的锚杆拉至800～1000kN也未破坏。一般30m长锚杆注入水泥浆的水泥约60袋，35m长锚杆需80～100袋水泥。

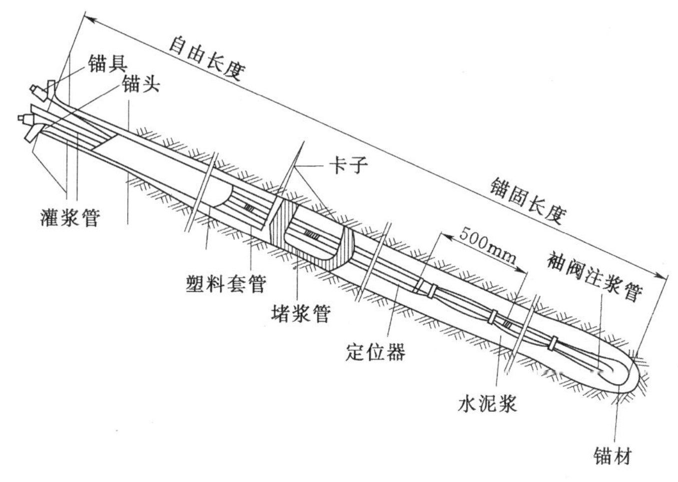

图8.2 锚杆构造详图

锚杆在自由段与锚固段之间设土工织布做成的堵浆袋，此堵浆袋之作用是为了防止高压注浆时水泥浆从锚孔溢出。堵浆袋必须在二次注浆前先行注浆胀扩，使水泥浆凝固后方能起到注浆时堵漏的作用，同时也是保证自由段与锚固段分开的主要措施。

待整个锚杆水泥浆达到一定强度后，一般5天左右即可用千斤顶对锚杆钢索进行张拉预加应力，必要时还可隔2～3个月重复张拉一次，以消除应力松弛或蠕变损失。

3. 锚杆实验

(1) 锚杆的承载力。在宝钢长江边淤泥质土层里（淤泥层深达40m），按分级加载卸载，其承载力达到800～1000kN时，曲线未出现拐点，最终卸载的残余变形约为4cm。在太平洋饭店工地对第51号锚杆进行测试，其$\Delta-P$曲线见图8.3，在张拉至750kN时未出现拐点，残余变形为4cm（锚杆长30m，自由段长7.3m，锚固段长20m）。

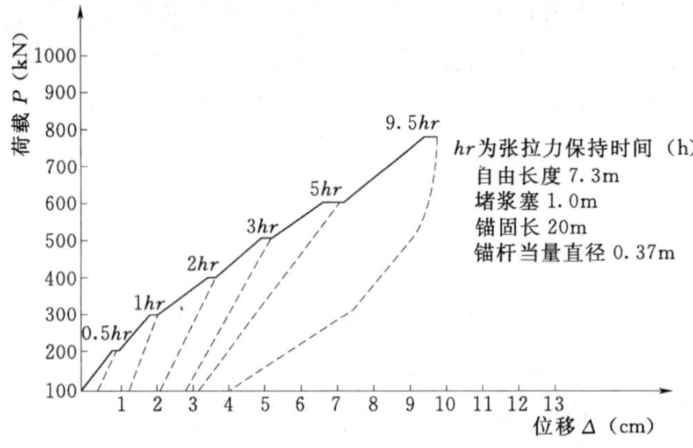

图 8.3 太平洋 51 号锚杆 $\Delta-P$ 曲线

锚杆在淤泥质软土中其承载力主要靠二次注浆扩径，以及在锚杆四周挤压土层，从而提高锚杆与土壤间抗剪与端承强度。二次灌浆比一次注浆承载力提高 50%。

(2) 软土锚杆的蠕变特性。在软土中设置锚杆要特别注意其长期承载力即其蠕变特性。同济大学对上海软黏土进行的实验获得的资料是：当实际的 τ 值小于 0.63～0.65τ_f（τ 的极限值）时，在 $\tau—s—t$ 曲线图上反映出 s 呈收敛趋势，反之当 $\tau>0.65\tau_f$ 时则呈发散趋势，所用 τ 值愈大，s 的发散趋向愈大。因此认为实际的 τ 值要小于 $0.63\tau_f$，则锚杆的承载力的安全系数应定为 $K=1/0.63=1.55$。从太平洋工地锚杆实测应力变化资料分析，两个月的蠕变损失较大时，可再次张拉以消除其损失。

(3) 基坑开挖与位移。在基坑分阶段开挖锚拉前，板桩土锚会发生位移直至锚杆张拉锁定后位移始趋稳定。根据太平洋工地施工速度平均每月位移量约为 5～6cm，每开挖一次进行下一道锚拉工序，施工时有 5～6cm 的位移，开挖至－12.55m 深度时，累计位移量约为 15～20cm，直至底板混凝土浇灌结束，位移基本不再发生，因此缩短开挖后锚拉施工时间，至关重要。

任务8.1 锚杆基本知识

将受拉杆件的一端固定于岩（土）体中，另一端与工程结构物相联结，以承受由于土压力、水压力或其他外力施加于结构物的推力或上举力，从而利用岩（土）体的内在抗力维持结构物的稳定。这种技术的设计和施工统称为锚固技术或锚固法。

20 世纪 50 年代以前，锚固技术只作为施工过程中的一种临时措施，如临时的螺旋地锚以及采矿工业中的临时性木锚杆或钢锚杆等。50 年代中期，在国外的隧道工程中开始广泛采用小型永久性灌浆锚杆和喷射混凝土代替以往的隧道衬砌结构。60 年代以来，锚固技术得到迅速的发展，不仅在临时性的建（构）筑物基坑开挖中使用，亦在修建永久性建（构）筑物中得到较为广泛的应用。与此同时，可供锚固的地层不仅限于岩石，而且还在软岩、风化层以及砂卵石、软黏土等岩（土）层中取得锚固的经验。1969 年在墨西哥召开的第七届国际土力学和基础工程会议上，曾有一个分组专门讨论了土层锚固技术问

题；70年代以来召开过的多次地区性的国际会议上，均涉及锚固技术的经验与研究，瑞典、德国、法国、英国、美国、日本等国家中的土木建筑公司分别研制了多种不同类型的锚杆施工机具、锚头和专利的灌浆工艺。各国还各自制定了锚杆设计和施工的技术标准。

20世纪50年代，我国在矿山支护、加固隧洞洞顶等工程中应用锚固技术的例子已很多。1962年安徽梅山水库在修筑溢洪道消力池加固工程中采用了预应力灌浆锚杆；1972年在湘黔铁路凯里车站路堑边坡（强风化的软岩）中采用了锚杆挡墙和锚固桩综合治理滑坡；1976年北京修建地下铁道西直门车站时，首次采用土层锚杆与钢板桩相结合的支护结构代替钢横撑的施工方法，取得了良好的效果；80年代以来高层建筑建造迅速发展要求开挖基础的深度加大；与此同时，高效锚杆钻机的引进和制造开发，使得锚固技术得到了广泛的应用。

锚固技术在我国基坑支护、边坡加固、滑坡治理、地下结构抗浮、挡土结构锚固和结构抗倾等工程中得到广泛应用，积累了丰富的工程经验，但由于锚杆（索）的作用多种多样，锚固的地层或岩层复杂多变，锚固技术中的许多问题有待于进一步研究，而且随着技术的发展，施工更简便、技术上更可靠的新型锚固技术也不断出现。

目前可以参照的锚固工程技术规范主要有：①中国工程建设标准化协会标准：《土层锚杆技术与施工规范》（CECS 22：90）；②《建筑边坡工程技术规范》（GB 50330—2002）；③《锚杆喷射混凝土支护技术规范》（GB 50088—2001）；④《水工预应力锚固工程设计（施工）规范》（SL 212—98）；⑤《铁路路基支挡结构设计规范》（TB 10025—2001）以及其他一些地方和行业规范等。

8.1.1　锚固技术在岩土工程中的应用

锚固技术在岩土工程中的应用范围很广，见图8.4。目前除了基抗支护［图8.4（*g*）］等临时性锚杆外，还在许多工程中用作永久性的加固措施；如用以稳定高边坡［图8.4（*c*）］、防止坝体［图8.4（*a*）］、桥台［图8.4（*e*）（*h*）］和输电铁塔［图8.4（*b*）］的倾覆，烟囱及桥基［图8.4（*f*）］的加固，隧道衬砌加固［图8.4（*i*）］，抵抗船坞或地下室浮托力［图8.4（*d*）］，又如图8.4（*l*）为加固德国奥勃特斯多夫地区滑雪跳台的基础，锚杆锚固于基岩，锚固深13m，跳台高60m；图8.4（*m*）为慕尼黑飞机库的悬臂屋顶的特殊结构等。

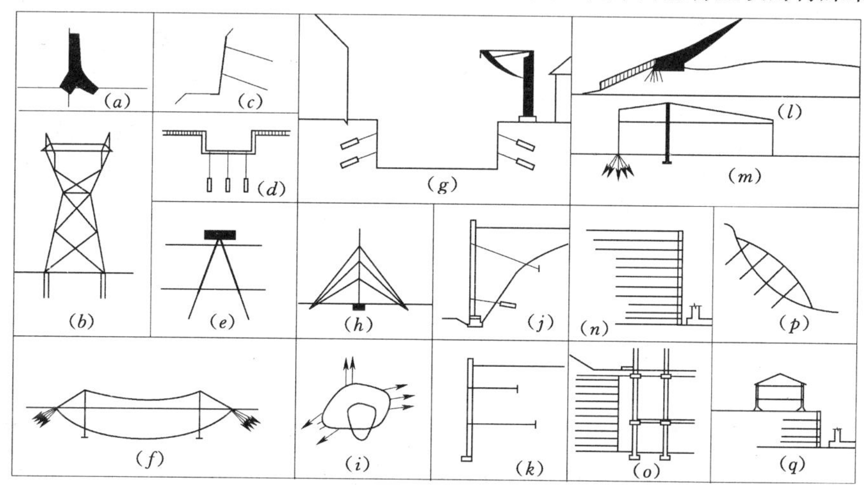

图8.4　锚固技术的各种用途

图 8.4（*o*）、（*p*）为用土钉加固稳定边坡的例子。土钉与灌浆锚杆相似，但它采用高密度的设置方式，将拉杆全长完全与土体黏结；图 8.4（*j*）、（*k*）为人工填土的多层锚定板挡土结构，它是我国铁路系统 20 世纪 70 年代开始研究采用的一种新型支挡结构型式。图 8.4（*n*）、（*q*）为加筋土挡墙，60 年代创始于法国，从表面上看，与土钉墙相似，拉筋一股采用带状镀锌扁钢，也采用其他钢带或土工合成材料。加筋土不同于一般的锚固技术，但在加固原理和所解决的问题两方面有相似之处。

8.1.2　锚固技术的种类和特点

当前锚固技术有多种不同的类型。在天然地层中的锚固方法多以钻孔灌浆为主，一般称为灌浆锚杆，它的受拉杆件有粗钢筋、高强钢丝、钢绞线等不同的类型，施工工艺有常压和高压灌浆、预压灌浆、化学灌浆以及许多用特殊的专利锚固灌浆技术。

土钉是 20 世纪 70 年代初期在稳定边坡、深基坑开挖支护中应用发展起来的一种锚固支护技术。土钉的长度比锚杆小，设置的密度大，单根土钉承受的承载能力小，但布置灵活。在土体自稳条件较好，开挖深度不大的支护工程上采用土钉为适宜。

在天然岩土层中采用灌浆锚杆或土钉的优点有：

（1）施工机械及设备的作业空间不大，因此可为各种地形及场地所选用。

（2）用锚杆（或土钉）代替钢横撑做侧壁支撑，不但可大量节省钢材，且能改善施工条件和缩短工期。

（3）拉杆的设计拉力可由抗拔试验来获得，因此保证了设计的安全度。

（4）施工时的噪声和震动均较小。

（5）灌浆锚杆（索）还可以施加预应力，以控制地面和支护结构的变形。

在人工填土中的锚固法有锚定板结构与加筋土两种形式。现将锚固法的分类列于表 8.1。

表 8.1　　**锚 固 法 分 类**

<table>
<tr><td rowspan="5">天然岩土层中锚固</td><td>锚固材料</td><td colspan="3">灌　浆　锚　杆</td><td colspan="3">土　钉</td></tr>
<tr><td>拉杆材料</td><td colspan="3">粗钢筋（精轧螺纹钢筋，高强钢筋 45 SiMnV 等）、高强钢丝、钢绞线</td><td colspan="3">钢筋、钢管</td></tr>
<tr><td>使用年限</td><td colspan="3">临时性，永久性（使用年限 2 年以上）</td><td colspan="3">临时性为主，在地下水位低的条件下，可以作为永久性支挡</td></tr>
<tr><td>控制变形和增大承载力</td><td colspan="3">普通锚杆（加压或不加压灌浆）
预应力锚杆（一般采用压力灌浆）</td><td colspan="3">大多为不加压灌浆型</td></tr>
<tr><td>施工方法（灌浆）</td><td>一次</td><td>二次</td><td>多次</td><td>注浆型</td><td>打入型</td><td>射入型</td></tr>
<tr><td rowspan="2">人工填土中锚固</td><td colspan="7">锚定板挡土结构</td></tr>
<tr><td colspan="7">加土筋</td></tr>
</table>

本章将阐述在天然地层中的灌浆锚杆，由于篇幅所限，土钉以及在人工填土中的锚定板挡土墙结构，本章不再阐述。

8.1.3　灌浆锚杆

灌浆锚杆指的是利用钢筋等抗拉杆件的一端锚固在可靠的地层或岩层里，使得能提供可靠的拉力，用来平衡土压力、结构浮力等其他结构力的一种构件，在本章所指锚杆、锚索，简称锚杆，不包括土钉和锚钉板等拉锚形式。锚杆本身一般不作为挡土或抵抗外力的结构，而与其他结构联合使用。锚固的主要形式按照构造形式可以分为钢筋锚固和钢绞线锚索两种；按受力特征可分为预应力和非预应力锚杆；按施工方式和特点可分为自钻型、注浆型、高压注浆和分段高压注浆式锚杆等，按锚固段的受力特点可以分为拉力型、拉力分散性和压力型、压力分散型等。

灌浆锚杆的钻孔方向一般沿水平向下倾斜10°～45°，施工时钻孔的深度必须超过支挡构筑物背后的主动土压力区和已有的滑动面，并须在稳定的地层里达到有效的锚固长度，锚杆末端锚入山体内的有效锚固段能承受的最大拉力称为锚固段的极限抗拔力，见图8.5。从图中可见，锚杆主要由拉杆、锚固体、锚杆头部连接三部分组成。当工程决定要采用锚杆时，应对构筑物的受力情况以及锚固地层的性状、地下水等工程地质情况和整体稳定性进行全面调查比较后，再综合决定设计和施工方案。

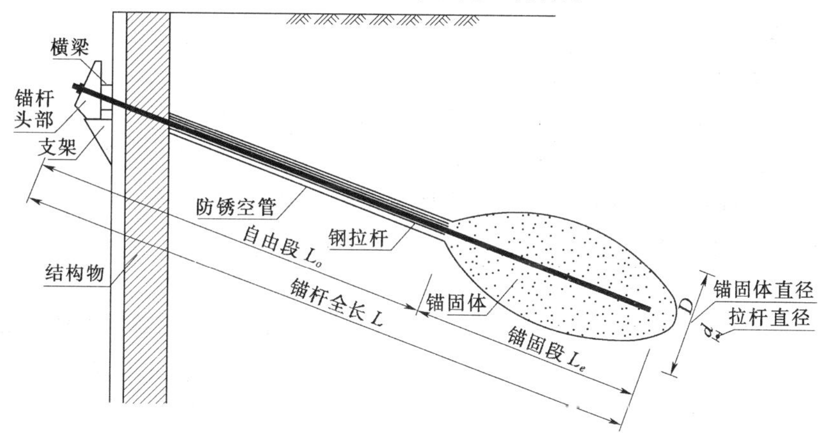

图8.5　锚杆的组成

8.1.3.1　灌浆锚杆的抗拔作用力机理

许多资料表明，锚杆孔壁周边的抗剪强度由于地层土质不同、埋深不同以及灌浆方法不同有很大的变化和差异。对于锚杆的抗拔作用原理可从其受力状态进行分析。图8.6表示一个灌浆锚杆的砂浆锚固段，如将锚固段的砂浆作为自由体，其作用力受力机理为：

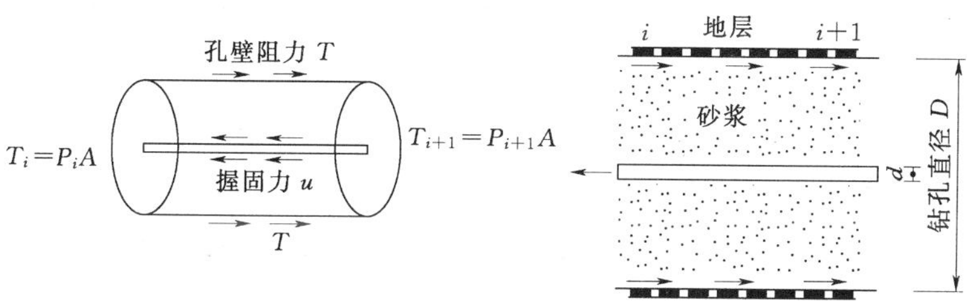

图8.6　灌浆锚杆锚固段的受力状态

当锚固段受力时，拉力 T_i 首先通过钢拉杆周边的握固力（u）传递到砂浆中，然后再通过锚固段钻孔周边的地层摩阻力（τ）传递到锚固段的地层中。因此锚杆如受到拉力的作用，除了钢筋本身需要足够的截面积（A）承受拉力之外，即 $T_i=p_iA$（式中 p_i 为钢筋单位面积上的应力），锚杆的抗拔作用还必须同时满足以下三个条件：

（1）锚固段的砂浆对于钢拉杆的握固力需能承受极限拉力。

（2）锚固段地层对于砂浆的摩擦力需能承受极限拉力。

（3）锚固土体在最不利的条件下仍能保持整体稳定性。

以上第（1）和第（2）个条件是影响灌浆抗拔力的主要因素。

8.1.3.2 锚固段的砂浆对钢筋的握固力

在一般较完整的岩层中灌注钻孔时（灌注的水泥砂浆强度不低于 30MPa），如果按照规定的灌浆工艺施工，岩层孔壁的摩阻力一般大于砂浆的握固应力。因此岩层的锚杆的抗拔力和最小锚固段长度一般取决于砂浆的握固应力，为此

$$T_{u岩}\leqslant L_e d u \pi \tag{8.1}$$

式中 $T_{u岩}$——岩层锚杆的极限抗拔力，kN；

d——钢拉杆的直径，m；

L_e——锚杆的有效锚固长度，m；

u——砂浆对于钢筋的平均握固力，kN/m^2。

砂浆的平均握固力 u 是一个关键的参数，假定图 8.6 中的 T_i 和 T_{i+1} 分别为钢筋在 i 截面上和 $i+1$ 截面上所受的拉力，P_i 为钢筋单位面积上的应力，若令 u_i 为这一段砂浆对于钢筋的单位面积握固力，则

$$T_i-T_{i+1}=u_i \tag{8.2}$$

由此可见，只要将孔口内的钢筋划分成不同区段，则就可根据各区段两端截面上的钢筋应力 P 的数值，按式（8.2）计算求得各个区段中砂浆对于钢筋的握固力 u，资料表明，砂浆对于钢筋的握固力，取决于砂浆与钢筋之间的抗剪强度。如果采用螺纹钢筋，这种握固力取决于螺纹凹槽内部的砂浆于其周边以外砂浆之间的抗剪力，也就是砂浆本身的抗剪强度。

锚杆孔内砂浆握固力的分布情况相当复杂，在实际工作中，可暂不考虑这些变化细节，而只需获得平均握固力的数值，并研究其必需的锚固长度问题。某些钢筋混凝土试验资料建议钢筋与混凝土之间的黏着力大约为其标准抗压强度的 10%～20%，如果按照这种方法去计算一根钢筋所需的最小锚固长度 $L_{e\min}$，并令钢筋的极限拉应力 σ_s，则

$$L_{e\min}=\frac{\sigma_s d}{4u} \tag{8.3}$$

按式（8.4）计算，在岩层中一般直径 25mm 的钢筋锚杆长度只需 1～2m 就够了，这已被铁道部科学研究院在多次岩层拉拔试验中得到证实。试验资料表明：当采用热轧螺纹钢筋作为拉杆时，在完整硬质岩层的锚孔中其应力传递深度不超过 2m，在风化岩层中，应力传递深度达 7～9m，影响岩层锚杆抗拔能力的主要因素是砂浆的握固能力。例如，当岩层锚固深度大于 1.0m，采用 ϕ25 的钢筋时，往往钢筋被拉断而锚固段不会从锚杆孔中拔出；ϕ32 的 16Mn 钢筋被拉到屈服点（290kN），以及 2ϕ32 的 20MnSi 钢筋被拉到屈服

点（550kN）都未发现岩层有较明显的变化；这表明一般锚杆在完整岩层中的锚固深度只要超过 2m 就足够了，但在使用中，为了保证岩质锚杆的可靠性，还必须事先判别锚固区山坡岩体有无坍塌和滑坡的可能，并须防止个别被节理分割的岩体承受拉力后发生松动。因此，建议灌浆锚固段达到岩层内部（除表面风化层外）的深度应不小于 4m。

8.1.3.3　锚固段孔壁的抗剪强度

在风化岩层和土层中，锚杆的极限抗拔能力取决于锚固段地层对于锚固段砂浆所能产生的最大摩阻力，应写为

$$T_{u土} \leqslant \pi D L_e \tau \tag{8.4}$$

式中　$T_{u土}$——岩土层柱状锚体的极限抗拔力，kN；

D——锚杆钻孔的直径，m；

L_e——锚杆的有效锚固长度，m；

τ——锚固段周边的抗剪强度，kN/m^2。

锚杆的钻孔直径 D，有效锚固长度 L_e 和砂浆与孔壁周边的抗剪强度 τ 是直接影响灌浆锚杆抗拔能力的几个因素。其中锚杆周边的抗剪强度 τ 的数值受地层性质、锚杆所处的埋深、锚杆类型和施工灌浆工艺等许多复杂因素的影响。不仅在不同的地层中和不同深度处的锚杆周边抗剪强度 τ 值有很大差异，即使在相同地层和相同深度处，τ 值也可能由于锚杆类型和施工灌浆条件的差异而有较大的变化。

锚杆孔壁与砂浆接触面的抗剪强度，可能有三种不同的破坏情况：①砂浆接触面外围的岩层的剪切破坏，这只有当地层强度低于砂浆和接触面的强度时才发生；②沿着砂浆与孔壁的接触面剪切破坏，这只有当灌浆工艺不合要求以致砂浆与孔壁黏结不良时才会发生；③接触面砂浆的剪切破坏。

在较完整的岩层中，最危险的剪裂面往往不在孔壁附近而是发生在沿钢筋周边的握固力作用面上，即岩层锚杆孔壁的摩阻力一般均大于砂浆对钢筋的握固力。土层的强度一般低于砂浆强度，因此，如果施工灌浆的工艺良好，土层锚杆孔壁对于砂浆的摩阻力应取决于沿接触面外围的土层抗剪强度。土层的抗剪强度的表达式为

$$\tau = c + \sigma \tan\varphi \tag{8.5}$$

或

$$\tau = c + K_o h \gamma \tan\varphi \tag{8.6}$$

式中　c——锚固区土层的黏聚力，kPa；

φ——土的内摩擦角，(°)；

σ——孔壁周边法向压应力，kPa；

h——锚固段以上的地层覆盖厚度，m；

K_o——锚固段孔壁的土系数，一般 $K_o=1.0$。

如采用特殊的高压灌浆工艺，则孔壁土压系数 K_o 将大于 1。其具体数值需根据地层和施工工艺的情况试验决定。但如果是在松软地层中进行高压灌浆，高压灌浆所产生的局部应力将逐渐扩散减小，因而 K_o 的增大也是有限度的。因此在松软地层往往采用扩大孔径的方法增大锚杆的抗拔能力。

任务8.2　锚杆的设计

灌浆锚杆的设计主要包括：锚杆的配置及其与结构的相互关系，锚杆设计拉力的确定，锚杆的截面，锚头连结，锚杆的长度以及锚杆与结构物的整体性验算等。

锚杆的设计与其所连结的结构物密切相关，由于锚杆的应用十分广泛，其设计拉力和整体稳定性的计算方法对不同的结构物各不相同。

任务8.3　锚固的施工

锚杆作为一种新技术得到迅速发展与大量新建工程的兴起有关，但主要还是由于各种高效率锚杆钻机的问世以及有了特殊的施工工艺与专利装置所促成。从安全和经济的角度而言，在各种不同的土质条件下，采用哪些施工方法，选用何种机械设备，这是锚杆施工中至关重要的环节。机械设备选择得当，施工工艺合理，锚杆技术才能发挥其应有的经济效益。与此同时，只有良好的施工质量，才能使锚杆技术的可靠性得到保证。

8.3.1　施工计划与准备

为满足设计要求做成可靠的锚杆，必须综合对锚杆的使用目的、环境状况、施工工艺等编制出施工计划书。锚杆一般设置在复杂的地基土内，是在不能直接观察的状态下进行施工的，因此在施工前必须实地了解和核实周围情况，安排有经验的技术人员担任负责人。根据详细观察地表可见到的种种现象去作出判断和决定。按设计要求选定施工方法、施工机械和材料，并在施工计划书中制定出施工工期、安全要求和防止公害措施等。必须安排必要的管理体制，当出现与最初的预想、设计条件不一致的情况时，能够得到迅速和适当的处理。

施工的准备工作有：钻孔作业空间及场地平整，钻孔机械、张拉机具及其他机械等设备的选定，材料的准备与堆放，拉杆的制作，电力供应及给排水条件等。

灌浆锚杆一般的施工顺序如下：

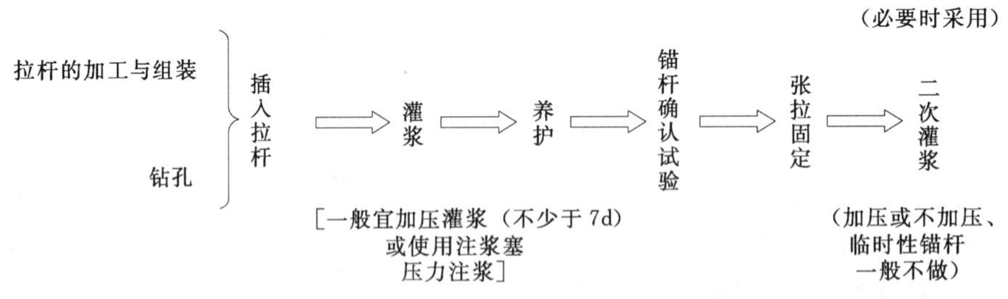

图8.7　灌浆锚杆施工顺序图

8.3.2　钻进成孔工艺

由于岩层锚杆的施工机具和施工工艺都比较简单，在此不作特殊的介绍。对于土层锚杆，现有多种施工机械以及施工工艺，在此将介绍常见锚杆钻进机具和锚杆施工方法，锚杆常用施工设备见表8.2。

表 8.2 锚杆常用施工设备

设备名称		技术性能	适用条件	生产厂家
钻孔设备	KRUPP 钻机	钻孔角度 0°～90°；钻孔直径 100～200mm，钻孔深度 60m；可带套管钻进	各种地层	
	Salggitter 或 UBW 钻机	全自动液压装置（旋转、冲击钻进及移动），可钻任何角度	各种地层	德国
	TK 或履带钻机（长螺旋式）	$D=220$mm，长 3.0m（每根），钻孔角度 0°～90°	砂质黏土、砂砾石层	日本
	YTM-87 钻机	$\theta=0°\sim90°$；$D=100\sim200$mm；$H=30\sim60$m；可带套管钻进	各种地层	冶金部建筑研究总院
	SGZ-Ⅱ钻机	$\theta=0°\sim360°$；$D=100\sim200$mm；$H=40$m；不能带套管钻进	不易坍孔层	杭州钻探设备厂
	工程地质钻机	$\theta=0°\sim90°$；$D=100\sim200$mm；$H=40$m；不能带套管钻进	不易坍孔的土层	
压浆设备	2TGZ-60H10 注浆泵	工作压力 6～21MPa；排量 60～16L/min	高压注浆	辽宁锦西注浆泵厂
	HB6-3 灰浆泵	工作压力 0～1.5MPa；排量 50L/min	普通注浆	济南山泉机械厂
	UBJ_2 挤压式灰浆泵	工作压力 0～1.5MPa；排量 30L/min	注水泥砂浆	杭州建筑机械厂
张拉设备	YC 系列千斤顶	张拉力 600kN、1200kN；张拉行程 150mm、350mm	配 MJ 锚具和螺母	柳州建筑机械厂
	YCQ 系列千斤顶	张拉力 1000kN、2000kN、5000kN；张拉行程 150mm、200mm	配 QM 锚具	柳州建筑机械厂
	ZB4-500 电动油泵	确定压力 50MPa；额定流量 4L/min	配 YC、YCQ 系列千斤顶	柳州建筑机械厂

1. 回旋式钻机

回旋式钻机为最常见的土锚施工机具，适用于黏性土及砂性土地基。钻孔装置在可自行的履带底盘上或固定在可移动的框架上，钻头安装在套管的底端，由钻机回转机构带动孔底钻头转动并以一定的压力。被切削的渣土，通过循环水流排出孔外而成孔。如在地下水位以下钻进，对土质松散的粉质黏土、粉细砂、砂卵石及软黏土等地层应有套管保护孔壁以避免坍孔。一般禁止使用泥浆护壁成孔。

2. 螺旋钻

利用回旋的螺旋钻杆，在一定的钻压和钻速之下向土体钻进，同时将切削下来的松动土体顺螺杆排出孔外。螺旋钻法适宜在无地下水条件下的黏土、粉质黏土及较密实的砂层中成孔。根据不同的土质，需选用不同的回转速度和扭矩。为了施工方便，螺旋钻杆不宜太长，一般以 4～5m 为一节，并宜搭配一些短杆，目前 YTM87 型钻机是履带式全液压钻机，使用螺旋杆的干式钻进，钻孔深度可达到 32m。

3. 旋转冲击钻机

旋转冲击钻机又称为万能钻机，具有旋转、冲击和钻进三种功能同时作用的功能。在钻进的过程中，可以边钻边下套管，因此特别适用于砂砾石层、卵石层及涌水层地层。该种钻机也可根据地层的情况，分别用旋转、冲击等钻进，并且具有能迅速装卸、方便移动等功能。

8.3.3 锚杆制作与组装

8.3.3.1 拉杆的组装

用粗钢筋做拉杆时，根据承受荷载的要求，以不超过2根为宜，如必须更多时，则应按需要长度的拉杆点焊成束，间隔2～3m点焊一点。为了使拉杆钢筋能放置在钻孔的中心以便于插入，宜在拉杆下部焊船形支架（成120°分布）。同时为了插入钻孔时不至于经孔壁带入大量土体，必要时可在拉杆尾端放置圆形锚靴。

拉杆也可用钢束和钢绞线构成，一般锚索需要在工地现场装配。首先要决定锚索的总长，并将各锚索切断至该长度，每股长度误差不大于50mm。由于锚索通常是以涂油脂和包装物保护的形式运到现场，因此锚索切断后应清理有限锚固段的防护层（用溶剂或蒸汽清除防护油脂）。如锚索是由若干根钢索构成，则必须在锚固端沿锚索长度安装可靠的间隔块，以使各钢索保持平行，间隔块间距1.0～1.5m，使用的材料能经受住装卸和安装就位时的强度并能保证对锚索钢材无有害的影响，图8.8是多束钢绞线锚索的一般构造。

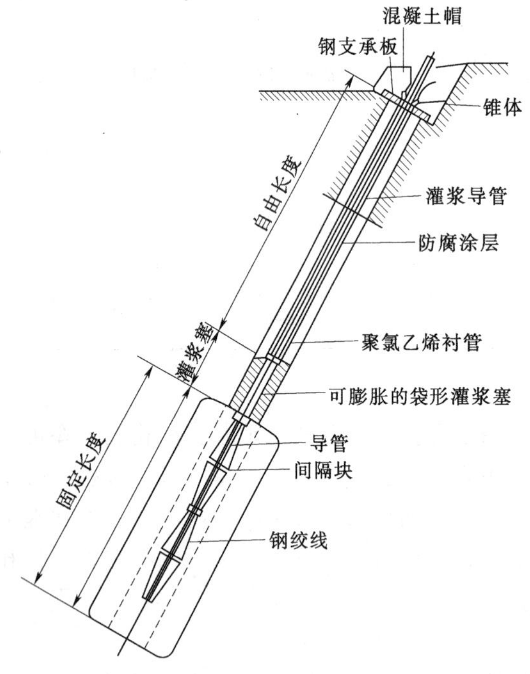

图8.8 多束钢绞线锚索的一般构造

锚拉杆加工和安装结束时，必须进行仔细的检验，如核对尺寸、检查间隔块和定位中心装置是否恰当、防护装置有无损坏等。

8.3.3.2 拉杆焊接

粗钢筋长度不够时，拉杆焊接可采用对焊，也可采用电焊在工地用帮焊焊接，帮焊焊接可用E—55电焊条。帮焊长度按《混凝土结构工程施工及验收规范》（GB 50204—92）钢筋焊接技术要求，例如采用两条帮焊四条焊缝，帮条长不小于$4d$（d为锚杆钢筋直径），焊缝高一般不小于7～8mm，焊缝宽不小于16mm。

如果采用精轧螺纹钢筋，如45SiMnV，出厂产品有配套的套管作连接，不用焊接，使用方便。

8.3.3.3 插入拉杆

在一般情况下，拉杆钢筋与灌浆管应同时插入钻孔底部，尤其对于土层锚杆，要求杆体插入孔内深度不宜小于杆体长度，退出钻杆立即将拉杆插入孔内，以免坍孔。插入时要将拉杆有支架的一段向下方，若钻孔时需要使用套管，则在插入拉杆灌浆后，逐段将套管拔出。对长锚杆（或锚索）负载量较大时，要用

起重设备。起吊的高度与锚杆钻孔的倾斜角度有关，目的是能顺着钻孔的倾斜度将拉杆送入孔内，避免由于人工搬运、插入引起拉杆的弯曲。

8.3.3.4 拉杆的防锈

拉杆的防锈保护层取决于锚杆使用的时间及周围介质对钢材的影响程度。国内外迄今尚未制定评价腐蚀危险程度极其防护措施的标准。一般认为临时性的锚杆可以不做防锈保护层，而永久性锚杆必须有严格的防锈措施。

对临时性锚杆使用时间目前还没有明确的规定，从 3 个月到 24 个月，甚至更长，但一般情况下不超过 2 年，必要时锚固体敷以水泥砂浆外，非锚固段涂防锈油漆或用聚氯乙烯套管，防锈保护措施视工地的环境条件（地下水及工业废水的侵蚀作用，土中含有的溶解盐对钢材、水泥的腐蚀等）而定。

对永久的锚杆，防锈必须作为一个重要的问题来对待，设计时对地下水无腐蚀性时，钢材要求采用 2mm 保护层，有腐蚀性时应有 3mm 以上的保护层。粗钢筋放入锚孔前要除锈，涂防锈油漆。常采用的方法是有效锚固段在钻孔内用水泥砂浆保护，保护层厚度不小于 4cm，非锚固段在涂防锈漆后用被热沥青浸透过的玻璃纤维布两层缠裹，并特别注意锚杆孔及接缝处的防锈质量。使用钢丝绳时必须在其全长上进行预先的防锈处理，如在车间里加塑料套管，并向管内注入机油等。国外锚杆规范上，如欧洲各国 FIP、德国 DIN—4125、日本 JSF—D177 上都有较详细的规定。

8.3.4 锚杆的注浆施工工艺

8.3.4.1 砂浆的配制

为了使砂浆能在灌浆管中流动，并达到要求的强度，宜采用灰砂比 1∶1～1∶0.5、水灰比 0.4～0.45。砂宜选用中砂并过筛，通常使用不过期、强度等级不低于 32.5MPa 的普通硅酸盐水泥。不得用硫酸盐含量超过 0.1%，氯盐含量超过 0.5%以及有大量悬浮物含有机质水，为避免大块浆液堵塞压浆泵，砂浆需经过滤网再注入压浆泵。当采用纯水泥浆灌注时，水灰比约为 0.45。

为了增加水泥的早期强度、流动度和降低硬化的收缩，可在水泥浆中加入外加剂，但应注意，外加剂不能对钢材有腐蚀作用。常用水泥外加剂的掺量见表 8.3。

表 8.3　　水泥浆用外加剂

外加剂种类	化学及矿物成分	宜掺量（占水泥重量百分比）	说　明
早强剂	三乙醇胺	0.05	加速凝固和硬化
减水剂	LINF—S 型	0.6	增强和减少收缩
膨胀剂	铝粉	0.005～0.02	膨胀量可达 15%
缓凝剂	木质素磺酸钙	0.2～0.5	缓凝并增大流动性
复合早强减水剂	FDN—5 型	0.3～0.6	增强流动性，早强

水泥浆的强度（取立方体试块）：7d 强度不小于 20MPa，28d 强度不小于 30MPa。

8.3.4.2 灌浆工艺

灌浆有常压灌浆和高压灌浆之分。

常压灌浆一般采用 1 根 D25mm 左右的钢管（或硬质尼龙管）作导管，一端与压浆泵连接，另一端用细铁丝捆扎在锚杆上同时送入钻孔内，距孔底应预留0.5m的空隙。灌浆管如采用尼龙管，使用时应先用清水洗净内外管，然后再开动压浆泵将搅好的砂浆注入钻孔底部，自孔底向外灌注。随着砂浆的灌入应逐步地将灌浆管向外拔出直至孔口，但灌浆管管口必须低于浆液面，这样的灌浆可将孔内的水和空气挤出孔外，以保证灌浆质量。灌浆完成后，应将灌浆管、压浆泵和搅拌机等用清水洗净。用压缩空气灌浆时，压力不宜过大，以免吹散砂浆，而且在地层中有时可能产生大的压力，因此必须控制灌浆压力，以避免损坏毗邻的各锚杆。

高压灌浆需要用密封圈或密封袋（注浆塞）等封闭灌浆段，高压灌浆才成为可能。灌浆时应当采用一根小直径的排气管将灌浆段内的空气排出钻孔。如有浆液从该管流出，则表明在这锚固段上已经填满水泥浆。在压力进一步增大时封住这根排气管。注浆塞与高压装置大多为专利产品，各公司出品均有所不同，日本在钻孔中用的注浆塞是在压力灌浆时将帆布塞膨胀起来，使膨胀体内的浆液出不来，保证了浆液的压力。还有用二次高压注浆的方法，如有在灌浆锚固体内留有一根灌浆管，在初凝24h后，再灌一次浆液，即使原生的锚固体在压力灌注下产生劈裂缝并用浆液填充以提高灌浆的质量，一般冲开压力要大于2.5MPa。上海太平洋饭店基坑护坡工程采用高压注浆，锚杆承载力比一次常压注浆提高一倍以上。

在软地层中法国用过重复灌浆的I.R.P锚杆以及TPT锚杆（Masfran fuono和Tomolo，1977）等。为了增大锚杆的抗拔力，还可以采用机械扩孔、压力喷射等专利装置方法，在高压作用下形成一个圆柱形扩大区。

8.3.4.3 简易二次注浆施工工艺

为了增大锚杆的抗拔力，常见而且有效的方法就是对锚固段二次压力注浆，称为二次注浆施工工艺。锚杆锚固段的注浆分为两次，第一次在钢筋或钢绞线放入锚孔之后，进行全段注浆，在锚固体内预留一根二次注浆管，两注浆管间隔0.3～0.5m，左右对穿钻孔，并用胶带包扎封住。待第一次注浆液达到初凝时，利用二次注浆管对锚固体进行二次劈裂压力注浆。该技术的关键在于掌握好第一次注浆体的初凝时间，把握第二次注浆的时机。在第一次注浆体达到初凝时，进行第二次注浆。在第一次注浆体未能初凝的情况下，第二次注浆有可能发生孔口冒浆达不到注浆压力，不能在锚固段产生扩孔、劈裂注浆等效应。当第一次注浆体完全凝固，第二次注浆就很难胀破一次注浆体达不到注浆的目的。

二次注浆增加锚杆承载力的机理可以解析如下：

（1）对于砂性土，通过二次注浆在锚固体和周边土层中产生裂缝，并由浆液填充，这样在土中就形成了较大的径向压力，同时由于裂缝内填充了浆液，使得锚固体获得了粗糙的表面，在很大程度上增大了锚固体与土之间的摩擦力。在砂性土中二次压力灌浆后锚固体界面如图8.9（*a*）所示。

（2）对较软的黏性土、回填土等软弱土层，二次注浆不仅有以上功效，还会由于二次注浆在锚固体形成类似糖葫芦状的注浆扩大体，如图8.9（*b*）所示，使得锚固体的直径加大，同时改善锚孔周边土层的性质，使得锚固大为增加。有统计资料表明，合理的二次注浆工艺，可以使得锚杆的极限抗拔承载力增加50%～100%。

8.3.4.4 多次注浆锚杆施工工艺

与简易二次注浆的区别在于，与钢绞线一起放入锚孔的二次注浆管是一根弹性、强度

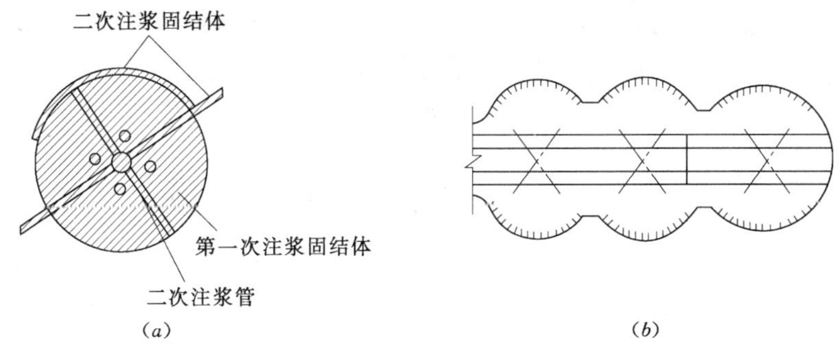

图8.9　二次注浆的效果

(a) 砂性土二次注浆截面；(b) 软土层二次注浆的扩大作用

很好的袖阀注浆管。一般该袖阀管的直径50mm，在侧壁每隔0.3～1.0m对开4个小孔，小孔外侧用橡胶封盖。注浆时外侧的浆液由于袖阀的封盖不能进入注浆管，当注浆管内的注浆压力大于外侧第一次注浆体的强度时，就会产生劈裂，达到注浆目的，当第一次注浆固结体初凝之后，就可以利用袖阀管进行二次或多次重复注浆，二次或多次重复注浆采用特制的注浆头，该注浆头一定的长度上下端由皮碗封堵。对准需要注浆的孔位可实现定位的效果，而且可以有针对性地对软土层进行加固注浆，在使用一段时间后进行注浆，可以补救锚固力不足以及防止锚固段钢筋腐蚀。

8.3.4.5　压力注浆锚杆施工工艺

在许多土层和工程中，通过一次性压力注浆施工的锚杆也可获得较大的锚固力。该施工工艺简介如下：采用旋转或旋转冲击式钻机带套管钻进。在钻进过程中用清水循环清孔，钻进到位后在套管内放入锚杆杆体，拔出套管时，利用套管将水泥浆在较高的压力下注入，一般上拔0.5～1.0m，压浆一次直至锚固段全长，注浆压力根据地层情况控制在1.0～1.5MPa。通过该种方法，在锚固段形成圆柱体注浆扩大区，达到增加抗拔力的目的。

8.3.5　锚杆的张拉与锁定

初期拉紧力指固定锚杆时所施加的拉力，也称为预应力或张拉锁定力。此拉力中，长期保留下来并能长期起作用的部分称为有效拉紧力，通常根据构筑物条件考虑需要多大有效拉紧力，再考虑由于构筑物变形等因素可能造成多少应力松弛，最后确定锚杆施工时应施加多大初期拉紧力。

有效拉紧力根据作用在构筑物上的荷载决定，除一般设计荷载外，还应当考虑荷载最小的情况，因为实际作用荷载较小时，锚杆拉紧力如果太大，作为反向荷载有可能造成事故，所以初期拉紧力大并不一定就好。此外，有效拉紧力取决于构筑物的允许变形量，因此必须对锚杆变形量和构筑物的允许变形量进行详尽的考虑。

用于基坑、边坡稳定的锚杆，张拉锁定力相当于设计荷载50%～100%，一般取70%，如果是多层锚杆应与侧压力分布所需取得的平衡来决定各层锚杆的初期拉紧力。锁定的形式主要有螺帽（套筒）拧紧、专用锚具夹片锁定和锚头焊死等形式。精轧螺纹钢钢筋一般配套有专用的内螺纹套筒，用来锁定锚杆很方便；一般螺纹钢筋，吨位小时可以采用锚头焊接的方式固定，吨位较大时可以帮焊螺栓，张拉后采用螺帽拧紧固定；钢绞线作为杆体的预应力锚索，采用孔数和直径与钢绞线型号和根数匹配的专用锚具，张拉夹片自动锁紧。在特殊的情况下，锚杆或锚索要求分期张拉时，钢筋锚杆应考虑采用螺栓锚头，钢绞线采用工具锚，以方便二次张拉或多次张拉。

任务8.4　锚固试验与质量检验

8.4.1　试验的目的和种类

建立在破碎风化的软岩、粗粒土以及黏性土中的锚杆，由于介质条件变化，常会出现各种复杂性的问题；而且在地基中锚杆钻孔时，会引起土的应力释放及机械的扰动；向锚杆孔注浆，用增压装置、扩孔等都会出现不同的应力变化。这些复杂的影响因素都会影响锚杆的抗拔力，所以需结合具体的工程进行现场试验，而远非用标准的设计可解决。因此，各项锚杆工程（尤其是土锚）在施工前必须进行现场抗拔试验，目的是为了判明施工的锚杆能否达到设计要求的性能，若不能满足时应及时修改设计或采取补救措施，以保证锚杆工程的安全。另外采用新技术、新工艺的锚杆必须进行锚杆的抗拔试验。

锚固工程需要进行的试验有三类：

第一类：常规性试验与检验。在施工情况已知的条件下，明确锚杆该如何可靠地建造且按预期的方式起作用，必须对所有的材料按国家标准进行检验。如钢材、锚头、张拉设备、防锈保护系统、拉杆的焊接、制造装备、灌浆、砂浆强度、现场操作、机械设备等。这一系列实验实际上包括了工地所有施工应有的项目。这些常规性试验通常由承包施工锚杆的单位进行。

第二类：现场试验。选择与施工锚杆相同的地层地段进行现场拉拔试验、锚杆群锚效果试验、长期蠕变性能试验、抗震耐力试验等。这些试验工作一般要求在锚杆工程施工前进行。

第三类：检验实验。对已施工的锚杆进行确认检验。各种锚杆技术规程或规范中均有明确规定，是一种常规的验收要求。

8.4.2　极限抗拔力试验（又称基本实验）

为了验证设计所估算的锚固长度是否足够安全，则需要测定锚体与地基土之间的极限抗拔能力，用以检验所采用的锚杆参数是否合理。

极限抗拔力试验应于施工前在工地（与施工地段相同的地质条件）进行，一般做2～3根。如果施工地段很长，而且地层变化很大的地区还应根据具体情况增加试验的数量。如果临近有类似条件的实验资料可利用，亦可省略不做，参考使用锚固参数τ值。但设计者必须认识到：极限抗拔能力不会与规范推荐的计算式相同。因为，锚杆的承载能力除考虑土质以外，与施工方法、施工质量的好坏有很大关系，特别是地下水位高时，钻孔灌浆技术好坏影响很大。极限抗拔能力也不会与锚杆体的直径或长度成正比。

极限抗拔能力试验（又称基本试验）方法如下。

1. *试验方法和步骤*

在现场钻孔，灌浆后的锚杆，待砂浆达到70%以上的强度后才能进行拉拔试验。一般情况下对普通水泥必须养护8d左右，早强水泥4d左右，进行拉拔试验前应平整山坡，做好支座及千斤顶等的安装工作，实验开始时，每级荷载按事先预计极限荷载的1/10施

加，最后按预计极限荷载的 1/15 施加直至破坏为止。

加载后每隔 5～10min 测读一次变位数值，每级加载阶段内记录数值不少于 3 次，每级荷载的稳定标准为连续 3 次百分表读数的累计变位量不超过 0.1mm。稳定后即可加下一级荷载。若变位量不断有所增加直至 2h 后仍不能达到稳定者即认为该锚杆已达极限破坏。卸荷分级约为加荷的 2～4 倍，每级卸荷后隔 10～30min 记录一次变位量，荷载全部卸除后，再测读 2～3 次，即读完残余变位数值以后，试验结束。

锚杆张拉荷载分级及观测时间，可参见表 8.4 的规定。

表 8.4 锚杆张拉荷载分级及观测时间

张拉荷载分级（Nt）	0.1	0.25	0.50	0.75	1.00	1.10～1.20	锁定
砂质土观测时间（min）	5	5	5	5	5	10	10
黏性土观测时间（min）	5	5	5	5	10	15	10

2. 试验结果分析

（1）绘制荷载变位曲线，如图 8.10（*a*）所示。以明显的转折点作为屈服拉力或将 *OA* 延长交与 *E* 点的抗拔力作为锚杆的屈服应力。

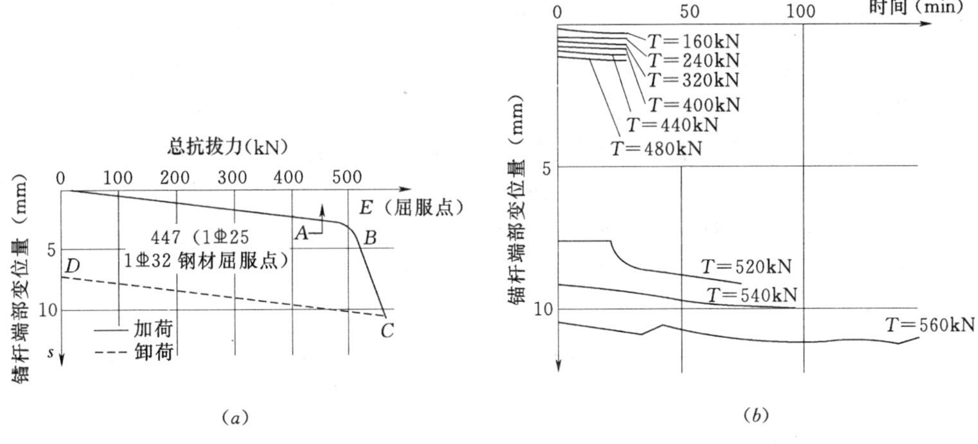

图 8.10 拉力变位量—稳定时间曲线

（2）绘制变位量—稳定时间曲线，如图 8.10（*b*）所示。

8.4.3 特殊试验

（1）杆群拉张试验。由于情况不得已，锚杆间距必须很密（小于 10*D* 或 1.5m，*D* 为钻孔直径）时才需做此试验，以判明锚杆群的效果。

（2）循环的拉张试验。承受风力、波浪或反复式等其他震动力的锚杆，需判断由于地基在重复荷载作用下的性状变化所引起的效果。

（3）蠕变试验。为了判明永久性锚杆拉紧力的下降，蠕变可能来自锚固体与地基之间的特性，也可能来自锚杆区间的压密收缩，应在设计荷载下长期量测张拉力与变位量，以便于决定什么时候需要再做拉紧。

对于设置在岩层和粗粒土中的锚杆，没有蠕变问题。但对于设置在软土里的锚杆，必须做蠕变实验，判定可能发生的蠕变变形是否在容许范围内。

8.4.4　锚杆的检验试验

1. 张拉试验

根据极限抗拔力试验确定的土层锚杆，当后来在施工作业面上作业后，仍需进一步核定该批施工锚杆是否已达到设计预定的承载能力，因此要在施工锚杆的工作面上做张拉试验。试验方法与拉拔试验相同，但张拉试验只做到 $1.0\sim1.2T_o$ 为止（T_o 为设计荷载）。张拉试验的锚杆数量应做到施工锚杆数量的 3%～5%，但不少于 3 根。这样做的目的是为了取得锚杆变位性状的数据，并可与极限抗拔力试验的成果对照核实。

2. 确认试验

以张拉试验所获得的变位性状为依据，用简单的方法对未做张拉试验的锚杆进行试验，并与张拉试验资料相比较，确认设计荷载的安全性。确认试验以 $0.8\sim1.0T_o$ 为张拉力，一次加荷，在所定的荷载时间内变位不见增加，如砂土 5min、黏性土 10min。以变形与张拉试验时大体相同或更小即认为合格。

任务8.5　锚 杆 的 防 腐

国内锚固技术已大量应用，开始用于临时工程，后来逐渐大量用于永久性工程。对于类似基坑支护等临时工程，锚杆的使用年限只有 1～2 年，锚杆的腐蚀问题不突出。对于永久性工程，锚杆的防腐问题就显得突出了。但是，目前国内这方面的工作还未引起足够重视，现行的规范中，还未能强制性规定永久性锚杆采用防腐措施，锚杆防腐方面的技术创新也很少见到。在国外防腐问题一直给予高度重视，在受地下水影响的地层设计的永久性锚杆一般采用隔离式锚杆。在各种特殊环境下使用的锚杆均有严格的防腐技术要求。一般而言，使用期在 2 年以内的锚杆作为临时锚杆，超过 2 年作为永久性锚杆。对于永久性锚杆，必须针对具体条件进行防腐设计。

防腐设计的目的是确保在工程有效服务年限内锚索不被腐蚀和破坏。锚索要在高应力状态下长时间工作，这些锚索所处的工作环境可能十分恶劣，在这样的条件下锚索的腐蚀速率是十分惊人的。例如 Feld 和 White（1974）提供了一个有趣的工程案例：一个由单排预应力锚索加固的挡土墙，在工作了两年左右的时间内，先后有数根锚索断裂并像标枪一样越过工地飞走了。后来经过调查发现，是多年来烧煤的火车头煤烟中掉下来的煤渣形成了硫酸，导致地下水具有酸性而使锚索腐蚀破坏。目前关于锚索的腐蚀与防腐研究还没有达到量化的程度，而只能针对地层对锚索的腐蚀程度采取相应的保护措施。

8.5.1　锚杆的腐蚀环境

对于锚索，锚索的寿命主要受构件腐蚀和锚固段蠕变的控制。地层对锚索的腐蚀是从锚索体表面开始，首先腐蚀金属表面的纯化层，继而腐蚀锚索体本身，腐蚀锚索体材料的速度决定于注浆体的质量、渗透性、注浆体是否开裂、裂缝宽度、锚索的工作环境和应力状态。例如，在海洋环境中，处于高应力状态工作的锚索、腐蚀性地层中的锚索等都会加速腐蚀。通常埋入地下的金属构件主要由电化学反应引起腐蚀而破坏，其腐蚀的条件如下：

两种性质不同的金属材料在接触时形成电位差，活性差的金属起阴极作用，另一种金属起阳极作用，在适当条件下，阴极金属就会出现腐蚀；金属表面存在不均匀性，在化学

成分变化的局部区域产生电位差而开始腐蚀；分子金属表面常存在一层防护氧化膜，当其处于氧化膜破坏时产生电位差而开始腐蚀；金属处于离子浓度有变化的环境中形成电位差而开始腐蚀；金属所处的环境（例如细菌、氧气、有害元素、湿度等）加速腐蚀速度。在研究锚固设计时，对以上腐蚀因素的了解和制定防腐蚀对策是很有必要的。锚索周围被注浆体覆盖。一般而言，水泥质注浆体为锚索创造了有益的碱性（pH 值为 11～12.5）工作环境，但在某些条件下，由于周围环境的影响其 pH 值可能会降低，这是因为注浆体在某种程度上都是可渗透的；另一方面，由于锚索张拉时，自由段上的应力会传到锚固段上，其距离约为 0.3～0.6 倍的锚固段长度，在这一范围内，注浆体由于受拉而出现不同程度的裂缝，在腐蚀性环境中，开裂的注浆体几乎不起保护作用。所以，含有有害物质的地下水的渗透和锚固段注浆体的开裂都形成了锚索腐蚀的条件。对于锚索体的腐蚀速率，目前国内外尚无定量计算或定量评估的方法，防腐蚀的对策是采取不同级别的防护措施。

在进行锚固设计时，应根据对地层水土的测试和分析结果，划分地层对锚索体和地层对注浆体的腐蚀等级（表 8.5）。一般而言，腐蚀等级按下列顺序减少：回填土—有机土—黏性土—粉土—砂—砾石。工作在下列地层环境中的锚索，应特别注意其防腐问题：出露于海水，含有氯化物和硫酸盐环境中的锚索；氧含量低而硫含量高的饱和黏土；含有氧化物蒸发盐的环境中；在有腐蚀性废水或腐蚀性气体污染的化工厂附近；穿过地下水位起伏变化较大区域内的锚索；穿过部分饱和土的锚索；穿过化学组成特征不同，水或气体含量差异较大地层中的锚索；锚索应力受到循环波动的环境。

表 8.5　　地层对锚索体腐蚀等级

地层腐蚀等级		很强	强	中等	弱
地层有效电阻		<700	700～2000	2000～5000	>5000
氧化还原势（pH 值为 7）正常氧电极（mV）		<100	100～200	200～400	>400
水的导电率（Ω/cm²）		>430	430～200	200～100	<100
地层电流密度		$>1\times10^{-1}$	$1\times10^{-1}\sim3\times10^{-5}$	$3\times10^{-5}\sim1\times10^{-4}$	$<1\times10^{4}$
pH 值		<6.0	6.0～6.5	6.5～8.5	8.5～14
地层腐蚀物含量	总的 SO_3（%）	>0.3	0.2～0.3	0.1～0.2	<0.1
	Cl（%）	>0.1	0.1～0.05	0.05～0.02	<0.02
地下水腐蚀物含量	SO_3+ Cl（mg/L）	>300	200～300	100～200	<100
	CO_2（mg/L）	5	5	0	0

注　当地层的实测值至少有两项与表中相符时，即可将地层划分为该腐蚀级别。

从地层腐蚀性出发，国际预应力协会（FIP 1990）规定在下列地层中不宜设置永久性锚索，当条件限制不能避开时，应对锚固段采取特别防腐措施。地下水 pH 值小于 6.5 的地层；地下水中的 CaO 含量大于 30mg/L 的地层；CO_2 含量大于 15mg/L 的地层；NH^{+4} 含量大于 15mg/L 的地层；Mg^{+2} 含量大于 100mg/L 的地层；SO_4^{-2} 含量大于 200mg/L 的地层。

8.5.2　锚杆防腐方法

锚杆的防腐方法主要有碱性环境防护、物理防护和电防护等。碱性环境防护是依靠水

泥注浆体对锚索提供碱性环境，达到对锚索保护的目的；物理防护是在锚索材料上直接覆盖塑料等材料，从而阻止外部腐蚀性物质与锚索体的接触；电力防护是使锚索体形成一个电路，并使锚索体表面极化成阴极的保护方法，通常是保护大批锚索而采用的一种方法。由于造价等方面的原因，目前的防腐主要是以水泥注浆体防护和物理防护方法为主。

为确定锚索防腐系统时，应重点考虑以下因素：

(1) 锚索服务年限。

(2) 地层腐蚀等级。

(3) 工程的重要性。

(4) 腐蚀破坏所产生的后果与施加防腐措施所增加费用的对比。

对于锚固力较低的锚杆，当处于非侵蚀性和低渗水性（$K<10\text{m/d}$）的地层中时，可仅使用水泥注浆体进行防护。地层对注浆体的腐蚀级别及使用水泥的建议见表 8.6。锚固力较高的永久锚索，即使当锚索工作在低渗水性的地层中时，原则上是要进行物理防护。针对不同的腐蚀性地层，建议采用的锚杆防护系统见表 8.7。

表 8.6　　地层对注浆体的腐蚀级别及使用水泥的建议

级别	以 SO_3 表示的硫酸盐浓度			使用水泥的种类	最大水灰比 W/C
	土层		地下水 (g/L)		
	总的 SO_3 含量 (%)	水：土=2：1时提取的 SO_3 (g/L)			
1	<0.20	<1.00	<0.03	普通硅酸盐水泥快硬硅酸盐水泥矿渣硅酸盐水泥粉煤灰水泥	0.6
2	0.20～0.50	1.00～1.90	0.30～1.20	普通硅酸盐水泥 矿渣硅酸盐水泥 抗硫酸盐水泥	0.55
3	0.50～1.00	1.90～3.10	1.20～2.50	抗硫酸盐水泥	0.5
4	1.00～2.00	3.10～5.60	2.50～5.00	抗硫酸盐水泥 高抗硫酸盐水泥	0.45
5	>2.00	>5.6	>5.00	高抗硫酸盐水泥	0.4

表 8.7　　锚索防腐系统级别

锚索分类	腐蚀级别		建议的防腐系统（锚索类型）
	地层对注浆体	注浆体对锚索体	
临时锚索	弱	1～2 级	二次注浆锚索和普通自由锚索
	中等—强	3～4 级	二次注浆锚索和普通自由锚索，重要工程使用
	很强	4～5 级	使用全长波纹管防护锚索
永久锚索	弱	1～2 级	二次注浆锚索和普通自由锚索，重要工程使用全长波纹管防护锚索
	中等—强	3～5 级	使用全长波纹套管防护锚索和压力型锚索

8.5.2.1 锚杆或锚索自由段隔离防腐

一般锚杆或锚索的自由段采用塑料套管隔离和防腐。一般宜选用聚氯乙烯或聚丙烯软塑料管分别对每一根钢绞线或钢筋进行防护。自由段防腐应遵守以下规定：

（1）自由段塑料套管宜选用聚氯乙烯或聚丙烯软塑料管，套管内所有空间应用油脂充填。临时锚索可用塑料带或油脂浸渍的高分子纤维织物取代塑料套管，在缠裹时，塑料带的搭接长度应大于带宽的50%，且塑料带应与锚索体紧密接触。

（2）在现场制作防腐涂层时，锚索体应用防锈剂涂刷防锈层，防锈剂的使用方法及技术要求应符合生产厂家的规定。套管与锚索体之间的空隙应用油脂填充。

自由段宜选用无接头的套管，当接头存在时，接头处搭接长度应大于50mm，并用胶带密封，若使用有溶解能力的黏结胶密封时，其搭接长度一般不小于20mm。

8.5.2.2 锚杆或锚索的锚固段防腐

在锚固段进行防腐处理时，防腐系统应能够确保把锚杆或锚索内部的应力有效地传入地层，同时要确保防腐系统的有效性。锚固段防腐一般采用多次注浆、压力式或压力分散式锚杆和采用波纹管隔离等方法。对于防腐条件不利的情况，应考虑采用波纹管隔离等较为可靠的防腐措施。锚固段的波纹管防腐结构见图8.11。

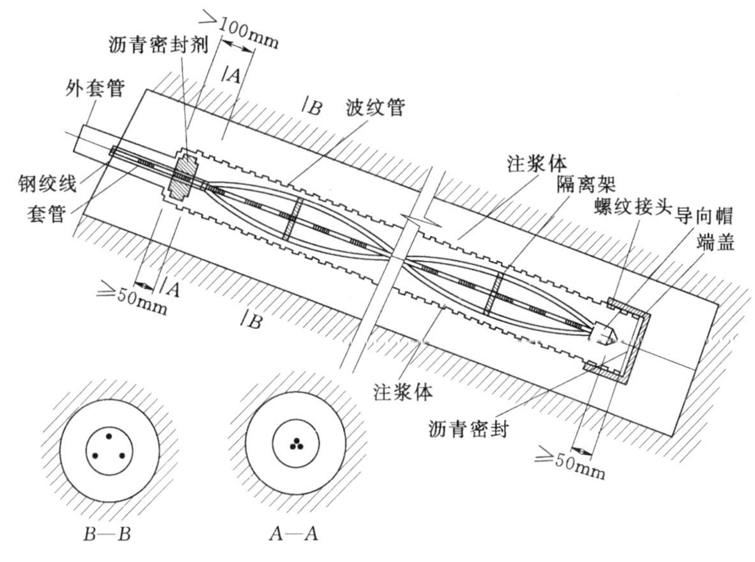

图8.11 波纹管防腐锚杆示意图

8.5.2.3 锚头防腐

锚头防腐有垫板下部和上部两部分，上部是对外露部分进行防腐处理，下部是对于注浆体收缩而形成的空洞进行处理。

垫板下部的防腐处理不影响锚索性能，对于锚索，防腐处理后的锚索体应能自由伸缩，所以对垫板下部要注油脂，且要求油脂充满整个空间，见图8.12。

当锚索需要补偿张拉时，垫板上部的锚头部分必须使用可拆除式的防护帽进行防护。防护帽可使用金属或塑料制作，防护帽与垫板应有可靠的联合和密封，内部油脂充填。当锚索不需要补偿张拉时，可使用混凝土进行防护处理，混凝土覆盖层厚度应不小于

25mm，当锚头被混凝土结构覆盖且覆盖层厚度满足要求时，可不再进行防腐处理。

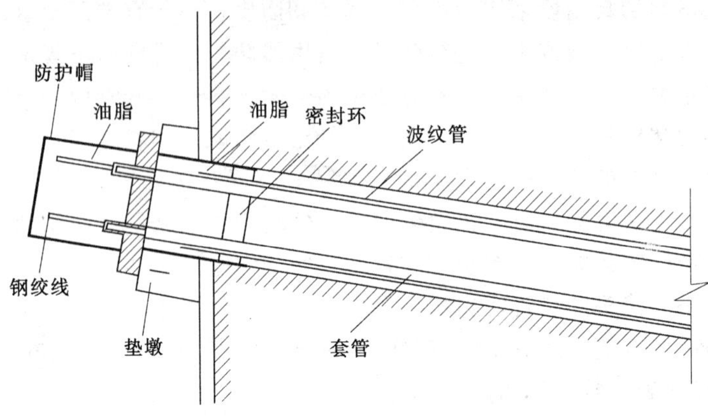

图8.12 锚头防腐示意图

项目9　土工合成材料处理地基

教学目标：(1) 能熟悉土工合成材料的加固原理。

(2) 能掌握土工合成材料的种类及特性。

(3) 能掌握土工合成材料的主要功能。

(4) 能掌握土工合成材料的施工程序和工艺。

工程实例　土工格栅加筋路堤

1. 工程概况

在英国Norfork，应用Tensar SSl与Tensar SS2土工格栅修建路堤，总高度为7.5（或8.0）m，线路所经之处地势很低，有一片沼泽。过去在此修建的铁路，曾遇到地基破坏，长期停工，预计建堤后会发生较大沉降，甚至会失稳。为此，这次新建考虑了三种加固方案：①对路堤加筋；②在地基中埋设塑料排水带；③路堤上加超载预压。通过建试验路堤段，改变了设计思路，即采用土工织物和土工格栅，并以土工格栅为主。

将加筋材料放在路堤底部，包裹粗砂砾层，形成一个自由排水加筋垫层，以提高路堤底部刚度，减小侧向位移和控制竣工后地基的不均匀沉降。

2. 地基土层简述

整个软弱层厚约22m，为软或很软的有机质黏土和淤泥，其中夹有泥炭层；表层土或原铁路路基填土之下为软或很软的深灰色黏土和淤泥，有许多仅为0.5m厚的细砂间层；此层以下大约到7m深处为硬深棕色泥炭；再往下为极软的有机质含量高的黑灰黏土，越往下有机质含量越少，而粉粒含量则越多；沉积层底部是紧密的冰碛砂砾。

3. 设计与布置

本工程中对于较高的路堤铺设三层Tensar SSl土工格栅，对于较低的路堤则铺设两层，如图9.1所示。土工格栅的性质见表9.1。另外，在地基中还设置了竖向塑料排水带，以加速地基的固结。

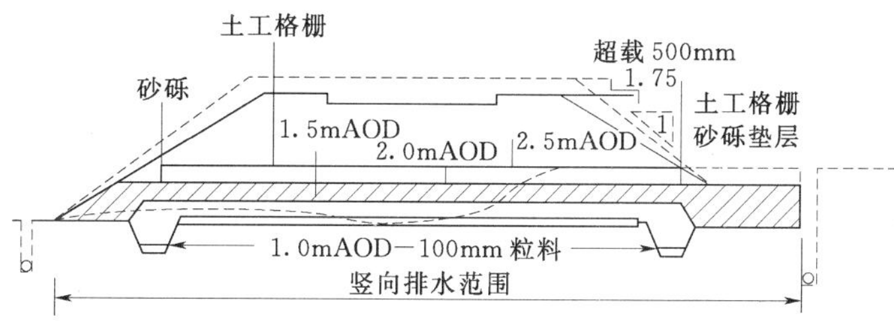

图9.1　土工格栅在路堤剖面内铺设位置

施工时，先清理场地，然后铺0.3m厚的粗砂砾工作层。为改善地基土质条件和限制其侧向位移，填土两侧挖了深为1m的坡趾沟，沟内铺格栅衬，填充粒料土，在两沟之间设置最底层的土工格栅。在最底层的土工格栅上填粒料土500mm厚，再铺设第二层土工格栅，并且在路堤两侧，将两层格栅连接起来。对于需铺设第三层土工格栅的路段，第二、第三层的竖向间距为1m，其间为路基填土，第三层土工格栅与其下面两层不相连。

表9.1 **土工格栅的性质**

材　　料	Tensar SS1	Tensar SS2
沿宽度每米抗拉强度（kN/m²）	20.9（聚丙烯）	36.2（聚丙烯）
沿长度每米抗拉强度（kN/m²）	12.6	17.0
宽度（m）	3.0	3.0
长度（m）	50.0	50.0
每卷重（kg）	30	47

由于格栅的横向强度比纵向的高得多，因此，铺设时应使其最大强度方向与承受最大拉应力方向相一致。路堤底部的拉应力发生在边坡下面与最危险滑动圆弧相交处。为发挥格栅最大强度，应采取纵向铺设方式，接头处承受较大的拉应力，要求该处的强度与格栅的标定强度相匹配。接头要求可靠或采用搭接。从接头强度的试验研究得出，搭接摩擦系数对于Tensar SSl为0.83，对于Tensar SS2为0.78。由此推算，搭接宽要求250～500mm，很不经济。为节约材料，采用交织的高强聚丙烯带，将所有的缝进行缝接，并研究了缝接方法。

4. 粒料土底部垫层的施工

先用轨行挖沟机挖两侧沟槽，沟内衬以土工格栅，再填粒状土，沟两侧的格栅预留露头。两沟之间纵向铺格栅，使其与沟内侧格栅缝接，此即第一层格栅，其上填500mm厚的粒料土。接着铺设第二层格栅，其边缘与沟外侧露出的格栅缝接，缝接前将格栅尽量拉紧，这样就形成了底部透水垫层。然后从侧沟部位开始向中间填土并压实。当第二层格栅上填土高达1m时，铺设第三层格栅。往后填土按每周1m的速度上升，只有当孔隙水压力达临界值时，才中途停歇。在接头处和转弯处，均特别考虑了格栅的合理布置。注意了以下各方面：①使格栅最大强度方向与受最大应力方向一致；②避免浪费；③格栅的切割量与缝接量；④沟内曲线处铺设的困难；⑤现场检查的可行性。

为控制施工速率和评价工程质量，埋设了测压管、测斜仪、磁性沉降计、杆式沉降计和地下水位量测仪等。

整个工程共用土工格栅230000 m²，采用不同结合方法。格栅用量的增加分别为：搭接法增加15%；缝接法增加2%；搭接缝接法增加7%。冬季施工时，土工格栅变硬，易割手擦膝，工效降低，必须克服铺设时的褶皱；提高缝接速度亦很重要。

5. 工程初步效果

本工程1983年7月完工后，已初步看出土工格栅加固效果十分明显，车辙深度已从以往的200～300mm减小到小于50mm。有一处在铺格栅以前，地基不能承受轨行起重机，铺格栅填土后即能安全承载。路堤在填土时的沉降量小于预计值，长期变形尚待分析。

任务9.1　土 工 合 成 材 料

土工合成材料（geosynthetics）是土木工程中应用的合成材料的总称。作为一种新型的土木工程材料，它是以人工合成的聚合物（如塑料、化纤、合成橡胶等）为原料制成的各种类型的产品，置于土体内部、表面或各种土体之间，发挥加强或保护土体的作用。

土工合成材料在世界上的出现，虽然已有100年左右的历史，但应用于土木工程则是在20世纪30年代才开始的。首先是将塑料薄膜作为防渗材料应用于水利工程。到20世纪50年代末，土工合成材料开始应用于海岸护坡工程。直到70年代，由于无纺织物的推广，土工合成材料才以很快速度发展起来，从而在岩土工程学科中形成了一个重要的分支。我国于20世纪60年代中期将有纺织物应用于河道、涵闸及防治路基翻浆冒泥等工程。80年代中期，土工合成材料在我国水利、铁路、公路、军工、港口、建筑、矿山、冶金和电力等部门逐渐推广。截至1988年上半年，使用土工合成材料的工程已有500多项。从1977年开始，在宏大的长江口深水航道治理工程的一期工程中，土木织物总的用量达到8110000m²，其用量之大是少见的。在该工程中，采用土木织物护底结构已成为实施这一宏伟工程的唯一选择。在全国范围内，成立了土工合成材料技术协作网暨中国水力发电工程学会土工合成材料专业委员会，并于1986年、1989年、1992年分别在天津、辽宁沈阳和江苏仪征召开了三届土工合成材料学术会议。

9.1.1　土工合成材料种类

《土工合成材料应用技术规范》（GB 50290—98）土工合成材料分为土工织物、土工膜、特种土工合成材料和复合型土工合成材料等类型。

9.1.1.1　土工织物

土工织物为透水性土工合成材料。土工织物按制造方法为有纺型土工织物（woven-geotxtile）、无纺型土工织物（nonwoven geotextile）和编织型土工织物（knitted geotextile）。

有纺型土工织物是由相互正交的纤维织成，与通常的棉毛织品相似。其特点是孔径均匀，沿经纬线方向的强度大，而斜交方向强度低，拉断的伸长率较低。

无纺型土工织物亦称做“无纺布”。织物中纤维（连续长丝）的排列是不规则的，与通常的毛毯相似。制造时是先将聚合物原料经过熔融挤压、喷丝，直接铺平成网，然后使网丝联结而成。联结的方法有热压、针刺机械和化学黏结等不同的处理方法。

（1）热压处理法。将纤维加热的同时施加压力，使之部分融化，从而黏结在一起。

（2）针刺机械处理法。用特制的带有刺状的针，经上下往返穿刺纤维薄层，使纤维彼此缠绕起来。这种成型的土工织物较厚，通常为2～5mm。这类土工织物的土工纤维抗拉强度各方向一致，与有纺型相比，抗拉强度略低，延伸率较大，孔径不均匀。

（3）化学黏结处理法。制造时在纤维薄层中加入某些化学物质，使之黏结在一起。

编织型土工织物由单股线带编织而成，与通常编织的毛衣相似。

土工织物突出的优点是重量轻，整体连续性好（可做成较大面积的整体），施工方便，抗拉强度较高，耐腐蚀和抗微生物侵蚀性好。缺点是如未经特殊处理，则抗紫外线能力低。

9.1.1.2　土工膜

土工膜是以聚氯乙烯、聚乙烯、氯化聚乙烯或异丁橡胶等为原料制成的透水性极低的薄膜或薄片。土工膜可由工厂预制或现场制作，分为加筋的和不加筋的两大类。预制不加筋膜采用挤出、压研等方法制造，厚度常为0.25～4mm，加筋的可达10mm。膜的幅宽为1.5～10m。加筋土工膜是组合产品，加筋有利于提高膜的强度和保护膜不受外界机械破坏。

大量工程实践表明，土工膜有很好的不透水性，很好的弹性和适应变形的能力，能承受不同的施工条件和工作应力，具有良好的耐老化能力。

9.1.1.3　特种土工合成材料

1. 土工格栅（geogrid）

由聚乙烯或聚丙烯通过打孔、单向或双向拉伸扩孔制成（见图9.2），孔格为尺寸10～100mm的圆形、椭圆形、方形或长方形格栅。

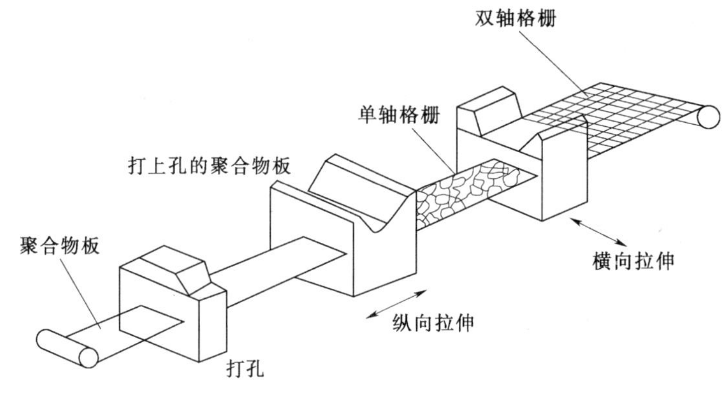

图9.2　双轴格栅的加工程序

土工格栅是一种应用较多的土工合成材料，常用做加筋土结构的筋材或土工复合材料的筋材等。在国内外工程中大量采用土工格栅加筋路基路面。土工格栅可分为塑料类和玻璃纤维类两种。

2. 土工膜袋

土工膜袋是一种双层的由聚合化纤织物制成的连续（或单独）袋状材料，它可以代替模板，用高压泵将混凝土或砂浆灌入膜袋中，最后可形成板状或其他形状结构，用于护坡或其他地基处理工程。

3. 土工网（geonet，geoweb）

由两组平行的压制条带或细丝按一定角度交叉（一般为60°～90°），并在交点处热黏结成的平面制品。条带一般宽1～5mm，透孔尺寸为几毫米到几厘米。

4. 土工垫和土工格室

土工垫和土工格室都是由合成材料特制的三维结构。前者多为长丝结合而成的三维透水聚合物网垫，后者为由土工织物、土工格栅或土工膜、条带聚合物构成的蜂窝状或网格状三维结构，常用于防冲蚀和保土工程，刚度大的、侧限能力高的多用于地基加筋垫层或

支挡结构中。土工垫通常由黑色聚乙烯制成，其厚度为15～20mm。

9.1.1.4 复合型土工合成材料

将土工织物、土工膜和某些特种土工合成材料中的两种或两种以上的材料，采用不同方法复合成为复合型的土工合成材料（geocomposite）。如复合土工膜、复合排水板、土工垫块等。

1. 复合土工膜

常规应用的复合土工膜有一布一膜、二布一膜或三布二膜等。复合用无纺布一般比较薄，主要起保护膜的作用。另外，也有的用较厚型无纺布复合，起双重作用，膜的一面防渗，而无纺布一面则起排水作用。

2. 土工复合排水板

一种复合型的土工合成材料，由芯板和透水滤布两部分组成。芯板多为成型的硬塑料薄板，为瓦楞形或十字形，主要原料为聚氯乙烯或聚丙烯。透水滤布多为薄型无纺织物，主要原料为涤纶或丙纶。滤布包在芯板外面，在芯板与滤布间形成纵向排水沟槽。它可用于软基排水固结处理、路基纵向横向排水，建筑地下排水管道、积水井、支挡结构的墙后排水、隧道排水和堤坝排水等。

9.1.2 土工合成材料特性

9.1.2.1 物理特性

1. 相对密度

指原材料的相对密度（未掺入其他原料）。丙烯为0.91；聚乙烯为0.92～0.95；聚酯为1.22～1.38；聚乙烯醇为1.26～1.32；尼龙为1.05～1.14。

2. 单位面积质量

指$1m^2$土工织物的质量，由称量法确定。常用土工织物的单位面积质量为100～1200g/m^2。由于材料质量不完全均匀，通常要求测试试样不少于10块，采用其算术平均值。单位面积质量的大小影响织物的强度和平面导水能力。

3. 厚度

指压力为2kPa时其底面到顶面的垂直距离，由厚度测定仪测定。要求试样不少于10块，再取其平均值。土工织物表面蓬松，一般厚度为0.1～5mm，最厚可达十几毫米；土工膜一般为0.25～0.75mm，最厚可达2～4mm；土工格栅的厚度随部位的不同而异，其肋厚一般为0.5～5mm。厚度对其水力学性质，如孔隙率和渗透性有显著影响。

9.1.2.2 力学特性

1. 压缩性

土工织物厚度t随法向压力p变化的性质为该材料的压缩性，可用t—p关系曲线表示。厚度与渗透性有关，故也可求得不同法向压力下的渗透系数。

2. 抗拉强度

指试样受拉伸至断裂时单位宽度所受的力（N/m）。试样的伸长率是指拉伸时长度增量ΔL与原长度L的比值，以%表示。试验采用拉伸仪。根据拉伸试样的宽度，可分为窄条拉伸试验（宽50mm、长100mm）和宽条拉伸试验（宽200mm、长100mm），拉伸率对窄条为（10±2）mm/min，对宽条为（50±5）mm/min。由拉伸试验所得的拉应力—

伸长率曲线，可求得材料的三种拉伸模量（初始模量、偏移模量和割线模量）。

常用的无纺型土工织物的抗拉强度为 10～30kN/m，高强度的为 30～100kN/m；最常用的编织型土工织物为 20～50kN/m，高强度的为 50～100kN/m，特高强度的编织物（包括带状物）为 100～1000kN/m；一般的土工格栅为 30～200kN/m，高强度的为 200～400kN/m。

3. 撕裂强度

反映了土工合成材料的抗撕裂的能力，可采用梯形（试样）法、舌形（试样）法和落锤法等进行测试，最常用的测试方法为梯形法。试样数要求不少于 5 个，求其平均值。撕裂强度是评价材料的指标之一，一般不直接应用于设计。

4. 握持强度

施工时握住土工织物往往仅限于数点，施力未及全幅度，为模拟此种受力状态，进行握持拉伸试验。它也是一种抗拉强度，反映土工聚合物分散集中荷载的能力。试验方法与条带拉伸试验类似。

5. 顶破强度

顶破强度反映了土工聚合物抵抗垂直于其平面的法向压力的能力，与刺破试验相比，顶破试验的压力作用面积相对较大。顶破时土工聚合物呈双向拉伸破坏。目前有三种测定顶破强度的方法：①液压顶破试验；②圆球顶破试验；③CBR 顶破试验。

6. 刺破强度

刺破强度反映了土工聚合物抵抗带有棱角的块石或树干刺破的能力。试验方法与圆球顶破试验相似，只是以金属杆代替圆球。

7. 穿透强度

反映具有尖角的石块或锐利物掉落在土工聚合物上时，土工聚合物抵御掉落物穿透作用的能力。采用落锤穿透试验进行测定。

8. 摩擦系数

该指标是核算加筋土体稳定性的重要数据，反映了土工合成材料与土接触界面上的摩擦强度。可采用直接剪切摩擦试验或抗拔摩擦试验进行测定。

9.1.2.3　水理性特性

1. 孔隙率

指土工织物中的孔隙体积与织物的总体积之比，以％表示。根据织物的单位面积质量 m、厚度 t 和材料相对密度 G，由下式计算

$$n=1-\frac{m}{G\rho_{\omega}t} \tag{9.1}$$

式中　ρ_{ω}——水的密度，g/cm^3。

孔隙率的大小影响土工织物的渗透性和压缩性。

2. 开孔面积率

开孔面积率指土工织物平面的总开孔面积与织物总面积的比值，以％表示。一般产品的开孔面积率为 4％～8％，最大可达 30％以上。开孔面积率的大小影响织物的透水性和淤堵性。

3. 等效孔径

土工织物有不同大小的开孔，孔径尺寸以符号“O”表示。无纺型土工织物为0.05～0.5mm，编织型为0.1～1.0mm，土工垫为5～10mm，土工格栅及土工网为5～100mm。等效孔径Oe表示织物的最大表观孔径（AOS），即它容许通过土粒的最大粒径。各国采用的标准不同，我国采用$Oe=O_{95}$，即织物中有95%的孔径比O_{95}小。等效孔径和表观孔径含义相同，差别在于前者是以毫米表示孔径，而后者是用等效孔径最接近的美国标准筛的筛号表示。

等效孔径是用土工织物做滤层时选料的重要指标。

4. 垂直渗透系数

指垂直于织物平面方向上的渗透系数（以cm/s表示）。测定方法类似于土工试验中土的渗透系数测定方法。由于透过织物的水流常常是紊流，故设计中常改用透水率（ψ）表示

$$\psi=\frac{K_v}{t}=\frac{q}{(\Delta hA)} \tag{9.2}$$

即在单位水头Δh作用下，流过单位面积A的渗流量q，透水率ψ与织物厚度t相乘即得渗透系数K_v。无纺型土工织物渗透性变化约为：$\psi=0.02\sim2.2\mathrm{s}^{-1}$，$K_v=8\times10^{-4}\sim2.3\times10^{-1}$cm/s。

垂直渗透系数是土工织物用做反滤或排水层时的重要设计指标。

5. 水平渗透系数

土工合成材料用做排水材料时，水在土工合成材料内部沿平面方向流动，在土工合成材料内部孔隙中输导水流的性能可用土工合成材料平面的水平渗透系数或导水率（为土工合成材料平面渗透系数与聚合物厚度的乘积）来表示。通过改变加载和水力梯度可测出承受不同压力及水力条件下土工合成材料平面的导流特性。

设计中常改用导水率θ指标来表示，即

$$\theta=k_h t=\frac{ql}{\Delta hb} \tag{9.3}$$

式中　θ——导水率，$\mathrm{cm^2/s}$；

l——沿水流方向的试样长度，cm；

b——试样宽度，cm。

通常土工织物的水平渗透系数为$8\times10^{-4}\sim5\times10^{-1}$cm/s；无纺型土工织物的水平渗透系数为$4\times10^{-3}\sim5\times10^{-1}$cm/s；土工膜的水平渗透系数为$1\times10^{-10}\sim1\times10^{-11}$cm/s。

9.1.2.4　耐久性和环境影响

耐久性和环境影响是反映材料在长期应用和不同环境条件中工作的性状变化。

1. 抗老化

指高分子材料在加工、储存和使用过程中，由于受内外因素的影响，其性能逐渐变坏的现象。老化是不可逆的化学变化，主要表现在以下几方面。

（1）外观变化：发黏、变硬、变脆等。

（2）物理化学变化：相对密度、导热性、熔点、耐热性和耐寒性等发生变化。

(3) 力学性能的变化：抗拉强度、剪切强度、弯曲强度、伸长率以及弹性等发生变化。

(4) 电性能变化：绝缘电阻、介电常数等发生变化。

产生老化的外界因素可分为物理、化学和生物因素，主要有太阳光、氧气、臭氧、热、水分、工业有害气体、机械应力和高能辐射的影响以及微生物的破坏等，而其中最重要的是太阳光中紫外线辐射的影响。试验表明，埋在土中的土工合成材料，其老化速度比曝晒在大气下的老化速度慢得多。

高分子聚合材料中，聚丙烯、聚酰胺老化最快，聚乙烯、聚氯乙烯次之，聚酯、聚丙烯腈最慢。浅色材料较深色材料老化得快，薄的材料较厚的材料老化得快。

2. 徐变性

指材料在长期恒载下持续伸长的现象。高分子聚合物一般都有明显的徐变性。工程中的土工合成材料皆置于土内，受到侧限压力，徐变量要比无侧限时小得多。徐变性的大小影响着材料的强度取值。

9.1.3　土工合成材料的主要功能

不同的土工合成材料，其功能不尽相同，但一种材料往往兼有多种功能。土工合成材料应用在工程上主要有：对两种不同材料起隔离作用、渗透排水作用、利用其强度起加筋作用和利用网孔渗透起过滤作用（表9.2）。除此以外，也有防渗和防护作用。

表9.2　不同应用领域中土工合成材料基本功能相对重要性

应用类型	功能			
	隔离	排水	加筋	反滤
无护面道路	A	C	B	B
海、河护岸	A	C	B	A
粒状填土区	A	C	B	D
挡土墙排水	C	A	D	C
用于土工薄膜下	D	A	B	D
近水平排水	C	A	B	D
堤坝桩基	B	D	A	D
堤坝基础加筋	B	C	A	D
加筋土墙	D	D	A	D
岩石崩落网	D	C	A	D
密封水力填充	B	C	A	A
防冲	D	C	B	A
柔性模板	C	C	C	A
排水沟	B	C	D	A

注　A表示主要功能（控制功能）；B、C、D表示次要、一般、不很重要的功能。

9.1.3.1　排水作用

土工合成材料中的某些类型，如无纺土工织物是良好的导水材料，将其置于土体内能

将土中水积聚到织物内部，沿织物平面形成排水通道，将水排出土体外。

具有一定厚度的土工织物具有良好的三维透水特性，利用这种特性除了可用来透水反滤外，还可使水经过土工合成材料的平面迅速沿水平方向排走，构成水平排水层。图9.3（*a*）中为土工合成材料与其他排水材料（塑料排水带）共同构成排水系统，加速填筑土体的排水固结过程；图9.3（*b*）为日本新秋田机场填土内采用塑料排水带排水的示意图；图9.3（*c*）为在挡土墙填土之前，将土工合成材料置于挡土墙后再填土，这样既可使水排出，又不会把土颗粒带走，以免使墙体沉陷；图9.3（*d*）为降低均质坝坝体内浸润线，在坝体内用土工合成材料做排水体。

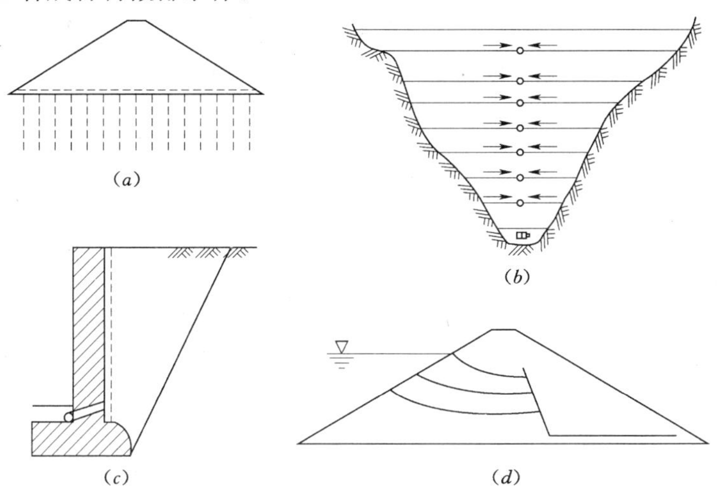

图9.3 土工合成材料用于排水的典型实例

9.1.3.2 隔离作用

将土工合成材料放在两种不同的材料之间，或用在一种材料的不同粒径之间以及地基与基础之间，使其隔离开来。当外载作用时，不使其相互混杂或流失，保持材料的整体结构和功能。

一般修筑道路时，路基、路床顺次施工，道路修筑完毕后就开始运营。由于荷载压力和雨水的通过，使路基、路床材料和一般材料都混合在一起，这虽然是局部现象，但使原设计的强度以及排水和过滤功能减弱。为了防止这种现象发生，可将土工合成材料设置在两种不同特性的材料间，不使其混杂，但又能保持统一的作用。在道路工程中，铺设土工合成材料后可起渗透膜的作用，防止软弱土层浸入路基的碎石，不然会引起翻浆冒泥，最后使路基、路床设计厚度减小，导致道路破坏；用于地基加固方面，可将新筑基础和原有地基分开，既能提高地基承载力，又利于排水和加速土体固结；用于材料的储存和堆放，可避免材料的损失和劣化，对于废料还可有助于防止污染。起隔离作用的土工合成材料，其渗透性应大于所隔离土的渗透性；在承受动荷载作用时，土工合成材料还应有足够的耐磨性。当被隔离材料或土层间无水流作用时，也可用不透水土工膜。

9.1.3.3 反滤作用

土工织物（有纺或无纺织物）具有良好的透水或透气性能，当水流沿织物平面法向流过时，可有效阻止土颗粒不被水流带走，起到反滤作用，以防止土体破坏，保证土体的稳定。

在渗流出口区铺设土工合成材料作为反滤层，这和传统的砂砾石滤层一样，均可提高被保护土的抗渗强度。对此，国内外都曾进行过广泛的研究。

多数土工合成材料在单向渗流的情况下，在紧贴土工合成材料的土体中会有细颗粒逐渐向滤层移动，同时还有部分细颗粒通过土工合成材料被带走，遗留下较粗的颗粒，从而与滤层相邻一定厚度的土层逐渐自然形成了一个反滤带和一个骨架网，阻止土粒的继续流失，最后趋于稳定平衡。将土工合成材料铺放在上游面块石护坡下面，可起反滤和隔离作用；同样也可铺放在下游排水体周围，起反滤作用，以防止管涌；也可铺放在均匀土坝的坝体内，起竖向排水作用，这样可有效地降低均质坝的坝体浸润线，提高下游坝体的稳定性。渗流水沿土工合成材料进入水平排水体，最后排至坝体外。具有这种排水作用的土工合成材料，要求在纵向有较大的渗透系数。

9.1.3.4　加筋作用

当土工合成材料用做土体加筋时，其基本作用是给土体提供抗拉强度，改善土工结构的整体受力条件，提高地基的承载力，增强上部结构的稳定性，主要应用于土坡、堤坝、地基和挡土墙。

1. 用于加固土坡和堤坝

高强度的土工合成材料在路堤工程中有几种可能的加筋用途：①可使边坡变陡，节省占地面积；②防止滑动圆弧通过路堤和地基土；③防止路堤下面发生因承载力不足而破坏；④跨越可能的沉陷区等。如图9.4所示，由于土工合成材料“包裹”作用阻止了土体的变形，从而增强了土体的强度以及土坡的稳定性。

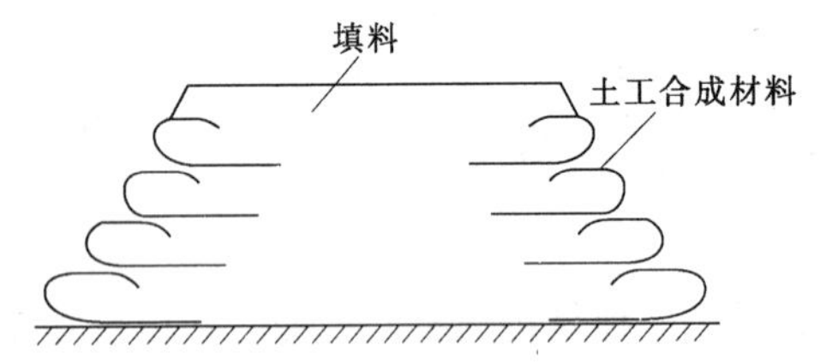

图9.4　土工合成材料加固路堤

2. 用于加固地基

由于土工合成材料有较高的强度和韧性等力学性能，且能紧贴于地基表面，这使其上部施加的荷载能均匀地分布到地基中。当地基可能产生冲切破坏时，铺设的土工合成材料将阻止破坏面的出现，从而提高地基承载力。当土工合成材料受集中荷载作用时，在较大的荷载作用下，高模量的土工合成材料受力后将产生垂直分力，抵消部分荷载。当很软的地基加荷后，可能产生很大的变形。根据国内新港筑防波堤的经验，沉入软土中的体积竟等于防波堤的原设计的对应体积，由于软土地基的塑性流动，铺垫土周围的地基即向侧面隆起。如将土工合成材料铺设在软土地基的表面，由于其承受拉力和土的摩擦作用而增大侧向限制，阻止侧向挤出，从而减小变形和增强地基的稳定性。在沼泽地、泥炭土和软黏土上建筑临时道路是土工合成材料最重要的应用场合之一。

3. 用于加筋土挡墙

在挡土结构的土体中，每隔一定距离铺设起加固作用的土工合成材料时，该土工聚合物可作为拉筋起到加筋作用。作为短期或临时性的挡墙，可只用土工合成材料包裹土、砂来填筑。但这种包裹式土工合成材料墙面的形状常常是畸形的，外观难看。对于长期使用的挡墙，往往采用混凝土面板。

土工合成材料作为拉筋时一般要求有一定的刚度，新发展的土工格栅能很好地与土相结合。与金属筋材相比，土工合成材料不会因腐蚀而失效，所以它能在桥台、挡墙、海岸和码头等支挡结构的应用中获得成功。

9.1.3.5　防渗与防护作用

采用土工膜或复合土工膜，可防止水或其他液体渗漏，以保护环境和工程结构的安全稳定。作为防渗材料，土工合成材料已广泛应用于堤、坝、水库工程中，可代替黏土心墙、防渗斜墙及防止库底渗漏等。

土工合成材料能够将比较集中的应力扩散或分解，防止土体受外力作用破坏，主要应用于护岸、护底工程、海岸防潮、河道整治以及道路坡面防护等方面。

任务9.2　土工合成材料施工

9.2.1　施工方法要点

（1）铺设土工合成材料时，应注意均匀和平整；在斜坡上施工时，应保持一定松紧度；在护岸工程上铺设时，上坡段土工合成材料应搭接在下坡段土工合成材料之上。

（2）对土工合成材料的局部地方，不要加过大的局部应力。如果用块石保护土工合成材料，施工时应将块石轻轻铺放，不得在高处抛掷。块石的下落高度大于1m时，土工合成材料很可能被击破。有棱角的重块石在3m高度下落便可能损坏土工合成材料。如块石下落的情况不可避免时，应在土工合成材料上先铺一层砂子保护。

（3）土工合成材料用于起反滤层作用时，要求保证连续性，不出现扭曲、折皱和重叠现象。

（4）在存放和铺设过程中，应尽量避免长时间的曝晒而使材料劣化。

（5）土工合成材料的端部要先铺填，中间后填，端部锚固必须精心施工。

（6）第一层铺垫厚度应在0.5m以下，但不要使推土机的刮土板损坏所铺填的土工合成材料。当土工合成材料受到损坏时，应予立即修补。

（7）当土工合成材料用做软土地基上的堤坝和路堤的加筋加固时，基底必须加以清理，即必须清除树根、植物及草根。基底面要求平整，尤其是水面以下的基底面，要先抛一层砂，将亦凹凸不平的基底面予以平整，再由潜水员下水检查其平整度。如果铺在凹凸不平基底面上的土工合成材料呈"波浪形"，当荷载作用时引起沉降，此时土工合成材料不易张拉，也就难以发挥其抗拉强度的作用。

9.2.2　接缝连接方法

土工合成材料是按一定规格的面积和长度在工厂进行定型生产的，因此这些材料运到现场后必须进行连接。连接时可采用搭接、缝合、胶结或U形钉连接等方法。

采用搭接法时，搭接必须保证足够的长度，一般在0.3～1.0m之间。坚固和水平的路基一般为0.3m；软弱的和不平的路基则需1m。在搭接处应尽量避免受力，以防土工合成材料移动。搭接法施工简便，但用料较多。若设计时土工织物上铺有一层砂土，最好不采用搭接法，因砂土极易挤入两层织物间而将织物抬起。

缝合法是指用移动式缝合机将尼龙或涤纶线面对面缝合，可缝成单道线，也可缝成双道线，一般采用对面缝，缝合处的强度一般可达纤维强度的80%。缝合法节省材料，但施工费时。

胶结法是指使用合适的胶结剂将两块土工合成材料胶结在一起，最少的搭接长度为100mm，粘结在一起的接头应停放2h，以便增强接缝处强度。施工时可将胶结剂很好地涂于下层的土工合成材料，该土工合成材料放在一个坚固的木板上，用刮刀把胶结剂刮匀，再放上第二块土工合成材料与其搭接，最后在其上进行滚碾，使两层紧密地压在一起。这种连接可使接缝处强度与土工合成材料的原强度相同。

采用U形钉连接时，U形钉应能防锈。U形钉连接的强度低于缝合法或胶结法。

项目10　特殊土地基处理

教学目标：（1）能掌握湿陷性土地基的处理方法。
（2）能掌握盐渍土地基的处理方法。
（3）能掌握岩溶地基的处理方法。
（4）能掌握冻土地基的处理方法。

在建造结构物时，合理的地基处理方法和工艺技术的选用必须根据所需加固地基的工程地质和水文地质条件、结构物上部荷载的大小与分布情况，以及结构物周边的环境影响和建筑材料供应的地区条件等因素进行综合分析，而地基土体的特性及其对加固方法的适应性则应是有效、合理地选择加固方法的决定性因素。

我国地域广阔，地质条件较为复杂，分布的土类繁多，不同土类的工程性质各异。由于地理位置、气候条件、地质成因、物质成分及次生变化等原因，导致了一些土具有与一般土显著不同的特殊工程性质。当将其作为结构物地基时，必须根据其独特的性质采取相应的设计和施工措施，否则就有可能酿成工程事故。

《岩土工程勘察规范》(GB 50021—2001）和《建筑地基基础设计规范》(GB 50007—2002）对建筑地基土首先考虑了按沉积年代和地质成因来进行分类，同时将某些在特殊条件下形成、具有特殊工程性质的区域性特殊土与一般土区别开来。上述规范将具有一定的分布区域或工程意义，并／或具有特殊成分、状态和结构特征的土称为特殊土，并将其分为湿陷性土、红黏土、软土、填土、多年冻土、膨胀土、盐渍土、残积土以及污染土。

对特殊土地基的处理，除了一些通用的加固方法外，目前已产生和形成了一些适合处理特殊土地基特性的各种专门技术和方法，以及各自的地基处理设计和施工规范、规程、检测技术以及验收评定标准。

本章将按照不同的土性论述几种具有代表性的特殊土，介绍其工程特性以及适用的地基处理方法。本章所涉及到的各种专门的地基处理方法和工艺技术，可参见本书其他章节的相关内容。

任务10.1　湿陷性土地基处理

湿陷性土是指在一定压力作用下受水浸湿时，因其结构迅速破坏而发生显著附加竖向变形的非饱和的、结构不稳定的土。湿陷性土可分为自重湿陷性土和非自重湿陷性土。凡在上覆土的自重应力作用下受水浸湿发生湿陷的，称为自重湿陷性土；凡在上覆土的自重应力作用下受水浸湿不发生湿陷的，称为非自重湿陷性土，这种土必须在上覆土自重应力和由外荷所引起的附加应力的共同作用下受水浸湿才会湿陷。

地球上的大多数地区都存在湿陷性土，主要为风积的砂与黄土、疏松的填土和冲积土以及由花岗岩与其他酸性岩浆岩风化而成的残积土，此外，还有火山灰沉积物、石膏质土、由可溶盐胶结的松砂、分散性黏土以及某些盐渍土等。湿陷性土在我国分布广泛，除湿陷性黄土外，在干旱或半干旱地区，特别是在山前洪积扇中常遇到湿陷性的碎石类土和砂类土，它们在一定压力下浸水后表现出强烈的湿陷性。

湿陷性土不论作为结构物的地基、建筑材料或地下结构的周围介质，若在设计和施工中没有认真考虑到土的湿陷性这一特性并采取相应的措施，则湿陷性土一旦浸水，均会产生沉陷，从而影响到结构物的安全性和正常使用；反之，若采取的措施过于保守，则又将增加工程的投资，造成浪费。

由于在湿陷性土中湿陷性黄土的分布面积最为广泛，本节将主要介绍湿陷性黄土，但其基本概念和设计、施工措施也适用于其他湿陷性土。

10.1.1 湿陷性黄土

黄土古称“黄壤”，本源于土地之色，是一种第四纪沉积物，具有一系列内部物质成分和外部形态特征，不同于同期的其他沉积物，在地理分布上也有一定的规律性。地球上的黄土主要分布在中纬度干旱和半干旱地区的大陆内部、温带荒漠和半荒漠地区的外缘，或分布与第四纪冰川地区的外缘，面积达 1300 万 km^2，约占陆地总面积的 9.3%。在北美的美国密西西比河上游、墨西哥北部；南美的阿根廷草原区；欧美中部的法国、德国，欧洲中部的乌克兰、波兰、罗马尼亚；亚洲俄罗斯的南高加索、那西伯利亚，乌斯别克斯坦等地区均有分布。

黄土在我国的分布也很广，其面积约为 64 万 km^2（占全世界黄土分布总面积的 4.9%，占我国陆地总面积的 6.6%）。我国黄土的分布区域南始于甘肃南部的岷山、陕西的秦岭、河南的熊耳山、伏牛山；北以陕西的白于山、河北的燕山为界，与北方的沙漠、戈壁相连，自北而南呈戈壁、沙漠、黄土逐渐过渡；西起祁连山，东至太行山，包括黄河中、下游的环形地带。这种横贯我国北方，呈东西走向，带状分布的特征，明显地受到我国北部山脉和地形的影响，反映出我国黄土的形成与地理位置和气候条件的关系。在这些地区，一般气候较为干燥，降水量大，蒸发量大。黄土分布地区年平均降雨量多为 250～500mm。在年平均降雨量少于 250mm 的地区，很少出现黄土，主要为沙漠和戈壁，在年平均降雨量大于 750mm 的地区，也基本上没有黄土的分布。

黄土的沉积具有沉积分选作用，因此根据黄土沉积的特点，我国黄土分布自西而东则有三个大区：①西北干燥内陆盆地区；②中部黄土高原区；③东部山前丘陵及平原区。各区在地理分布和时间演化上各有不同特点。

1. 西北干燥内陆盆地区

该区包括新疆的准格尔盆地、塔里木盆地、青海的柴达木盆地和甘肃的河西走廊。这些盆地的四周有近东西走向的山脉，自然环境特点是高山终年积雪，盆地中心是无垠的沙漠，黄土覆于山前地带，气候异常干旱，雨量稀少，地面辐射强烈，温度高，风力强烈，黄土基本上处于风扬带内，受风力，冰川再搬运的作用很大，形成各种类型的黄土状土，原生黄土很少见。

2. 中部黄土高原区

由龙羊峡至三门峡的黄河中游区，是我国黄土分布的中心。四周山脉环绕，西有贺兰山，北有阴山，东有太行山，南为秦岭，该区黄土厚度大，地层完整，除少数山口高出黄

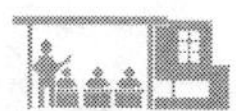

土线外，黄土基本上是连续覆盖于第三系或其他古老岩层之上，形成塬、梁特殊的黄土地貌，黄土分布面积占全国黄土面积 72%以上，区域内若干近似南北走向的山脉，把黄土分割成三个不同亚区：

（1）乌鞘岭与六盘山之间为西部亚区，黄土下伏的基底层主要是第三纪的甘肃群，黄土分布于山地斜坡，山间盆地及河谷高阶地上，黄土堆积仍基本反映出基底地形的起伏。

（2）六盘山与吕梁山之间为中部亚区，黄土基本成为一个连续覆盖层，上覆于第三纪或古老岩层上，还填平了一些原始河谷与湖沼盆地，在深切河谷底部，基岩出露。黄土层厚度达百余米，地层完整。不同时代黄土平行接触，古土壤与黄土交替叠覆，是这个亚区的主要特征。

（3）吕梁山与太行山之间为东部亚区，黄土分布于盆地边缘及河流阶地之上，下伏上新世地层。

上述三个亚区的自然景观各具特征，但黄土层结构却十分相似，它们都保留有从早更新世到晚更新世的黄土堆积，部分地区在晚更新世黄土之上还覆有薄层的全新世黄土。这个区黄土剖面以陕西洛川最为典型。

3. 东部山前丘陵及平原区

该区以平原为主，我国最大的平原（华北平原）和松辽平原都分布于这一地区。自第四纪以来，平原区经受了很厚的黄土状土堆积，并与河湖相砂砾石和黏土构成间互层，典型黄土仅分布于该区边缘山前和丘陵地带等。

世界上黄土堆积的厚度以我国为最大。欧洲中部、北美和南美黄土的厚度一般为几米到几十米。而据中国科学院地质研究所调查，我国黄土的厚度以黄河中游的黄土塬为最大，其厚度中心在洛河和泾河流域的中下游地区，最大厚度达 180～200mm。由此向东，西两个方向，黄土的厚度逐渐减薄。

黄土的典型特征为：

（1）颜色多呈黄色、淡灰黄色或褐黄色。

（2）颗粒组成为粉粒（粒径 0.05～0.005mm）为主（约占 50%～75%），其次为砂砾（粒径大于 0.05mm，约占 10%～30%），黏粒（粒径小于 0.005mm，含量少，约占 10%～20%）。

（3）富含碳酸盐，硫酸盐及少量易溶盐。

（4）含水量低（一般仅为 5%～20%）。

（5）孔隙比大（一般在 1.0 左右）。

（6）往往具有肉眼可见的大孔隙，并常有由于生物作用所形成的竖向管状孔隙。

（7）垂直节理发育，常呈现直立的天然边坡。

黄土按成分可分为原生黄土和次生黄土。一般认为，具有上述典型特征，没有层理的风成黄土为原生黄土。原生黄土经过水流冲刷，搬运和重新沉积而形成的为次生黄土。次生黄土有坡积、冲积、坡积—洪积、冲积—洪积及冰水沉积等多种类型。次生黄土一般不完全具备上述黄土特征，具有层理，并含有较多的沙粒甚至细砾，故也称为黄土状土。

黄土和黄土状土（以下统称黄土）在天然含水量情况下一般呈坚硬或硬塑状态，具有较高的强度和较低的压缩性。但洪水浸湿后，有的黄土即使在自重作用下也会发生剧烈的沉陷（称为湿陷性），强度也随之迅速降低；而有些黄土并不发生沉陷。可见，同样是黄土，但遇水浸湿后的反应却有很大的区别。因此，分析、判别黄土是否具有湿陷性、其湿陷性的强弱程度以及黄土地基的湿陷类型和湿陷等级，是在黄土地区建造结构物前必须首先明确的核心问题。

在我国黄土当中的约有60%左右为湿陷性黄土，黄土按形成年代的早晚，有老黄土和新黄土之分，黄土形成年代越久，由于盐分的溶滤较为充分，其固结成岩的程度较高，大孔结构退化，土质越密实，强度高而压缩性低，湿陷性减弱甚至不具有湿陷性，反之，形成年代愈短，其工程特征则愈差。

10.1.2 湿陷性黄土地基的处理技术

如前所述，湿陷性黄土地基的变形包括压缩变形和湿陷变形两种。压缩变形是在土的天然含水量下由结构物的荷载所引起，它随着时间的增长而逐渐衰减，并很快趋于稳定。当基地压力不超过地基的容许承载力时，地基的压缩变形通常很小，大部分在其上部结构容许的变形值范围以内，不会影响结构物的安全和正常使用。湿陷变形是由于地基被水浸湿所引起的一种附加变形，往往是局部的、突然发生的。而且有可能很不均匀，对结构物的破坏较大，危害性较为严重。因此，为了确保湿陷性黄土地基上结构物的安全和正常使用，在绝大多数情况下都必须进行地基处理。

我国湿陷性黄土分布很广，各地区黄土的差别很大，地基处理时应区别对待，并结合以下因素选择适当的地基处理方法。

（1）湿陷性黄土地区差别，如湿陷性和湿陷敏感性的强弱，承载能力及压缩性的大小及不均匀性程度等。

（2）结构物的使用特点，如用水量大小、地基浸水的可能性。

（3）结构物的重要性及使用上对限制不均匀沉降的严格程度，结构物对不均匀沉降的适应性。

（4）材料及施工条件，以及当地的建筑经验。

应当指出，对湿陷性黄土地基的处理在大多数情况下的主要目的不是为了提高地基承载力，而是为了消除黄土的湿陷性，但往往同时也提高了黄土地基的承载力，常用地基处理方法有垫层法、土桩或灰土桩法、强夯法、重锤夯法、桩基础法、预浸水法等。各种处理方法都应结合结构的类别、黄土特性、施工条件等因素，通过技术经济比较后合理地选用。湿陷性黄土地基常用的处理方法列于表10.1中，其设计与施工可参国家现行相关规范、规程。

表10.1　湿陷性黄土地基的常用地基处理方法

方法名称	适用范围
砂石垫层法	处理厚度小于2m，要求下卧土质良好，水位以下施工时应先降水，局部或整片处理
灰土垫层法	处理厚度小于3m，要求下卧土质较好，必要时下设素土垫层，局部或整片处理
强夯法	厚度3～12m的湿陷性黄土，人工填土或液化砂土，环境许可，局部或整片处理
挤迷桩法	厚度5～12m的湿陷性黄土或人工填土，地下水位以上，局部或整片处理
预浸水法	湿陷程度严重的自重湿陷性黄土，可消除距地面6m以下的土的湿陷性，对距地面6m以内的土还采用垫层等方法处理

续表

方法名称	适用范围
振冲碎石桩或深层水泥搅拌桩法	厚度 5～15m 的饱和黄土或人工填土，局部或整片处理
单液硅化或碱液加固法	一般用于加固地面以下 10m 范围地下水位以上的已有结构物地基，单液硅化法加固深度可达 20m，适用于局部处理
旋喷桩法	一般用于加固地面以下 20m 范围内已有结构物地基，适用于局部处理
卧基础法	厚度 5～30m 的饱和黄土或人工填土

10.1.2.1 垫层法

垫层法适用于地下水位以上的湿陷性黄土地基处理。垫层法可根据采用的垫层材料分为砂石垫层法、黏性土垫层法和灰土垫层法。

当仅要求消除基地之下 1～3m 厚湿陷性黄土的湿陷量时，宜采用局部（或整片）土垫层进行处理；当同时要求提高垫层的承载力及增强水稳定性时，宜采用整片砂石（或灰土）垫层进行处理。

砂石垫层本身的承载力较高，变形模量也大，施工质量易控制，不受气候和环境的影响，近年来发展较快。其主要特点为造价高，还应注意它不适用于下卧土层为高压缩性，低承载力的地基。砂石垫层厚度一般为 2m。

砂石垫层以碎石或卵石为主料，中砂石为辅料。砂石填料要求级配良好，其不均匀系数为 C_u 大于 5，含泥量小于 5%。

黏性土垫层法是最为常用的地基处理方法，具体做法是将基础下的湿陷性土层全部或部分挖出，再将基坑用就地挖出的黏性土分层回填夯实。工程实践表明，采用整片土垫层法处理湿陷性黄土地基，施工工艺简单，处理效果好，机械作业工期短。

灰土垫层法是将石灰与处理范围内的湿陷性黄土按照一定的体积比例（一般取灰土比例为 2∶8 或 3∶7）混合均匀，然后分层铺设、夯实成为灰土垫层。由于加入了无机胶结材料，垫层土料的力学指标和不透水性均比原湿陷性黄土有了大幅度的提高，它具有强度高、隔水性强、不湿化的特点。此法施工时不受机械设备的限制，大、小型机械、人工夯实均可，而且工程造价较低，质量指标容易控制。灰土垫层造价比较低，缺点为施工受气候影响大。

黏性土或灰土垫层法是消除地基土的部分湿陷性最为常用的地基处理措施，一般适用于消除 1～3m 厚土层的湿陷性。试验研究表明：在附加压力作用下，土层浸水后的最大湿陷变形发生在约 $1.0b$（b 为基础的宽度）的深度内。因此，如用垫层置换基础以下适当范围内的湿陷性土层后，就可取得减小湿陷量的效果。此外，还可将垫层作为地基的防水层，以减小下卧天然黄土层的浸水几率。

垫层地基的湿陷变形与垫层的宽度和厚度有着密切的关系。在确定垫层的宽度和厚度时，应根据地基的湿陷等级、结构物类别、基础面积、基地压力等因素综合考虑。

在同一场地上，当基础形式、埋深、面积和压力相同，垫层厚度相同而宽度不同时，浸水后的湿陷量也不同，垫层宽度大的，湿陷量小；反之则湿陷量大。

垫层底面的宽度 B 可按下式计算确定

$$B=b+2z\tan\theta+c \tag{10.1}$$

式中 b ——基础的宽度；

z ——基础底面至垫层底面的距离；

θ ——地基压力扩散线与竖直线的夹角，一般为22°～30°，对素土宜取小值，对灰土宜取大值；

c ——考虑施工机具影响而增设的附加宽度，一般为0.2m。

如采用整片垫层，每边超出结构物外墙基础外缘的宽度不应小于处理土层厚度的1/2，并不应小于2m。

在湿陷性黄土地基上，垫层还应具有一定的厚度，在其置换及扩散压力作用下可使浸水后地基的湿陷量减小。在消除湿陷性黄土地基的部分湿陷量时，对矩形基础，垫层的厚度可采用（1.0～1.5）b（b为基础的宽度）；对条形基础，可采用（1.5～2.0）b。当垫层的其他条件都相同而仅厚度不同时，厚度大的湿陷量小，反之，则湿陷量大。

垫层施工时，应先将处理范围内的湿陷性黄土全部挖出，并打底夯（或压实），然后将就地挖出的黏土配成处于最优含水量附近的土料或适当含水量的灰土料，根据选用的夯（压）实机具，按一定厚度分层铺土，分层夯（压）实直到设计标高为止。在大面积范围内，可采用分段开挖，分段、分层回填夯（压）实，上、下两层应避免竖向接缝，其错开距离应不小于0.5m。在0.5m范围内，应增加夯（压）实遍数。

垫层的质量控制，如只用土的干重度指标，有时仍不能满足防止湿陷和渗透的要求，因此，除有建筑经验的地区可采用土的干重度指标控制垫层的质量外，其余地区则应采用压实系数指标来控制垫层的质量，控制要求如下：

（1）当垫层厚度不大于3.0m时，其压实系数不应小于0.95。

（2）当垫层厚度大于3.0m时，其超过3.0m部分的压实系数不应小于0.97。

10.1.2.2 土桩或灰土桩法

用机械、人力或爆扩成孔后，填以最优含水量的素土或灰土并分层夯实成桩的方法称为土桩或灰土桩法。在成孔和夯实过程中，使距桩周一定距离内的天然土得到挤密，从而消除桩间土的湿陷性并提高承载力。该法的处理深度一般为5～15m。土桩或灰土桩法适用于地下水位以上且土的饱和度S_r<65%的湿陷性黄土地基。

土桩适用于以消除地基土的湿陷性为主要目的的湿陷性黄土地基，而灰土桩则适用于以提高地基承载力为主要目的的人工填土地基的处理。

采用土桩来挤密地基土体，一般桩孔的直径（d）以300～600mm，桩孔的布置以等边三角形排列为宜，其处理范围如图10.1所示。

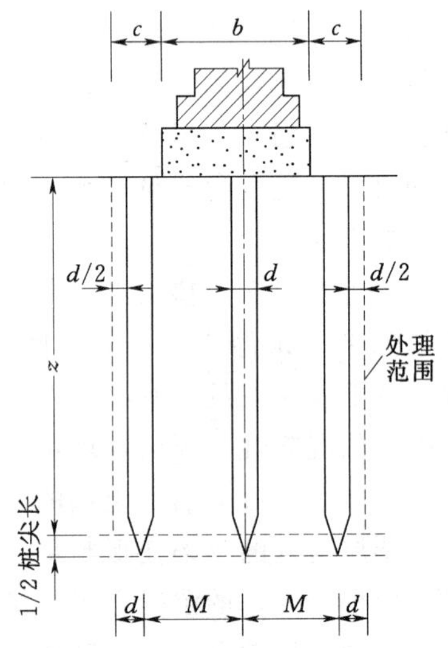

图10.1 采用土桩或灰土桩法的地基处理范围

对非自重湿陷性黄土地基，一般合适的处理深度为5～15m，其处理范围应为每边至少超出基础边缘0.25b（b为基础宽度），应不小于1.0m。

土桩或灰土桩的施工程序可分为桩孔定位、桩孔成型和桩孔夯填。桩孔成型可采用沉管、爆扩和冲击成孔三种方法。

对桩孔夯填质量应进行随机抽样检查，抽样检查的数量不得少于桩孔总数的 2%。检查方法可根据经验和条件，采用小环刀深层取样，轻便触探或开剖取样检验以及几种方法的结合，但开剖取样检查只有在十分必要时才采用。当对灰土桩采用前两种方法检验时。应在桩孔夯填后 48h 以内进行，否则将由于灰土胶凝强度的提高而造成无法检验。

10.1.2.3 强夯法

强夯法是将 80～400kN 重（最重可高达 2000kN）的重锤起吊到 10～20m（最高可达到 40m）高处而后自由下落，对土进行反复强力夯实，以提高其强度降低其压缩性和消除其湿陷性。强夯对湿陷性黄土湿陷性的消除效果明显，一般的处理深度可达 8～10m。

强夯法适应于土的饱和度 S_r 小于 60%的湿陷性黄土地基的处理。

强夯法的影响深度可按修正的梅纳公式进行估算。

在湿陷性黄土地基上采用强夯法，应正确选择强夯参数。强夯的单位夯击能应根据施工设备、黄土地层的年代、湿陷性黄土层的厚度和要求消除黄土层湿陷性的有效深度等因素确定，一般可取 1000～4000kN·m/m^2。夯锤底面宜为圆形，锤底的静压力宜为 25～60kPa，锤底面积不宜小于 3.0m^2，最好在 4.5m^2 以上。

强夯法的处理范围应大于结构物的基础范围，拓宽的宽度可从基础外缘起增加拟加固深度的 1/3～1/2 倍，并不小于 3m。

由于湿陷性黄土一般都处于非饱和状态（S_r<60%），土中基本上不存在或只有极少量的自由水，因此在强夯过程中不涉及到孔隙水压力的消散和排水固结等一系列问题，这就为简化施工顺序提供了有利条件。夯击点一般可按正方形或梅花形网格布设，其间距通常为 5～15m。一般可以在一个夯击点上一遍连续夯到所需的总击数，然后再移到下一个夯击点上，逐点一遍夯成。最后，再降低落距，搭夯一遍将坑底夯平。湿陷性黄土场地各夯击点总击数可按最后一击夯沉量等于 30～60mm 来确定，一般为 6～9 击。同样，在平面上的夯位排列也无需像夯实饱和土那样采用较大距离的跳点夯，而可按纵横方格网点排列方式，一个夯位紧接一个夯位进行夯击，从而大大减少了夯锤在平面上移动所耗费的工时，可有效地提高施工效率。

对湿陷性黄土地基进行强夯时，所有的测试工作除空隙水压力可以不量测外，其他项目的量测都应按实际需要进行。

强夯法的优点是施工简单，效率高，工期短，对黄土湿陷性消除的深度较大，其缺点是震动和噪音较大。

10.1.2.4 重锤夯实法

重锤夯实法是将 20～30kN 重的夯锤以 4.0～6.0m 的落距对天然地基表面进行反复夯击，在夯实层的范围内，土中空隙减少，其物理，力学性质获得显著改善（如干重度明显增大，压缩性降低；湿陷性消除；透水性减弱等），并使得地基承载力得到提高。采用重锤夯实法一般可消除 1.0～2.0m 深度内黄土湿陷性。适用于地下水位以上，饱和度 S_r<60%的湿陷性黄土地基的处理。

10.1.2.5　钻孔夯扩桩挤密法

钻孔夯扩桩挤密法又称为孔内强夯法，渣土桩法，深层孔内夯扩桩法。它是先成孔(一般采用螺旋钻成孔，孔径一般为0.4m)，再向孔内分层回填建筑垃圾、渣土、素土或灰土，然后利用尖底或弧形底锤以较高的落距向孔内夯击，锤底以辐射状近似半椭圆球形分布的动应力冲击挤压土体，从而加强土体，在消除土体湿陷性的同时提高地基的承载力。其挤密的影响范围，与夯锤的夯击能量有关。夯锤的重量一般为20～30kN。

钻孔夯扩桩挤密地基与土（或灰土）桩挤密地基相似，所不同的是土（或灰土）桩法主要是在成孔过程中对桩间土进行挤密，而钻孔夯扩桩法则主要是在孔内充填土料的过程中对桩间土进行挤密。其对地基的处理深度较深，可达20m左右，且无地下水位的限制。

由于该法可将地基处理与消纳建筑物垃圾（或渣土）相结合，因而是一种经济、有效、环保的地基处理方法。

10.1.2.6　夯坑基础法

夯坑基础法是将与基础形状相同的重锤沿导向架提升到3～8m的高度，然后自动脱钩下落锤击地基。形成深度为0.6～3.0m的锤形夯坑，再在坑内布置钢筋、浇筑混凝土，形成夯坑基础的一种方法。为了增强夯坑基础法的处理效果，可在夯坑内添加碎石等骨料并夯入地基内。由于这种施工工艺在处理地基的同时形成了基坑，省却了开挖基坑和立模板的工序和材料，故省工、省时、省料。

10.1.2.7　预浸水法

预浸水法是利用黄土浸水后产生自重湿陷的特性，在施工前挖坑进行大面积的浸水，使土体预先产生自重湿陷，以消除全部黄土层的自重湿陷性和深层土层的外荷湿陷性，它适用于处理厚度大、自重湿陷性强烈的黄土地基，是一种比较经济有效的处理方法。

预浸水法浸水坑的边长不小于湿陷性土层的厚度。当浸水坑面积较大时，可分段进行浸水。浸水坑内的水头高度不应小于0.3m，连续浸水时间以实现变形达到稳定为控制标准。湿陷变形的稳定标准为最后5d的平均湿陷量小于1mm/d。地基预浸水结束后，在基础施工前应进行补充勘察工作，重新评定地基的湿陷性，并应采用垫层法或强夯法等处理上部湿陷性土层。

预浸水法适用于处理地基湿陷等级为Ⅲ级或Ⅳ级的自重湿陷性黄土场地，可消除地表之下6m以内自重湿陷性黄土层的全部自重湿陷性。但是经过这种方法处理的地基的上部土层（一般为地表以下4～5m范围内）仍具有外荷湿陷性，因此该法尚应与垫层法或其他地基处理方法相结合使用。

浸水前宜通过现场试坑浸水试验确定浸水时间、耗水量和湿陷量等。

由于浸水时间会造成场地周围地表的下沉开裂，所以预浸水法适用于空旷的新建地区。若在周边有结构物的场地采用该法，浸水场地与周围已有结构物之间应留有足够的安全距离。当地基存在隔水层时，其净距应不小于湿陷性黄土层厚度的1.5倍。一般情况下，浸水坑边缘至既有结构物的距离不宜小于50m，并应防止浸水对附近结构物和场地边坡稳定性产生的不利影响。

预浸水法用水量大，工期长（约3～6个月），一般应比正式工程至少提前半年到一年进行，且应有充足的水源保证。

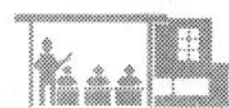

10.1.2.8 化学加固法

1. 单液硅化法

单夜硅化法是将相对密度为 1.13～1.15 的硅酸钠溶液利用带孔眼的管注入土中，使溶液中的钠离子与土中水溶性盐类中钙离子产生离子交换反应，在土颗粒表面形成硅酸凝胶薄膜，从而增强土粒间的连结，填塞粒间空隙，使土体具有抗水性、稳固性、不湿陷性和不透水性的特征。

在离子交换反应初期，硅酸凝胶薄膜的厚度很小，只有几微米，因而它不妨碍后压入溶液的渗透流动，但相隔几小时后，由于凝胶大量生成，途中空隙被硅酸凝胶填充，毛细管通道被堵塞，使土的透水性降低。尽管硅酸凝胶薄膜的厚度很小，但是它有足够的强度，能使土在溶液饱和的初期，不会因外荷作用而产生过大的附加下沉。随着硅酸凝胶薄膜逐渐加厚和硬化，土的强度也随着时间而增长。在加固后前半个月，土的强度增长速率最大，而且在一年以后仍有所增长，当土样在水中浸泡时，仍可观察到黄土在继续硬化。在硅化加固中，为了提高加固土体的早期强度，以减少加固过程中产生的土体附加下沉，可采用加气硅化法，加气硅化法通常采用 CO_2 气体和氨气，一般情况下 CO_2 使用较多。即首先在地基土中注入 CO_2 气体，然后灌入水玻璃溶液，再注入 CO_2，由于碱性水玻璃强烈吸收 CO_2，形成自真空作用，促进浆液均匀分布于土中，并渗透到土的微孔内，可使 95%～97%的孔隙被浆液充填，加固土体的透水性大大降低，地基经过加固后，浸水后的附加下沉量极其微小，湿陷性已完全消除，与天然地基相比，变形模量及地基承载力均大大提高。

单液硅化加固时，灌注孔宜按三角形布置。若采用压力灌注时，灌注孔的间距宜为 0.8～1.2m；若采用渗透灌注时，灌注孔的间距宜为 0.4～0.6m。

对已有结构物地基进行加固时，在非自重湿陷性场地一位采用压力自上向下分层灌注溶液。在自重湿陷性黄土场地上，应采用渗透灌注的方法，不宜采用加压措施。

加固湿陷性黄土的溶液用量可按下式计算

$$X=\pi r^2 h\bar{n}d_N\alpha \tag{10.2}$$

式中 X ——硅酸钠溶液的用量，t；

r ——溶液扩散半径，m；

h ——自基础地面算起的加固土深度，m；

$\bar{n}$ ——地基加固前土的平均空隙率，%；

d_N——压力灌注或渗透灌注时硅酸钠溶液的相对密度；

α ——溶液填充空隙的系数，可取 0.6～0.8。

硅酸钠的模数宜选用 2.5～3.3，其杂质含量不应大于 2%。

2. 碱液加固法

碱液（NaOH 溶液）加固法，可用于加固非自重湿陷性土场地上的已有结构物地基。它是将浓度为 100g/L 的 NaOH 溶液通过灌注孔注入土内。每个灌注孔的加固半径为 0.3～0.4m。

NaOH 溶液注入黄土后，首先与土中可溶性和交换性碱土金属阳离子发生置换反应，反应结果使土颗粒表面生成碱土金属氢氧化物，这种反应是在溶液注入土中瞬间完成的，它所消耗的 NaOH 仅占一小部分。

土中呈游离状态的 SiO_2 和 Al_2O_3 以及微细颗粒（铝硅酸盐类）与 NaOH 作用后产生溶液状态的钠硅酸盐和钠铝酸盐，在 NaOH 溶液作用下，土颗粒表面会逐渐发生膨胀和软化，相邻土粒在这一过程中更紧密地相互接触，并发生表面的相互融合。但仅有 NaOH 的作用，土粒之间的这种溶合胶结（钠铝硅酸盐类胶结）是非水稳性的，只有在土颗粒周围存在 $Ca(OH)_2$ 的条件下，才能使这种胶结物生成为强度高且具有水硬化性的钙铝硅酸盐的络合物。这些混合物的生成，可使土颗粒相互牢固胶结在一起，强度大大提高，并且有充分的水稳性。上述反应在常温下反应速率较慢，提高温度则能大大加快反应速率，因此可将碱液加热到 80～100℃后再注入土内。

当土中可溶性和交换性钙、镁离子含量较高时，注入 NaOH 溶液即可得到满意的加固效果，如土中这类离子的含量较少，为了取得有效的加固效果，可以采用双液法，即在注入 NaOH 溶液后，再注入 $CaCl_2$ 溶液。这时，后者与土中部分 NaOH 发生作用，生成 $Ca(OH)_2$，部分 $CaCl_2$ 也直接与钠铝硅酸盐络合物生成水硬性的胶结物。经技术经济比较，也可以采用碱液与生石灰桩的混合加固方法。

自重湿陷性黄土地基能否采用碱液加固，取决于其对湿陷的敏感性。自重湿陷敏感性强的地基不宜采用碱液加固。对自重湿陷不敏感的黄土地基经过试验认可并拟采用碱液加固时，应采取卸荷或其他措施以减小灌液时可能引起的较大附加下沉。

对下列情况不宜采用碱液加固：地下水位以下或饱和度大于 80%的黄土地基；酸性土及已渗入沥青、油脂和其他石油化合物的黄土地基。

采用单液硅化法和碱液加固法加固湿陷性黄土地基，应于施工前在拟加固的结构物附近进行单孔或多孔灌注溶液试验，以确定灌注溶液的速率、时间、数量及压力等参数。

灌注溶液试验结束后 7～10d，应在试验范围的加固深度内量测加固土的半径，并取土样进行室内试验，以测定加固土的压缩性和湿陷性等指标。必要时，应进行浸水荷载试验或其他原位测试，以确定加固效果。

10.1.2.9　桩基础法

桩基础法是采用一定长度的桩穿越湿陷性黄土层，使上部结构的荷载通过桩尖传到下面坚实的非湿陷性土层中去，这样即使地基受水浸湿，也可以完全避免湿陷的危害。

在湿陷性黄土场地，对符合下列中的任一款，均宜采用桩基础法：

（1）采用地基处理措施不能满足设计要求的结构物。

（2）对整体倾斜有严格限制的高耸结构物。

（3）对不均匀沉降有严格限制的结构物和设备基础。

（4）主要承受水平荷载和上拔力的结构物或基础。

（5）经技术经济综合分析比较，不宜采用地基处理措施的结构物。

在湿陷性黄土地区采用的桩基础按施工方法可分为静压或打入式钢筋混凝土预制桩、就地灌注桩，后者又可分为钻孔桩、人工挖孔桩、挤土成孔桩和爆扩桩等。爆扩桩施工简便、工效较高，不需打桩设备，但深度受到限制，一般不宜超过 10m，且不适用于水下，在城市中也不宜采用。人工挖孔的大直径灌注桩适用于地下水位埋藏较深的自重湿陷性黄土地基，一般以卵石层或含碳质结核较多的土层作为持力层，深度可达 15～25m，其直径

一般为0.8～1.0m，为提高单桩承载力，底部可进行扩大。在湿陷性黄土地区采用打入式预制桩时，一定要选择可靠的持力层，而且要考虑黄土在天然含水量时对沉桩的摩阻力较大，尤其当黄土中含有一定数量的钙质结核时，沉桩较为困难，甚至打不到预定标高。

湿陷性黄土地基中的桩基础，桩周地基土的竖向变形常大于桩的竖向变形，会在桩周表面产生向下的负摩阻力，使作用于桩的荷载增大，从而造成桩基础事故。

当地基浸水或其他原因，使得桩土之间发生相对位移时，相对位移为零处称为中性点，它是作用在桩身上的负摩阻力和正摩阻力的分界点。随着时间的延续，中性点逐渐稳定在一定深度处，其深度 L_n 一般由下式确定

$$L_n = \beta L \tag{10.3}$$

式中　L ——桩长范围的自重湿陷土层厚度，m；

β ——中性点的相对深度系数，其值因桩端持力层土的性质而异。当桩穿过自重湿陷性黄土，桩端设置在非湿陷性黄土层中时，$\beta=0.88\sim0.90$；桩端设置在卵石层、岩石中时，$\beta=1.00$。

在自重湿陷性黄土地基中，负摩阻力的发生有一些特殊性，负摩阻力极限值既与累计相对湿陷量有关，又受地基浸水范围和浸水方式的影响。

自重湿陷性黄土浸水后湿陷强烈，速度快，负摩阻力发展快，很快就达峰值。湿陷性黄土地区的桩基本上都属于端承桩，因为自重湿陷性黄土地基浸水后，不但正摩阻力完全消失，还要产生负摩阻力，外荷及负摩阻力全部要由桩尖土承担。即使是非自重湿陷性黄土地基，浸水后桩周虽仍有一定正摩阻力存在，但由于土体饱和，摩擦作用大大减小，基本上仍是以端承为主。

单桩承载力原则上应通过现场浸水静载荷试验确定，其试验方法及要求应按现行《湿陷性黄土地区建筑规范》（GB 50025—2004）的规定进行。有建筑经验的地区也可按当地建筑经验确定。在估算非自重湿陷性场地的单桩承载力时，桩端土的承载力 q_p 和桩周土的摩擦力 q_s 均应按饱和状态下的土性指标确定。在确定自重湿陷性土场地的单桩承载力时，除不计湿陷性土层范围内的桩周正摩阻力外，尚应扣除桩周的负摩阻力。正、负摩阻力数值宜通过现场试验确定。桩周负摩阻力的计算深度，应自桩的承台底面算起，至其下非湿陷性土层顶面为止。

对桩侧负摩阻力进行现场试验确有困难时，可按表10.2中的数值估算：

表 10.2　　桩侧平均负摩阻力　　单位：kPa

自重湿陷量（mm）	挖、钻孔灌注桩	预制桩
70～200	10	15
＞200	15	20

桩基础施工时，预制桩的入土深度和贯入度均应严格遵循设计要求；灌注桩成孔后，必须将孔底浮土清理干净。

桩基础虽然耗用钢材、水泥较多，造价较高，但安全可靠，施工速度较快，能确保地基浸水时不发生湿陷事故。因此，对于上部结构荷载大或地基浸水可能性大的重要结构物，当地基有可靠持力层时，采用桩基础是合理的。

除了上述9种方法之外，对湿陷性黄土地基还可采用热加固法、水下爆破法、电火花加固法、高压喷射注浆法、CFG桩法、深层搅拌法等地基处理方法。其加固机理可参见本书中的相关章节及其他文献。

任务10.2 盐渍土地基处理

10.2.1 盐渍土概述

当土中的易溶盐大于0.3%，并具有溶陷、盐胀、腐蚀等工程特性时，应判定为盐渍土。

盐渍土在法国、西班牙、意大利等欧洲国家，美国、加拿大、墨西哥等美洲国家，蒙古、印度等亚洲国家以及非洲的许多国家和地区均有分布。

按照地理分布，我国的盐渍土可分为两个大区，即内陆盐渍土区和滨海盐渍土区。在我国西北干旱地区的新疆、青海、甘肃、宁夏和内蒙古等地势低洼的盆地和平原中分布有大面积的内陆盐渍土，在华北平原、松辽平原和大同盆地也有分布。而在滨海地区的辽东湾、渤海湾、莱州湾、海州湾、杭州湾以及台湾在内的诸海岛沿岸等地则分布有相当面积的海滨盐渍土。

盐渍土的三相组成与一般的土有所不同，其液相中含有盐溶液，固相中除土粒外，还含有较稳定的难溶结晶盐和不稳定的易溶结晶盐。在温度变化和足够多的水浸入盐渍土的条件下，其中的易溶结晶盐将会被溶解，气体孔隙也将被水填充。此时，盐渍土的三相体转变成二相体。在盐渍土由三相体转变成二相体的过程中，通常伴随着土体结构的破坏和土体的变形（通常表现为溶陷）。而当自然条件变化时，盐渍土的二相体也会转化为三相体，此时土体也会产生体积变化（通常表现为盐胀）。因此，盐渍土中组成成分相态的变化可对盐渍土的大部分物理和力学性质指标产生影响，并可能对工程造成严重的危害。

盐渍土在工程上的危害较为广泛，可以概括为三个方面：溶陷性、盐胀性和腐蚀性。滨海盐渍土因常年处于饱和状态，其溶陷性和盐胀性不明显，主要是腐蚀方面的危害；内陆盐渍土则三种危害兼而有之，且较为严重。

对盐渍土可根据含盐化学成分和含盐量按表10.3和表10.4进行分类。

表10.3 盐渍土按含盐化学成分分类

盐渍土名称	$\frac{c(Cl^-)}{2c(SO_4^{2-})}$	$\frac{2c(CO_3^{2-})+c(HCO_3^-)}{c(Cl^-)+2c(SO_4^{2-})}$
氯盐渍土	>2.0	—
亚氯盐渍土	1.0～2.0	—
亚硫酸盐渍土	0.3～1.0	—
硫酸盐渍土	<0.3	—
碱性盐渍土	—	>0.3

注 表中 $c(Cl^-)$ 为氯离子在100g土中所含的毫摩数，其他离子同。

表 10.4　　盐渍土按含盐量分类

盐渍土名称	平均含盐量（%）		
	氯及亚氯盐	硫酸及亚硫酸盐	碱性盐
弱盐渍土	0.3～1.0	—	—
中盐渍土	1.0～5.0	0.3～2.0	0.3～1.0
强盐渍土	5.0～8.0	2.0～5.0	1.0～2.0
超盐渍土	＞8.0	＞5.0	＞2.0

10.2.2　盐渍土地基的处理方法

盐渍地基处理的目的，主要在于改善盐渍土的力学性质，消除或降低地基的溶陷性或盐胀性等。与一般土地基不同的是，盐渍土地基处理的范围和厚度应根据其含盐类型、含盐量、盐渍土的物理和力学性质、溶陷等级、盐胀特性以及结构类型等因素确定。

10.2.2.1　消除或降低盐渍土地基溶陷性的处理方法

大量的工程实践和试验表明，由于盐的胶结作用，盐渍土在天然状态下的强度一般都较高，因此盐渍土地基可作为结构物的良好地基。但当盐渍土地基浸水后，土中易溶盐被溶解，导致地基变成软弱地基，承载力显著下降，溶陷迅速发生。降低盐渍土地基溶陷性的处理方法主要有以下几种。

1. *浸水预溶法*

该法是对拟建的结构物地基预先浸水，使土中的易溶盐溶解，并渗入到较深的土层中。易溶盐的溶解破坏了土颗粒之间的原有结构，使其在自重应力下压密。由于地基土预先浸入水后产生溶陷，所以建筑在该场地上的结构物即使再遇水。其溶陷变形也要小得多。因此，这实际上相当于一种简易的“原位换土法”，即通过预浸水洗去土中的盐分，把盐渍土改良为非盐渍土。

浸水预溶法一般适用于厚度较大渗透性较好的砂、砾石土、粉土和黏性土类盐渍土。对于渗透性较差的黏性土不宜采用浸水预溶法。浸水预溶法用水量大，场地要有充足的水源。此外，最好在空旷的新建物场地中使用，如需在已建场地附近应用时，在浸水场地与已建场地之间要保证有足够的安全距离。

采用浸水预溶法处理盐渍土地基时，浸水场地面积应根据结构物的平面尺寸和溶陷土层的厚度确定。浸水场地平面尺寸每边应超过拟建结构物边缘不小于 2.5m，预浸水深度应达到或超过地基溶陷性土层厚度或预计可能的浸水深度。浸水水头高度不宜低于 0.3m，浸水时间一般为 2～3 个月，浸水量一般可根据盐渍土的类型、含盐量、土层厚度以及浸水时的气温等因素确定。

2. *强夯法*

有些盐渍土的结构松散，具有大孔隙的结构特征，土体密度很低，抗剪强度不高。对于含结晶盐不多、非饱和的低塑性盐渍土，采用强夯法是降低地基溶陷性的一种有效方法。

3. *浸水预溶＋强夯法*

浸水预溶＋强夯法是将浸水预溶法与强夯法相结合，可应用于含结晶盐较多的砂石类土中。这种方法通过先浸水后强夯，可进一步增大地基土体的密实性，降低其浸水溶陷性。但如果在使用中结构物地基的浸水深度超过有效处理深度，地基显然还要发生溶陷，所以在地基处理时应使预浸水深度和强夯的有效处理深度均达到设计要求（在砂石类土中一般为6～12m）。

4. 换土垫层法

换土垫层法适用于溶陷性较高、厚度不大的盐渍土层的处理。将基础之下一定深度范围内的盐渍土挖除，然后回填不含盐的砂石、灰土等，再分层压实。以换土垫层作为结构物基础的持力层，可部分或完全消除盐渍土的溶陷性，减小地基的变形，提高地基的承载力。

5. 盐化处理办法

对于干旱地区含盐量较多、盐渍土层很厚的地基上，可采用盐化处理方法，即所谓的“以盐制盐”法。该方法是在结构物地基中的注入饱和或过饱和的盐溶液，形成一定厚度的盐饱和土层，从而使地基土体发生下列变化：①饱和盐溶液注入地基后随着水分的蒸发，盐结晶析出，填充了原来土体中的孔隙并起到土粒骨架的作用；②饱和盐溶液注入地基并析出盐结晶后，土体的孔隙变小，使盐渍土渗透性降低。

地基土体经盐化处理后，由于土体的密实性提高及渗透性降低，既保持或提高了土体的结构强度，又使地基受到水浸时也不会发生较大的溶陷。在地下水位较低、气候干旱的地区，可将这种方法与地基防水措施结合使用。

6. 桩基础法

当盐渍土层较厚、含盐量较高时，可考虑采用桩基础。但与一般土地基不同，在盐渍土地基中采用桩基础时，必须考虑在浸水条件下桩的工作状况，即考虑桩周盐渍土浸水溶陷后会对桩产生摩阻力而造成桩承载力的降低。桩的埋入深度应大于松胀性盐渍土的松胀临界深度。

10.2.2.2　消除或降低盐渍土地基盐胀性的处理方法

盐渍土的盐胀包括碱性盐渍土的盐胀和硫酸盐渍土的盐胀。前者在我国的分布面积较小，危害程度较低，而后者的分布面积较广，对工程造成的危害也较大。针对硫酸盐渍土的盐胀，主要有下述处理方法：

1. 化学方法

化学方法的处理机理是：①用掺入氯盐的方法来抑制硫酸盐渍土的盐胀；②通过离子交换，使不稳定的硫酸盐转化成稳定的硫酸盐。研究表明，Na_2SO_4 在氯盐中的溶解度随着氯盐浓度的增大而减小，当使得 Cl^-/SO_4^{2-} 的数值增大到6倍以上时，对盐胀的抑制效果最为显著。因此，在处理硫酸盐渍土的盐胀时，可采取在土中灌入 $CaCl_2$ 溶液的办法。这是因为 $CaCl_2$ 溶液在土中可起到双重效果：一是可降低 Na_2SO_4 的溶解度，二是通过化学反应生成的 $CaSO_4$ 微溶于水且性质稳定，其反应方程式为

$$Na_2SO_4+Ca(OH)_2 \longrightarrow 2NaCl+CaSO_4$$

因此，运用离子交换法处理盐胀时还可选用石灰做原料，其反应方程式为

$$Na_2SO_4+Ca(OH)_2 \longrightarrow 2NaOH+CaSO_4$$

上述反应生成的 $CaSO_4$（熟石膏）为难溶盐类，不会发生盐胀，从而可达到增强地基稳定性、消除盐胀的目的。

2. 设置变形缓冲层法

该法是在地坪下设置一层一定厚度（约200mm）的不含砂的大粒径卵石（小头朝下立栽于地），使盐胀变形得到缓冲。

3. 换土垫层法

可采用此方法处理硫酸盐渍土层厚度不大的情况。当硫酸盐渍土层的厚度较大，但只有表层土的温度和湿度变化较大时，可不必将全部硫酸盐渍土层都挖除，而只需将有效盐胀区范围内的盐渍土挖掉，换填非盐渍土即可。

4. 设置地面隔热层法

盐渍土地基盐胀量的大小，除与硫酸盐含量有关外，还主要取决于土的温度和湿度的变化。如在地面设置一隔热层，就能有效避免盐渍土层顶面的温度发生较大变化，从而能达到消除盐胀的目的。同时为保持隔热材料的持久性，通常在其顶面铺设一防水层，以防大气或地面水渗入隔热层。

5. 隔断法

所谓隔断法，是指在地基一定深度内设置隔断层，以阻断水分和盐分向上迁移，防止地基产生盐胀、翻浆及湿陷的一种地基处理方法。

隔断层按其材料的透水性可分为透水隔断层与不透水隔断层。透水隔断层材料有砾（碎）石、砂砾、砂等；不透水隔断层材料有土工合成材料（复合土工膜、土工膜）、沥青砂等。

任务10.3　岩溶地基处理

10.3.1　概述

岩溶又名喀斯特（Karst），它是指可溶性岩石在地下水和地表水的溶蚀作用和机械破坏作用下所形成的各种地质作用、形态和现象的总称。可溶性岩石包括碳酸盐类岩石以及石膏、岩盐、芒硝等岩石。

岩溶主要有地下与地表两种形态。地表岩溶主要包括溶沟、石芽、漏斗、竖井、落水洞、溶蚀洼地、干谷、盲谷、孤峰和峰林等，而地下岩溶主要包括溶隙、溶沟、溶槽、天生桥、溶洞和暗河等。

岩溶作为一种不良工程地质现象，其分布极为广泛，岩溶地区占地球大陆面积约15%，主要分布于中国西南部、地中海沿岸、欧中东部、东南亚和美国东南部等地区。我国是世界上岩溶发育最广泛的国家之一，贵州、广西、云南、四川、湖南、山西、山东等21个省、自治区内均有较大面积岩溶出露，分布面积高达130万km^2。

根据岩溶发育的出露情况，喀斯特地貌可分为裸露式、半隐蔽式和隐蔽式三种。

(1) 裸露式。岩溶岩层裸露地表具有溶沟、漏斗等岩溶形态。

(2) 半隐蔽式。岩溶被残积层所覆盖，地表多被腐殖土和植物覆盖，有漏斗、洼地、干谷、塌陷及流量很大的岩溶泉分布，如广西西部的岩溶。

(3) 隐蔽式。可溶性岩层被非可溶性沉积岩所覆盖，大气降水不易渗透，岩溶作用微弱，有时出现很浅的漏斗，如华北奥陶系和湘东寒武系石灰岩的岩溶。

常见的岩溶形态主要有如下几种形式：

(1) 溶沟与溶槽。为可溶性岩石中的裂隙在地表水的机械作用和化学作用下形成的小型沟槽，一般深达数十毫米至1.0m左右，长2.0～5.0m。若溶蚀作用进一步发展，沟槽之间的石脊被切割破碎，残留的顶部尖下部粗的椎状柱体称为石芽。

(2) 漏斗。漏斗是最常见的地表岩溶形态之一，在地表水的溶蚀作用并伴随塌陷作用下形成，呈蝶状或倒锥状，平面上呈圆形或椭圆形，直径和深度一般由数米至数十米，可分为溶蚀漏斗和塌陷漏斗，均由被溶蚀的开口岩溶形态上覆土层塌陷形成，前者底部堆积物较少，后者较多。

(3) 落水洞或竖井。沿垂直方向发展的洞穴，垂直或陡斜曲折，宽度约数十毫米至十余米，深度可达数百米。其中，有地表水流入的称落水洞，无地表水流入的称竖井。

(4) 溶洞。沿水平方向发展的洞穴，蜿蜒曲折，支洞很多，断面形态多样，洞内常有钟乳石、石笋和石柱。溶洞中有经常性水流，其中流量较大（大于50L/s）的称暗河。

(5) 地下湖。逢枯水季节，地下水位下降后，在暗河中的个别地段形成的湖泊状水潭称地下湖。

(6) 溶蚀洼地。许多相邻漏斗径流水溶蚀不断扩大汇合而成溶蚀洼地。平面上呈圆形或椭圆形，但规模比漏斗更大，直径由数百米至数千米。溶蚀洼地周围有溶蚀残丘或峰丛和峰林，底部常有落水洞和漏斗。

(7) 坡立谷和溶蚀平原。溶蚀洼地充分发育，相邻洼地彼此连通，便发展成为坡立谷。坡立谷是一种大型的封闭洼地，宽数百米至数千米，长数百米至数十千米，四周山坡陡峻，谷底宽平，覆盖着溶蚀残余的黄色、棕色和红色的黏性土，有时还有河流冲积层。常有河流纵贯坡立谷，河水从一端流出，于另一端则为落水洞吸收，转入地下成暗河。有些坡立谷中还耸立有孤峰；坡立谷进一步发展即形成开阔宽广的溶蚀平原，溶蚀平原上还有许多其他岩溶形态。

(8) 暗河和天生桥。暗河是地下岩溶水汇集、排泄的主要通道，在岩溶发育地区，地下大都有暗河存在。其中部分暗河常与地面的槽谷伴随存在，通过槽谷底部的一系列漏斗、落水洞使两者互相连通，故可根据地表岩溶形态的分布位置概略地估计暗河在地下的发展方向。天生桥是溶洞的顶部崩塌后，残留的顶板（岩体）横跨暗河河谷两岸，形似拱挢。

(9) 土洞。在槽谷、坡立谷底部的溶蚀平原上，可溶性岩层常被第四纪松散土层覆盖，由于地下水位降低或动力条件改变，在岩溶水的淋滤、潜蚀和搬运作用下，使岩面以上的土体下落、流失或坍塌，形成大小不一、形态不同的土中洞穴。如广西、贵州和粤北等地土层覆盖的岩溶地区，常因人为抽水和排水引起地下水位变化而形成土洞，直接危害结构物地基基础的稳定。

岩溶对工程的不良影响主要表现在以下几个方面：

(1) 岩溶岩面起伏，导致其上覆土质地基压缩变形不均。

(2) 岩体洞穴顶板变形、塌落导致地基失稳。

(3) 岩溶水的动态变化给施工和结构物使用造成不良影响。

(4) 土洞坍落形成地表塌陷。

10.3.2　溶岩区结构物的设计原则

岩溶区结构物的设计原则应遵循以下几点：

(1) 场地上主要结构物的位置应尽量避开岩溶强烈发育地段，宜选择在非（弱）可溶岩分布的地段上。

(2) 从岩溶会对建筑的稳定性和适宜性产生影响的角度考虑，在总平面布局上使各类安全等级的结构物的布置与岩溶发育程度分区相适应。

(3) 当地形条件受限或生产工艺流程必须在稳定条件较差的地段布置结构物时，宜使其长轴方向与岩溶发育带方向垂直或斜交，以减少工程处理工作面。

(4) 场地地坪设计标高的确定，有条件时宜使结构物基底与某一水平岩溶洞隙带之间保持一定距离，或使其能在土石方整平时被开挖揭露。

(5) 避开岩溶水位高且集中流动的地带，避免基础及地下构筑物拦堵地下水的正常流泄，尤其是场地为狭长的沟谷和近似封闭的洼地时，更要充分估计水的季节性动态变化的不良影响。

10.3.3　岩溶的地基处理方法

10.3.3.1　洞体塌滑不稳定的处理

处理方法如下：

(1) 对岩溶洞体进行稳定性分析与评价，在洞体稳定性满足要求的前提下，尽量采用浅基础，充分利用上覆性能好的土层作为持力层或使基底与洞体间保留相当厚度的完好岩体。

(2) 对外露的浅埋洞体，可将其挖填置换，清理洞体后以块石、碎石、灰土或混凝土分层填实；对有地下水活动的洞体，应回填反滤层并留有排泄水流通道。

(3) 当洞体的顶板薄、跨度大时，可在洞底设置附加支撑以减小洞跨，也可加固洞顶，用浆砌块石嵌补洞顶岩体及洞隙边坡。

(4) 当洞体开口较小，开挖清理困难时，可采用注浆法向洞内灌水泥砂浆或低强度混凝土将其填塞。

(5) 对埋藏深、洞径大的土洞，可采用灌砂法进行处理。在洞体范围内的顶板地面上打两个或更多的钻孔，其中直径较小的孔（直径为50mm）作排气用，直径较大的孔（直径大于100mm）作灌砂用。灌砂时，同时进行冲水，待小孔中冒出砂为止。当洞内有水，灌注困难时，可用细石混凝土、水泥、砾石等进行灌注。

(6) 对个别跨度不大，洞壁坚固、完整，强度较高的裂隙状深溶洞，可在顶部做钢筋混凝土梁板跨越，将结构置于梁板上，或采取调整柱距的办法避开溶洞。

(7) 在洞体部位对基础进行局部加深，可通过钻孔灌注桩或墩穿越单个洞体，使基础荷载传递到下部完好的岩体上。

由于难以准确掌握岩溶的发育规律，尽管在设计中采取了一些措施，但经过一定时间后又可能发生若干变化，因而尚应在结构物使用期间加强检查养护。

10.3.3.2　岩溶地区桩基础的处置原则

岩溶地区桩基础的设计须结合岩溶工程地质特点，根据具体情况制定处置方案，以达到安全、经济、合理的目的，可参照如下原则进行处置：

(1) 首先须对岩溶区桥梁桩基进行稳定性分析与评价，确定处置范围。

(2) 若岩溶非常发育，可对桩基承载力或长期稳定性构成危害者，需依具体情况采取注浆处理。

(3) 基桩未直接穿越溶洞，但在距桩周一定区域内存在溶洞且对基桩摩阻力有影响者，应采取注浆处理。

(4) 基桩上部穿越溶洞时，应对溶洞视具体情况采用注浆，充填片石、碎石和砂等（洞室内较大且无充填物时）措施。

(5) 基桩下部有溶洞时，可分两种情况处理：①溶洞顶板较薄时，可注浆处理；②溶洞顶板较厚，经验算顶板能承受基桩传来的荷载时，可酌情改变桩基设计，将桩端置于顶板上，对溶洞不作处理或进行注浆。

(6) 若挖孔桩因抽水引起地表下沉时，可酌情用片石、砂浆等充填后改用钻孔施工工艺，或在孔周注浆形成帷幕后继续挖孔；若钻孔遇大溶洞时，可用片石加砂浆充填后，采用大比重泥浆施工。

(7) 若溶洞顶板很薄，洞顶很深，且洞内填充土较为密实，具有足够强度时，桩尖可穿过溶洞顶板置于溶洞内的填充土层内，按摩擦桩进行设计。

(8) 当基桩穿越多层岩溶层支撑于坚固岩层时，不宜计入多层岩溶层对桩侧的摩阻力。

(9) 若将桩端支撑于溶洞中填充土层时，可考虑溶洞中填充土层对桩侧的摩阻力，但在顶面岩溶层与桩之间应采取隔离措施，不得考虑桩身与岩溶之间摩阻力。

10.3.3.3　桩侧存在岩溶洞穴时的施工措施

当桩侧存在岩溶洞穴时，在施工中可采取下述措施。

1. 人工挖孔桩施工

岩溶区一般富水性强，若岩溶地下水为承压水，当人工挖孔桩穿越溶洞时将突然涌水，轻则导致施工停顿，重则可能导致施工人员伤亡；当岩溶区场地内地下水位较高时，岩溶水易与地面径流、湖和塘水连通，若大量抽水，将导致地面大范围沉降或无法降低孔内水位，施工难以继续。为保证人工挖孔的顺利进行，可采取如下措施：

(1) 钢套筒护壁穿越。当人工挖孔接近溶洞顶板时，根据探明的桩孔范围内溶洞分布情况，依洞高制作钢套筒并将其锤击冲破溶洞顶板，进入溶洞底板基岩，再人工挖除套筒内溶洞充填物至设计标高。由于岩溶空间形态的复杂性，可能造成钢套筒的长度较难准确确定，且当溶洞顶板或底板倾斜过大时易于失效。

(2) 高压注浆帷幕法止水穿越。桩孔因涌水或抽水，将导致附近地面及结构物沉降而无法施工。为清除孔内涌水，或堵住向桩孔涌水的通道，可采用高压注浆法形成止水帷幕。但该法在工程应用中应先进行试验，取得合理施工参数后施行。

(3) 异形板或斜管节支挡穿越。若基桩穿越较大溶洞的尖灭处，可采用钢筋混凝土异形板或斜管节封堵溶洞尖灭处，防止混凝土进入溶洞而出现大量流失，但此时尚需考虑异形板的受力情况。

2. 冲（钻）成孔桩施工

采用冲（钻）成孔穿越溶洞时，应根据溶洞大小准备好黄泥包、片石及充足泥浆，以便在漏浆时可及时有效地进行处治。当冲孔至溶洞位置时，若发现孔内泥浆面迅速下降，应立即用大片石和泥包回填桩孔，并从储浆池向孔内补浆至孔内泥浆面稳定后再继续冲孔，并保证黄泥、片石能封堵溶洞，防止漏浆及混凝土流失。若溶洞规模较大，可采用C20混凝土或水泥砂浆封堵（加速凝剂）。在岩溶地层中钻进尚应注意下列事项：

（1）冲击钻头操作要平稳，尽可能少碰撞孔壁。

（2）选用圆形钻头钻进，冲程宜小不宜大，加大钻头重量，悬距不宜过大。

（3）当孔内泥浆发生遇裂隙漏失时，可投入黏土，冲击数次后，再边投黏土边冲击，直至穿过裂隙。

（4）遇溶洞时应减小冲程和悬距，慢慢穿越，必要时可边冲边向孔内投放小片石或碎石，将其冲挤至溶洞充填物中形成骨架，从而达到稳定充填物的目的。

（5）遇到无充填物的小溶洞时，若施工需要，可投入黏土加石块，形成人造孔壁。

（6）遇到起伏不平的岩面和溶洞底板时，宜投入黏土加石块，将孔底填平，采用十字形钻头小冲程反复冲捣，慢慢穿越，待穿越该层后逐渐增大冲程和冲击频率，形成一定深度的桩孔后，再进行正常冲击。

3. 坍塌、孤石等问题的处治措施

（1）坍塌处治。对易出现孔壁坍塌的地层应事先估计，预备好供加长用的钢护筒，必要时采用双护筒，第一套护筒外径比桩径大 0.2～0.3m、壁厚 10～12mm，下至黏土层内，筒底部周围用水泥砂浆固结止水；第二套护筒外径比桩径大 50mm，下至岩溶裂隙强发育带中较完整的基岩上，防止孔壁坍塌。

若已发生坍孔，应迅速拔出护筒，移走钻机，向孔口抛填片石、泥包混合料，随后可现场加工一个 4.5m 高，直径大于桩径 0.2～0.3m 的钢筋笼，将加工好的钢筋笼置于坍陷的孔口，四周用袋装黏土堆砌，堆砌时四周均匀升高，恢复桩孔，再将井口四周填平，冲击钻继续冲孔。

（2）孤石处治。若冲击成孔过程中遇到孤石，可抛填硬度相近的片石或卵石，将钻机稍稍移向孤石一侧，然后用高冲程冲击，或高低冲程交替冲击，将大孤石击碎挤入孔壁。

若孤石非常坚硬，也可采用孔内爆破法。一般可采用孤石表面爆破和定向聚能爆破两种方法。遇一般性孤石，将炸药包吊放在孤石表面引爆，震裂孤石，以利钻进；遇坚硬孤石，采用定向聚能爆破的方式，根据孤石的大小及坚硬程度确定用药量，只要药量控制适当，不会影响孔壁及施工平台的安全。

此外，若桩侧溶洞存在地下水且采用人工挖孔方法施工，为了防止岩溶水对桩基混凝土的腐蚀作用，应采取疏导、堵塞措施，排出溶洞中的水，以达到施工设计要求；若基桩穿越溶洞，为防止上层溶洞对基桩产生摩阻力致使桩身局部应力集中而导致桩的局部失稳，对上部溶洞与桩身应采取隔离措施。

4. 岩溶水的处置措施

对岩溶水的处理应贯彻宜疏勿堵的原则，对地表水做好有组织的排水，对地下水以疏导为主，即使堵也应留有出路，设置反滤层以减少掏蚀。

岩溶水具有与一般水流不同的特点，很难确切地掌握其水量及变化规律、因此对岩溶水量的估计宁大勿小，相应的排水结构物也应宁宽勿窄，具体处理上疏导比堵塞好，桥梁比涵洞好，其措施归纳为以下几类：

（1）截流。为达到截断岩溶水的渗入或疏干某一范围的目的，一般在与水流方向垂直的方向设置截流措施，常用的有截流盲沟、截水墙、截水洞等。

1）截流盲沟。适用于水量小而分散的岩溶水，为疏导或降低地下水位而设，盲沟应设置反滤层。

2）截水墙。为防止水流冲击和渗入而设，其方向与水流方向垂直。

3）截水洞。为保持结构物干燥或疏干某范围而设，当岩溶水大而集中时，常采用在垂直于地下水流向的一侧设置截水洞，其标高应低于需要疏干的结构物。

对常流或间歇性岩溶水（尤其当流量、流速较大时），或直接影响当地农田灌溉的岩溶水都应采取排泄处治措施。排水结构物所设方向常与水流方向一致，使排水更为有效。常用的措施有泄水洞、管道、桥涵及明沟排水等。

1）泄水洞。用以排除洼地或基底积水，或降低结构物基础水位使其干燥。

2）排水管。水量集中的岩溶水都可用各种材料的管道引排。根据出水部位或设于隧道衬砌断面以内或以外，或设于路基下以引出上升的泉水，带孔的管道还可以引排分散的水流。

3）排水桥涵。某干谷，枯季无径流，沟中有几股间歇性泉水，原设计利用两端挖方弃碴作填石路堤，下设涵洞，大雨时流量增大几十倍，且多处涌水淹没涵洞，冲毁已筑的部分路堤，后改建桥梁跨越。

4）排水沟。为免除封闭洼地积水或改变暗河水流方向，既可作泄水洞，也可开挖明沟排引。

（2）围堰。为保持岩溶泉正常出水、消水洞消水或防止消水以提高水位引出它用，均可采用围堰围栏，其材料有混凝土圆柱管、干砌片石或钢筋网等。

（3）堵塞。若地下水量小而分散时，可用砂浆、黏土及砌片石等予以堵塞。隧道工程中常用压浆堵水，为防止渗水也常采用压浆帷幕等措施。通常，地下水宜疏不宜堵，因此，对大而集中的岩溶水，尤其当水压力大时，堵塞措施应谨慎采用。

任务10.4　冻土地基处理

冻土是指温度等于或低于0℃，含有固态水（冰）的各类土。冻土按其保持冻结状态的时间长短可分为3类：①瞬时冻土，冻结时间小于1个月，一般为数天或数小时（夜间冻结），冻结深度从数毫米至数十毫米；②季节冻土，冻结时间等于或大于1个月，冻结深度从数十毫米至1～2m，为每年冬季冻结、夏季全部融化的周期性冻土；③多年冻土，冻结状态持续2年或2年以上。

10.4.1　概述

在中国，季节冻土遍布全国各地，而多年冻土则主要分布在青藏高原、帕米尔及西部高山区——天山、阿尔泰山和祁连山等地区，在东北大、小兴安岭和其他高山的顶部也有零星分布。其总面积约为215万km^2（占我国总面积的22.3%，约占世界多年冻土面积的10%），全世界多年冻土的面积约占陆地总面积的25%。

多年冻土地基的表层常覆盖有季节冻土（或称融冻层）。在多年冻土上建造结构物后，由于结构物传到地基中的热量改变了多年冻土的地温状态，使冻土逐年融化而强度显著降低，压缩性明显增高，从而导致上部结构破坏或妨碍正常使用。多年冻土与季节冻土不同，埋藏深而厚度大，设计中很难处理，因此有必要作为特殊土地基来考虑。

多年冻土按其发展趋势，可分为发展的和退化的。如土层每年的散热比吸热多，多年

冻土逐渐变厚，即为发展的多年冻土。当然，在自然条件下，不论是发展还是退化都是十分缓慢的过程。但了解其发展趋势及应采取的设计原则是十分重要，因为可以能动地顺应自然和改造自然，视工程要求加速或延缓其变化。如清除地表草皮等覆盖物，可加速多年冻土的退化；而采用厚填土则可加速多年冻土的发展，使其上限上升。

多年冻土的融沉性是评价其工程性质的重要指标。冻土的融沉性可由试验测定出的融化下沉系数表示，根据融化下沉系数 δ_o 的大小，多年冻土可分为不融沉、弱融沉、融沉、强融沉和融陷五级（表 10.5）。冻土的平均融化下沉系数 δ_o 可按下式计算

$$\delta_o=\frac{h_1-h_2}{h_1}=\frac{e_1-e_2}{1+e_1}\times 100\ (\%) \tag{10.4}$$

式中　h_1、e_1——冻土试样融化前的高度（mm）和孔隙比；

　　　h_2、e_2——冻土试样融化后的高度（mm）和孔隙比。

表 10.5　　多年冻土的融沉性分类

土的名称	总含水量 ω（%）	平均融沉系数 δ_o	融沉等级	融沉类别	冻土类型
碎（卵）石，砾、粗、中砂（粒径小于 0.074mm 的颗粒含量不大于 15%）	$\omega<10$	$\delta_o\leqslant 1$	Ⅰ	不融沉	少冰冻土
	$\omega\geqslant 10$	$1<\delta_o\leqslant 3$	Ⅱ	弱融沉	多冰冻土
碎（卵）石，砾、粗、中砂（粒径小于 0.074mm 的颗粒含量大于 15%）	$\omega<12$	$\delta_o\leqslant 1$	Ⅰ	不融沉	少冰冻土
	$12\leqslant\omega<15$	$1<\delta_o\leqslant 3$	Ⅱ	弱融沉	多冰冻土
	$15\leqslant\omega<25$	$3<\delta_o\leqslant 10$	Ⅲ	融沉	富冰冻土
	$\omega\geqslant 25$	$10<\delta_o\leqslant 25$	Ⅳ	强融沉	饱冰冻土
粉、细砂	$\omega<14$	$\delta_o\leqslant 1$	Ⅰ	不融沉	少冰冻土
	$14\leqslant\omega<18$	$1<\delta_o\leqslant 3$	Ⅱ	弱融沉	多冰冻土
	$18\leqslant\omega<28$	$3<\delta_o\leqslant 10$	Ⅲ	融沉	富冰冻土
	$\omega\geqslant 28$	$10<\delta_o\leqslant 25$	Ⅳ	强融沉	饱冰冻土
粉土	$\omega<17$	$\delta_o\leqslant 1$	Ⅰ	不融沉	少冰冻土
	$17\leqslant\omega<21$	$1<\delta_o\leqslant 3$	Ⅱ	弱融沉	多冰冻土
	$21\leqslant\omega<32$	$3<\delta_o\leqslant 10$	Ⅲ	融沉	富冰冻土
	$\omega\geqslant 32$	$10<\delta_o\leqslant 25$	Ⅳ	强融沉	饱冰冻土
黏性土	$\omega<\omega_p$	$\delta_o\leqslant 1$	Ⅰ	不融沉	少冰冻土
	$\omega_p\leqslant\omega<\omega_p+4$	$1<\delta_o\leqslant 3$	Ⅱ	弱融沉	多冰冻土
	$\omega_p+4\leqslant\omega<\omega_p+15$	$3<\delta_o\leqslant 10$	Ⅲ	融沉	富冰冻土
	$\omega_p+15\leqslant\omega<\omega_p+35$	$10<\delta_o\leqslant 25$	Ⅳ	强融沉	饱冰冻土
含土冰层	$\omega\geqslant\omega_p+35$	$\delta_o>25$	Ⅴ	融陷	含土冰层

注　1. 总含水量 ω 包括冰和未冻水。

2. 本表不包括盐渍化冻土、冻结泥炭化土、腐殖土、高塑性黏土。

土冻结时，不仅其温度处于 0℃以下，更重要的是土体中出现冰晶体，逐步将原来矿物颗粒间的水分连结为冰晶胶结，使土体具有特殊的性质：具有很高的抗压强度；压缩性显著减小；增大了土体的导热系数和电阻率；较其融化状态时具有更大的流变性等。

由于水在冻结为冰时，其体积将增加约9%。因此土的冻胀是指土在冻结过程中，土中水分（包括外界向冻结锋面迁移的水分及土体孔隙中原有的部分水分）冻结成冰，并形成冰层、冰透镜体、多晶体冰晶等形式的冰侵入体，引起土颗粒之间产生相对位移，使土体体积产生的不同程度的扩胀现象。

随着土质、土中含水量及冻结条件、附加荷载等条件的不同，土体可产生不同程度的冻胀，在其融化后又会产生不均匀下沉现象。

当土体的温度发生变化时，由土中水分冻结与融化所引起的物态的变化，严重地影响着土的性质，进而影响着结构物地基的稳定性。多年冻土地区中每年融化季节所能影响到冻土的最大融化深度，称为季节融化层。它将随着季节变化而产生冻胀和融陷，使冻结物地基丧失稳定性或产生强度破坏。

工程结构物的修建和运营对多年冻土地基将产生热变迁作用，使得原有的热平衡条件发生变化，导致多年冻土的上限下降，出现融化下沉。

在多年冻土地区修建的结构物，有可能因冻害而受到损害。引起结构物受损的原因主要有：

（1）冻胀引起的破坏。冻胀的外观表现是土表层不均匀的升高，冻胀变形常常可以形成冻胀丘及隆起等一些地形外貌。

当地基土的冻结线浸入到基础的埋置深度范围内时，将会引起基础产生冻胀。当基础底面置于季节冻结线之下时，基础侧表面将受到地基土切向冻胀力的作用；当基础底面置于季节冻结线之上时，基础将受到地基土切向冻胀力及法向冻胀力的作用。在上述冻胀力作用下，结构物基础将明显地表现出随季节而上抬和下落变化。当这种冻融变形超过结构物所允许的变形值时，便会产生各种形式的裂缝和破坏。

（2）融沉引起的破坏。融沉又称热融沉陷，指冻土融化时发生的下沉现象。它包括与外荷载无关的融化沉降和与外荷载直接相关的压密沉降。一般是由于自然（气候转暖）或人为因素（如砍伐与焚烧树木、房屋采暖）改变了地面的温度状况，引起季节融化层深度加大，是地下冰或多年冻土层发生局部融化所造成的。在天然情况下发生的融沉往往表现为热融湖沼和热融阶地等，这些都是不利于工程建筑物安全和正常运营的条件。

融沉是多年冻土地区引起结构物破坏的主要原因。结构物基础热融沉陷主要是由于施工和运营的影响，改变了原自然条件的水热平衡状态，使多年冻土的上限下降。具体原因可能有：①施工期造成热平衡条件破坏；②地面水渗入；③结构物采暖散热使多年冻土融化。

在冻土地区修建结构物，除了要满足非冻土区结构物所要满足的强度与变形条件外，还要考虑以冻土作为结构物地基时，其强度随温度和时间而变化的情况。所以采取什么样的防冻胀和融沉措施来保证冻土区结构物的稳定，是关系到冻土区工程建设成败的关键所在。

10.4.2 多年冻土地基的设计原则

在广阔的多年冻土地区蕴藏着丰富的矿藏、森林和土地资源，由于资源开发的需要，多年冻土区已成为人类生产和生活场所。由于冻土中冰的存在决定了寒区工程建设独有的特点，如不采取与一般条件不同的特殊措施方法，则即可能引起多年冻土区工程结构物运行遭受冻害威胁，也可能造成严重的经济浪费。

在我国多年冻土地区，多年冻土的连续性不是很高，所以结构物的平面布置具有一定

的灵活性。通常情况下，应尽量选择不融沉区或以粗颗粒的不融沉性土作地基，上述条件无法满足时，可利用多年冻土作为地基，但一定要考虑到土在冻结与融化两种不同状态下，其力学性质、强度指标、变形特点、热稳定性物理力学特征相差悬殊的特点。所以，在这种情况下首先应根据冻土的冻结与融化状态，确定多年冻土地基的设计状态。

多年冻土地基的设计，可以采取两种不同的设计原则：①保持冻结状态；②允许融化状态。

保持冻结状态即指在结构物施工和使用期间，地基土始终保持冻结状态。允许融化状态又可以根据具体条件分为两种：逐渐融化状体（即指在结构物施工和使用期间，地基土处于逐渐融化状态）和预先融化状态（即在结构物施工之前，使地基融化至计算深度或全部融化）。

一般说来，当冻土厚度较大，土温比较稳定，或者融沉性很大时，采取保持冻结状态的设计原则比较合理，特别是对那些不采暖房屋和带不采暖地下室的采暖结构物最为适宜。对于塑性冻土或采暖结构物，如能采取措施，保证冻土地基的温度不比天然状态高时，也可按保持冻结状态进行设计。

当符合以下条件之一时，采取允许融化状态的设计原则较为合理：冻土是退化的，厚度不大；基岩或不融沉的高承载力土层埋藏较浅；不连续分布的小块岛状冻土或融沉量不大的冻土层。特别是对上部结构刚度较高或对差异沉降不敏感的结构物、大量散热（如高温车间、浴室等）且不允许采用通风地下室或其他保持地基冻结状态的方法时，更应该按允许融化的原则进行设计。当预估融沉量超过地基容许变形值时，也可采取人工预融法将冻土融化后再建基础，或者适当加固地基（如换填融沉性不大的土等）。

10.4.3　多年冻土地基的处理方法

为控制地基土的变形，可根据需要采用不同的地基处理措施和结构设计方法。以多年冻土区地基设计原则为出发点，表 10.6 对各种方法的加固原理及其适用范围进行了比较。为保持地基土的冻结状态，可根据地基土的结构物的具体形式选择使用架空通风基础、填土通风管基础、用粗颗粒土垫高地基、热管基础、保温隔热地板以及把基础底板延伸至计算的最大融化深度之下等措施。当采用逐渐融化状态进行设计时，以加大基础埋深、采用隔热地板、设置地面排水系统等设计措施来减小地基的变形。假如按预先融化状态设计，且融化深度范围内地基的变形量超过结构物的允许值时，可采取下列措施之一来达到减小变形量的目的：用粗颗粒土置换细颗粒土或预压加密、保持基础地面之下多年冻土的人为上限不变、加大基础埋深等。

表 10.6　　冻土区地基处理方法分类及其适用范围

设计原则	方　法	使　用　原　则	适　用　范　围
保持冻结状态的设计原则	架空通风基础法	这种基础型式一般是在桩顶部设置混凝土圈梁，圈梁与地面间有一定空间，以防土体冻胀时把圈梁抬起。还可以使房屋架空，让空气自由地沿地面与房屋底面板间的空间流通，将室内散发的热量带走，以保持地基土处于冻结状态	稳定的多年冻土、且热源较大地质条件较差（如含冰量大的强融沉性土）的房屋建筑

续表

设计原则	方 法	使 用 原 则	适 用 范 围
保持冻结状态的设计原则	填土通风管基础法	将通风管埋入非冻胀性填土中，利用通风管自然通风带走结构物的附加热量，以保持结构物地基的天然上限不变，保持地基的冻结状态	多用于多年冻土区不采暖结构物，如油罐基础、公路或铁路路堤等
	垫层法	主要是利用卵石、砂砾石等粗颗粒材料的较大孔隙和较强的空气自由对流特性。这样做不仅可以保证冻结过程不产生水分迁移和聚冰现象且在冻结过程中水分从冻结锋面的高压端向非冻结面压出；而且还使得冬夏冷热空气密度等差异而不断发生冷量交换和热量屏蔽，其结果有利于保护多年冻土	多用于卵石、砂砾石较多的多年冻土区
	热管基础法	利用热桩、热棒基础内部的热虹吸将地基土中的热量传至上部散入大气中，来达到冷却地基的效果	热桩适用于多年冻土的边缘地带，在遇到高温冻土时，重要建筑与结构物下面的基础可用热桩隔开。而热棒是作为已有结构物在使用工程中遇到基础下冻土温度升高、变形加大等不利现象时的有效加固手段
	保温隔热地板法	在结构物基础底部或四周设置隔热层，增大热阻，以推迟地基土的融化，降低土中温度，减少融化深度，进而达到防冻胀的目的	多用于多年冻土地区的采暖结构物
	桩基础法	当基础底面延伸至计算的最大融化深度以下时，可以消除地基土的冻结过程中法向冻胀力对基础底部的作用，同时也可以消除融沉的影响	多适用于多年冻土区的桩、柱和墩基等基础的埋置
	人工冻结法	冻土只能在负温下存在，且温度越低，冻土强度越大	只有保护冻土才能保持结构物的稳定，但以上措施都无法使用时，可考虑采用人工冻结法
逐渐融化状态的设计原则	加大基础埋深	加大基础埋深，并使基底之下的融化土层变薄，以控制地基土逐渐融化后，其下沉量不超过允许变形值	当持力层范围内的地基土在塑性冻结状态，或室温较高，宽度较大的结构物以及热管道及给排水系统穿过地基时，难以保持土的冻结状态
	选择低压缩性土为持力层	地基土的压缩性低时，其变形量小	
	设置地面排水系统	降低地下水位及冻结层范围内土体的含水量，隔断外水补给来源并排除地表水以防止地基土过于潮湿	
	采用保温隔热板或架空热管道及给排水系统	防止室温、热管道及给排水系统向地基传热，达到人为控制地基土融化深度的目的	适用于民用建筑，热水管道以及给排水系统的铺设工程

续表

设计原则	方　法	使 用 原 则	适 用 范 围
逐渐融化状态的设计原则	加强结构的整体性与空间刚度	可抵御一部分不均匀变形，防止结构裂缝	适用于允许有大的不均匀冻胀变形的结构物，但为防止有不均匀冻胀变形而导致某一部分结构产生强度破坏，应采取措施增大基础或上部结构的刚度或整体性
	增加强结构的柔性	适应地基土逐渐融化后的不均匀变形	适用于寒冷地区的公路、铁路和渠道衬砌工程中，以及在地下水位较高的强冻胀土地段工程中
预先融化状态的设计原则	用粗颗粒土置换细颗粒土或预压加密土层	利用粗颗粒材料较大的孔隙和空气自由对流特性，降低土的冻胀对地基变形的影响	
	保持多年冻土人为上限相同	具有相同多年冻土上限值，可消除结构物地基冻胀量和不均匀沉降量的相对变化	
	预压加密土层	预压加密后减少地基的变形量	适用于压缩性较大的土
	加大基础埋深	加大基础埋深，并使基底之下的融化土层变薄，以控制地基土逐渐融化后，其下沉量不超过允许变形值	
	结构措施	增强结构物的整体刚度或增加其柔性，适应地基变形要求	适用于工业与民用建筑等整体性较强的结构物

对地基处理方法的选用要力求做到安全适用、确保质量、经济合理、技术先进。我国地域辽阔，多年冻土区的工程地质和水文地质条件千差万别，各地的施工机械条件、技术水平、经验积累都不尽相同，所以在选用地基处理方法时一定要因地制宜，充分发挥各地的优势，有效地利用当地条件。对每种处理方法要有明确的认识，分清它的适用范围、局限性和优缺点。对每一具体工程应从地基条件、处理要求、工程费用以及材料等各方面进行具体细致的分析，因地制宜地确定合适的地基处理方法。

10.4.3.1　按“保持冻结状态”的原则进行地基处理

以多年冻土作为地基的寒区结构物的破坏主要来自结构物使用中对冻土地基放热而引起的冻土地基融化下沉，按“把持冻结状态”原则来修建多年冻土区结构物便是寒区工程特殊措施中应用最为广泛的一个方法。依照此原则，不但可以克服冻土的融化下沉，还可利用冻土材料强度高于融土的特性。按这种原则进行的地基处理主要有以下几种方法。

1. 桩基础法

在进行桩基础设计时，应考虑季节融化层的切向冻胀力、法向冻胀力的影响，且最好做成架空通风基础。

2. 垫层法

为保持地基土体的冻结状态，保证多年冻土上限不下降，还可采用卵石、砂砾石等作为垫层材料，设计足够厚度的垫层，然后在其上建造结构物。

3. 通风基础法、通风路堤法

通风基础包括架空通风基础和管道通风基础两种形式。架空通风基础系指天然地面与结构物一层地板地面保持一定通风高度的下部结构。对于大多数结构物，架空净空距离应不小于0.6m，而对于大型结构物，架空空间应适当加大。这样，在夏季，地基土层由于上部结构物的遮阴作用不易融化，而在冬季，通过寒冷空气在架空空间内的流通，可进一步冷冻地基土层；管道通风基础是在结构物地板下用非冻胀性的砂砾料垫高，并在其中埋设通风管道（通风管道应与当地风向的主导方向一致），它可以利用冬季自然通风使地基土体保持冻结状态；在夏季，可将通风管道口堵塞，阻止热空气的进入，达到保温的目的。

在多年冻土区的铁路路基施工中，采用抛石护坡路堤和粗、细颗粒土互层路堤也是保护冻土有效的方法之一。块石层在寒季的当量导热系数是暖季的5～10倍甚至更多。因此，块石层可有效地提高路堤下地基的蓄冷量，从而对多年冻土地基进行保护，效果明显优于导热系数不随温度变化的各类保温材料。从理论上讲，抛石护坡和粗、细颗粒土互层路堤由于其空隙较大，空气可在其中自有流动或受迫流动。当暖季受热后，热空气上升，块石中仍能维持较低的温度。因此，传入地中的热量较少。寒季时，冷空气沿块石之间的孔隙下降，较多的冷量可以传入地基中。块石的热传导量在寒季和暖季可能大体相等，但导热在整个热传输过程中占的比重较少，所以块石护坡的综合效果是冷量输入大于热量输入。另一方面，抛石堆体内以其较大的孔隙和较强的自由对流使得冬、夏季的冷、热空气由于空气密度等差异而不断发生冷量交换和热量屏蔽。以上特点均可维持冻土上限的热平衡，保持路基下冻土上限的位置或促使上限上升，其结果有利于保护多年冻土。而且抛石护坡、碎块石互层通风路堤还具有价格低廉的优点。

4. 热管基础法

热管是一种汽液两相对流循环的热导系统，它实际上是一根密封并抽真空的管，内有毛细多孔管芯或螺旋线和一定量的工作液体（亦称为工质，如氨、氟利昂、丙酮等）。热管的地面以上部分为冷凝段（由散热片组成），插入地面以下的部分为蒸发段（图10.2）。当地温高于气温（即蒸发段的温度高于冷凝段的温度）时，蒸发段毛细孔中的液体工质吸收热量，蒸发成汽体工质，在压差作用下，蒸汽上升至冷凝段，放出汽化潜热，在通过冷凝段的散热片散出。同时蒸汽工质遇冷冷却成液体，在重力作用下，液体沿管壁回流至蒸发段，如此往复循环，将热量传出，吸收冷量。上述汽液两相对流循环过程是连续的，只有当蒸发段的温度低于冷凝段的温度（如夏季）时，这种对流循环过程才停止，热管也就停止工作。因此，热管可以将冷量有效地传递储存于地下，又可有效地阻止热量向下传递，是一种可控制热量传递的高效热导装置。图10.3为在某桩两侧

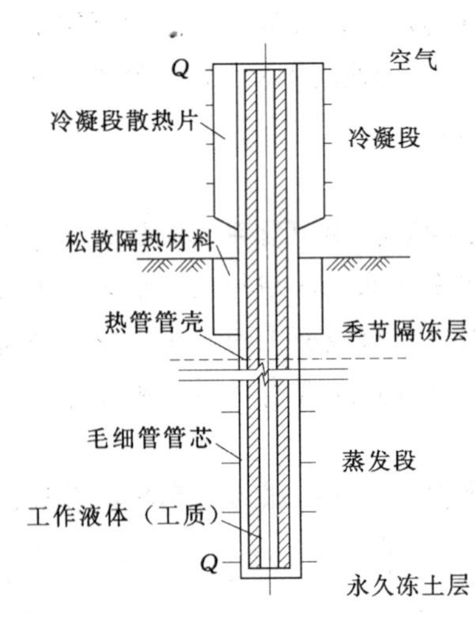

图10.2　热管结构示意图

安装了氨热管前后桩底土体温度的变化情况。热管可用于冷却地基土体，防止融沉冻胀等冻害问题（图 10.4）。

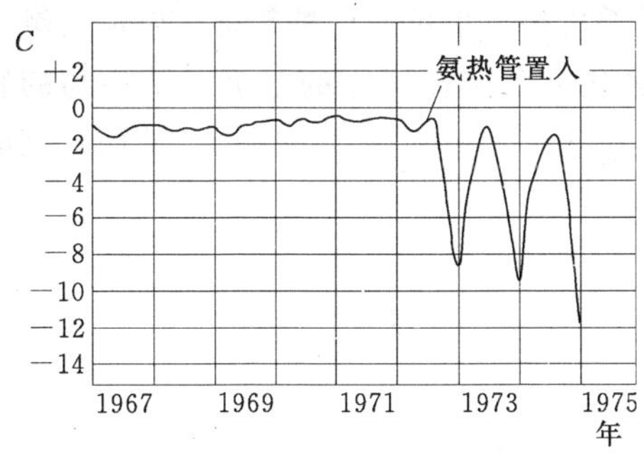

图 10.3　安装氨热管前后某桩桩底土体温度的变化

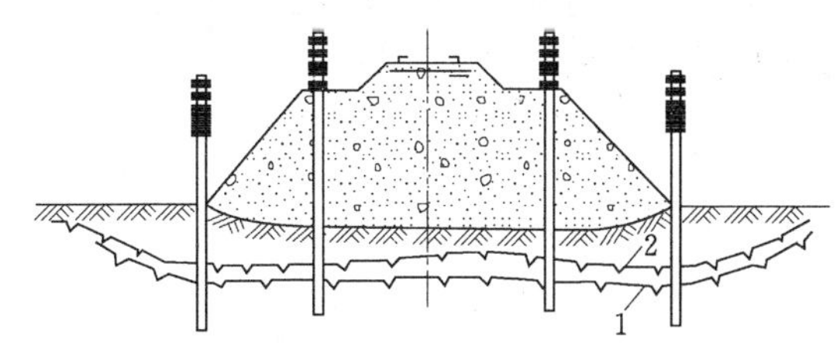

图 10.4　热管用于冷却冻土路基示意图

1—原冻土上限；2—热管应用后冻土上限上升

上述热管的主要优点是：无需外加能源即可自行工作，传热有明显的方向性，冻结时间长。

综上所述，热管在处理多年冻土地基的稳定性方面具有很高的应用价值，在技术上和理论上都是可行的。它不但可以降低地基土体的温度，提高冻土地基的承载力，而且可以有效地防止冻胀和融化下沉。热管在工程使用中又可分为热桩和热棒。它们之间的区别在于，热桩是桩基础，它不仅可将地基土中的热量散发于大气中，而且可以将上部荷载传递至地基土层中；而热棒只起散热作用，本身不具备承载能力。

尽管热管是冷能综合利用的重要手段之一，但热管本身的应用有一定的局限性，其性能取决于气候条件（如气温、风速等），同时也受热管周围土体重度和含水量的影响，低于冻结温度的冻结期的长短和冷凝循环从基础中排出热量的速度都是决定热管周围土体冻结半径的直接因素。

一般而言，热管的冻结半径是随冻结指数的增大而增大。在热管设计中，冻结半径是一个重要的设计依据，因而可将冻结指数作为一个衡量热管应用限制的指标，在冻结指数大于 500℃ · d 的地区，热管具有良好的应用前景。

5. 遮阳棚法

采用遮阳棚遮挡路堤，可以显著地减少太阳对路堤的有效辐射，降低路面及路堤的温度，对减少冻土的融沉量起到重要的作用，从而能够有效地保护和加强路基、路堤，提高道路的安全性。

6. 人工冻结法

人工冻结法是将冻结管插入土体中，利用人工冷液在冻结管中循环，使土层冻结。冷液可以选用盐水，也可采用液氨。此方法的原理类似于热管，不同的是一个是人工制冷，一个是利用自然冷能。人工冻结法已广泛应用于凿井和基坑支护方面，其优点是可以快速地使地基回冻，从而使冻土地基保持稳定，缺点是造价偏高。

10.4.3.2　按“允许融化”的原则进行地基处理

按允许融化原则设计的结构物基础，当基地以下的稳定融化盘形成后，结构物的总沉陷变形值不能超过结构物本身所能允许的变形值。为了满足上述要求，往往需要采取减小融化深度，进而减少融沉量的一些工程措施，如在结构物地面下设保温材料阻止热量向下传导，换填砂砾石料等。为增强结构物结构适应变形的能力或减轻结构物的重量以减小沉降量，基础宜采用刚度大的整体式基础和轻型的上部机构。也可采用桩基础，以最大融化盘深度之下的多年冻土作为其持力层，从而减轻融化盘范围内冻土的融沉对结构物的影响。此外，还可通过剥离土层或其他工业融化方法对冻土进行预融、预固结，从而达到减少工后融沉量的目的。

参 考 文 献

[1] 《地基处理手册》(第三版) 编写委员会. 地基处理手册. 北京：中国建筑工业出版社，2009.

[2] 中华人民共和国行业标准. 建筑地基处理技术规范 (JGJ 79—91). 北京：中国计划出版社，1992.

[3] 牛志荣，李宏，穆建春，谢耀岗，郭永东. 复合地基处理及其工程实例. 北京：中国建材工业出版社，2000.

[4] 刘景政，杨素春，钟冬波. 地基处理与实例分析. 北京：中国建筑工业出版社，1998.

[5] 钱家欢. 土力学 (第二版). 南京：河海大学出版社，1995.

[6] 王铁儒，陈云敏. 工程地质及土力学. 武汉：武汉大学出版社，2001.

[7] 俞仲泉. 水工建筑物软基处理. 北京：水利电力出版社，1989.

[8] 杨克斌，陈焕新. 粉喷桩技术在梅溪桥闸重建工程中的应用. 水利水电科技进展，2001 (1).

[9] 叶书麟. 地基处理工程实例应用手册. 北京：中国建筑工业出版社. 2000.

[10] 中华人民共和国建设部.《建筑地基基础设计规范》(GB 50007—2002). 北京：中国建筑工业出版社，2002.

[11] 裴章勤，刘卫东. 湿陷性黄土地基处理. 北京：中国铁道出版社，1992.

[12] 童长江，管枫年. 土的冻胀与建筑物冻害防治. 北京：水利电力出版社，1985.

[13] 顾晓鲁，钱鸿缙，汪时敏. 地基与基础 (第三版). 北京：中国建筑工业出版社. 2003.